醉汉的脚步

The Drunkard's Walk

How Randomness Rules Our Lives

[美] 列纳德 · 蒙洛迪诺（Leonard Mlodinow）著
郭斯羽 译

中信出版集团 | 北京

图书在版编目（CIP）数据

醉汉的脚步 / (美) 列纳德·蒙洛迪诺著；郭斯羽译. -- 北京：中信出版社, 2020.10

书名原文: The Drunkard's Walk: How Randomness Rules Our Lives

ISBN 978-7-5217-1740-2

Ⅰ. ①醉… Ⅱ. ①列… ②郭… Ⅲ. ①随机—通俗读物 Ⅳ. ①O211-49

中国版本图书馆CIP数据核字(2020)第054584号

醉汉的脚步

著　　者：［美］列纳德·蒙洛迪诺
译　　者：郭斯羽
出版发行：中信出版集团股份有限公司
（北京市朝阳区惠新东街甲4号富盛大厦2座　邮编　100029）
承 印 者：北京楠萍印刷有限公司

开　　本：880mm×1230mm　1/32　　印　　张：9.5　　字　　数：320千字
版　　次：2020年10月第1版　　印　　次：2020年10月第1次印刷
京权图字：01-2020-0244
书　　号：ISBN 978-7-5217-1740-2
定　　价：69.00元

致我那随机性造就的三个奇迹奥利维娅、尼古拉和阿列克谢以及萨比娜·雅库博维奇。

目　录

致中国读者新版序

2019 年冬天，我在中国进行了一系列公开讲座。讲座主题来自我的另一本书《弹性》，讲座探讨了当今世界不断加快的变化步伐，以及我们为适应这样的变化所应具备的灵活的思考方式。我很喜欢这次访问，本打算第二年春天再次造访。但新冠疫情就在此时袭来。和大家一样，我也面临着又一次巨变带来的挑战。我取消了访问计划，而在随后的几个月里，未来变得不再确定。在我的家乡美国加利福尼亚州，混乱无序的情况表现得甚至更为极端。首先是隔离，然后距离城市不远的森林发生了数十起火灾，火灾造成的空气质量的下降，让我们好几个星期都不能去室外，哪怕只是散散步。

生活的走向总是不确定又难以预料的，而随着全球气候变化、全球化以及技术的发展，这种不确定性在本世纪的增长，比以往任何时候都更为迅速。我们应该怎样去解读有关医学、医疗保障以及气候的种种说法和统计数据？又是怎样的统计错觉，让一个糟糕的投资决定看起来还不错，或者让一个不错的决定看起来很糟糕的呢？如果一名未来可能加入团队的员工在之前的职位上干得不错，怎样才能确定造就他良好表现的，是运气还是能力呢？为了处理这类问题，并让我们的生活和职业生涯兴旺蓬勃，我们必须解释那些有意义的模式，而不要将它们和完全因为巧合而形成的、因此毫无意义可言的模式混为一谈。

超出我们的预测与控制能力的种种因素，造就了随机性这个结果。在如今这个动荡不安的世界里，它有时能够帮助我们，有时又会变成我们的拦路虎。我们在遇到生活中的不确定性的时候，会用自己的方式去理解它们。我们会试着将随机的事件组织起来，以使其看起来并非无迹可寻，而是指向某个确定的方向。有这么一个人，他凭借一张尾数是 48 的彩票赢得了西班牙的全国彩票大奖。他怀着对这一“成就”的自豪，说出了带来财富的秘诀：“我一连七个晚上都梦见了 7 这个数字，而 7 乘以 7 就等于 48。”乘法口诀背得熟一些的人也许会对这个错误窃笑不已，但实际上我们每个人都会构建自己对这个世界的看法，并用它来过滤和处理所感知的事物，从而从日常生活中淹没着我们的数据之海中抽取意义。尽管不是那么显眼，但我们同样常常犯下和那位西班牙人同等严重的错误。随机事件，或者简单称为运气，在胜负成败中扮演着关键性的角色，但我们经常选择不去承认运气的作用，而是将其归结为技能、领导力和自信心等错误的原因。

很多此类错误判断都植根于直觉和其他我们没有意识到的心理过程。当我们身处非洲大草原的荒野之中，需要靠捕猎来获得自己的盘中餐，或者需要避开其他物种的捕猎以免变成别人的盘中餐时，直觉的处理方式无疑具有进化优势。但在现代世界中，我们面临着不同的挑战，而直觉处理的弊端此时就会显现出来。结果是当我们有时在进行评估或决策时，我们甚至都意识不到，我们对机遇的作用实际上做出了很多假设，而且和那位西班牙人一样，我们也没能意识到自己的评估或决策是错误的——实际上，没有几个人能够真正地理解随机性所发挥的作用。

我们为什么会被随机性愚弄？我们又是怎样被它愚弄的？我们应该如何避免继续被它愚弄？在过去的数十年中，科学已经在这些问题上取得了重大的进展。在人类直觉的河流中逆流而行不是件容易的事情。正如我们将要看到的那样，人类的思维正是以这样一种方式构建的，以便我们能够为每个事件都找到一个确定的原因。因此需要经受一定的煎熬，我们才会认可那些无联系或随机的因素所造成的影响。随机过程在自然中占据着基础性的地位，在我们的日常生活中也无处不在，但大多数人并不理解它们，也不会将它们纳入考虑范围。

《醉汉的脚步》这个书名来自描述随机运动的数学术语。当分子飞在空中，并不断与其他分子碰撞时，它所经过的路径就是随机运动的一个例子。醉汉的脚步同样可以作为我们的生命，我们从读书到工作、从单身到组建家庭、从打高尔夫球时进第 1 洞到进第 19 洞的种种历程的一种比喻。令人吃惊的是，那些用来理解醉汉的脚步的数学工具，同样可以用来帮助我们理解生活中的各类事情。在面临不确定性时能够做出正确的评判和选择，这是一种十分稀缺的能力。但如同其他能力一样，我们可以通过经验不断加以改进。我们能够提高自己的决策能力，并克服一些偏见，以免做出糟糕的评判和选择。

接下来，我将考察机遇在我们周遭环境中所扮演的角色，那些近百年来发展起来的、能帮助我们理解这一角色的思想，以及那些常常使我们误入歧途的因素。这本书希望向读者展示的，是帮助我们在与人有关的事物中，认识到随机性的存在和作用。我希望在这次随机性之旅之后，作为读者的您能够开始以一种新的视角去审视生活，也能够对各种日常事物有更加深刻的认识。

推荐序

好运气的概率原理

为什么有些人的运气特别好？

因为他们拥有捕获好运的渔网——概率思维。

《醉汉的脚步》，能让你了解概率的前世今生，从而理解这一现代人最重要的底层认知能力。

这是我最喜欢的概率通识书之一，完整，有趣，聪明。

有人曾经问我：为什么这个社会各个环节都不合逻辑到可笑的地步，却运作得还挺顺利的？

我回答：统治世界的是随机，而非逻辑。

要想理解这个世界运行的规律，我们必须学习概率。

概率到底是什么？

概率是测量“不确定性”的一种神奇方法。

概率是一种大局观，概率可以整合空间和时间上的不确定性，概率是对未知的洞察。

我们的大脑就直觉层面而言似乎是无法理解复杂概率的，尽管我们的直觉生成有赖于概率。

概率的计算非常简单，你只需要懂小学数学就够了。

然而对概率的理解，即使是博士和教授，也经常会被绕晕。

于是，概率出现于我们命运的各个角落，成为“认知、财富、创业、幸福、AI、成长”等方面的决定性力量。

不懂概率，“认知”就是空中楼阁

我们中的大多数人，为什么不能成为很厉害的人？

1. 我们的认知系统，都是建立在钟表宇宙里的。我们从小接受的是有标准答案的、因果分明的教育。然而，现实却充满不确定性，不可预测，难以计算。这既是我们的痛苦之源，也是那些厉害的人的秘密。

2. 问题还不止于此，我们甚至无法真正控制“自我”。大脑并不真正存在一个中心，“我”只是由无数个“涌现”串起来的电影角色。

3. 进一步，我们花时间试图控制不可预测的那些东西，却对自己自暴自弃。我们的知识都是牛顿时代的，我们的行为方式是牛顿时代的，我们的学习方式也是牛顿时代的。

这个世界的法则正在由“因果论”转为“概率论”，从自然世界到人类社会，从科学公式到人生算法，莫不如是。可以毫不留情地说，在现实生活中，绝大多数人毕生所学的数学，都不如几个最简单的概率计算重要。

赚钱的本质是“概率行动”

赚钱和赌博之间的区别是什么？

只在于一个“正号”。

赚钱是下注于“正期望值”事件；

赌博是下注于“负期望值”事件。

让我们先温习一下赌博的基本常识。

一个不严格的说法是：你应该押注于大概率成功的事情。

这不完全对，你应该押注于“期望值是正”的事情。

很简单吗？但是，即使是华尔街的人，也会被这个话题搞晕。

塔勒布就嘲讽过索罗斯曾经的搭档罗杰斯，说对这种不知区分概率和期望值的人来说，他这辈子似乎赚太多钱了。

仅仅知道概率和期望值就够了吗？

不。假使你处在一场非常有利的对赌中，你也可能输掉赌局，原因不是运气中不可控制的不确定性，而是你可以控制的部分：下注方式。

投资难在哪里？就是因为这是一个多层嵌套的概率游戏。

擅长此道的人，例如文艺复兴基金，将股市变成了自己的提款机。

世界是由不确定性组成的，真正伤害我们的，不是我们不知道的事情，而是那些我们自以为知道的事情。

投资，就是基于概率思维来构建一个系统，以对抗不确定性并赚钱。

创业是一个贝叶斯更新过程

创业和赌博的区别又是什么？

绝大多数创业，开始的时候都是小概率、负期望值的。这不就是赌博吗？

极少数创业可以一开始就找到“正期望值”的机会。这种创业，更适合叫“套利”。

更多的创业，一开始其实是一个不断放大赚钱概率的过程。

创业是努力创造一种可以重复的大概率事件。

创业的前半截是快速试错，一旦发现正期望值的机会，就努力大规模复制。

这其实是一个贝叶斯更新的过程。

假如不能理解这一点，创业和赌博就没什么区别。

创业最艰难的地方是，一方面你要坚定信念，一方面你要习惯于说“我可能错了”。

幸福就是避开厄运、找寻好运

有趣的是，“幸福”一词在许多语言的词源上，都有运气或好运的意思。

为什么？因为古人相信幸福很偶然，来自不确定的概率世界。

想抓住“幸福”，我们要采用逆向思维：首先是避开厄运。

为此，在现实世界里，我们要全力避开那些致命的“极小概率事件”。

我们需要借助概率思维，避开那些可能给自己带来不可逆的大麻烦的事物。

然而，即使理解了概率，甚至我们也做出了正确的选择，也可能落在倒霉的区域。

谁都不能彻底摆脱命运的戏弄。

因为随机性总是最后的裁判，在概率的迷雾里，巨大的不确定性无法被彻底驯服。我们唯一能做的，就是英勇面对，坦然接受。这是人类与概率平起平坐唯一的方式。

AI 的背后是概率

诺贝尔经济学奖获得者萨金特说：“AI 就是统计学。”果真如此吗？

20 世纪 80 年代，当人工智能走投无路时，朱迪亚 · 珀尔发现：

不确定性正是人工智能缺失的关键要素。

不确定性应由概率来表示。

于是他创建了贝叶斯网络，由此引发了机器学习和人工智能的新突破。

然而，机器学习系统只告诉人类结果，但不解释为什么。

知道是什么，但不知为什么，这就是“智力债务”。

人工智能新技术提高了我们的“智力债务”。

我们能够打开这个概率的黑匣子吗？

概率化的终身成长

概率如此重要，却被传统教育忽略了。

我们不得不自我学习，在一个被概率支配的世界里追求终身成长。

概括而言：

1. 认识这个世界是未知的、随机的、概率化的；

2. 认识你的认知是不确定、有边界的；

3. 我们找到自己基于概率的算法，建立持续稳定的输出系统。因为我们一生中最大的变量，是时间；

4. 复制“核心认知”，如同每个生命所做的那样；

5. 成为一台“强化学习”的机器，加速计划，实现人生算法。

概率是你的权力

概率是你的权力，而非惶恐。

我所创造的“概率权”，是指概率是一个人的权力。人们对这项权力的理解和运用，决定了现实世界中财富的分配。

作为一种权力，概率权有如下四个层级：

1. 因为概率优势所形成的权力；

2. 因为比对手更了解概率数值形成的权力；

3. 因为理解不确定性、能够做到延迟满足，并且有相关概率策略（例如凯利公式、概率权的交易）而形成的权力；

4. 因为能够制定赔率而获得的概率权。

我们不能随意放弃概率权，也不能滥用概率权。

简单点儿说，我们别太羡慕那些现实中的“赢家”。

比如，某个靠炒币身价过10亿元的人，在“遍历性”的平行宇宙的某个空间，某个“他”因为亏光而走投无路。

又好像某个首富，名利双收风光无限，但是在某层“遍历性”的平行宇宙里，他正遭受牢狱之灾。

很多所谓的赢家，只是幸运的傻子，算上那些替他受罪的另外一个概率时空的“他”，他其实是个输家。《随机漫步的傻瓜》建议不以结果论英雄，而是从“假如历史以另一种方式呈现”出发论断成败。你也许会说，这个世界不是以成败论英雄吗？请记住，我们的一生，最终是统计的结果。“历史存在着多种可能，我们不能被历史的一小段过程迷惑，而要在较大尺度的历史范围内考察一切。”

只有懂得概率的人，才算真正的聪明人。

有些人是第一层的“聪明人”，能够在他参与的每一个领域成为最厉害的人。但是他的成功总是充满了脆弱性，总是承受着得失之苦。就像拳击台上的冠军，宿命终究是被击倒。

那么，什么是第二层“聪明人”呢？我们必须上浮到世俗世界头顶的抽象空间，对人世、对自己形成超然的鸟瞰感。我们要赞美这个世界，也要怀疑这个世界。我们必须知道，那些我们自以为知道的人世间的规律，在无尽的未知宇宙里，只是一个非常小的过家家游戏，充满了虚妄的规则和天真的假设。

人间也许是无所不能的神们营造的一个沉浸式游戏，这个游戏提供了神所没有、所向往的不可知、不可逆和随机性。因为无所不能的神们自己的一切尽在控制的日子是徒劳而绝望的。

我们有时候觉得自己在拼命扔手中的骰子，试图掌控自己的命运。殊不知自己其实就是那个骰子，在无意义地翻滚着，被随机性驱动着。

当命运轮盘转动时，她从来不管上面是谁的生命筹码。

上帝无法呵护每个人的命运，他唯有用概率统治世界。

公众号“孤独大脑”主理人、《人生算法》作者

喻颖正

前言

前几年，有人靠着一张尾数为48的彩票，赢得了西班牙全国乐透大奖。自豪于这一“成就”的中奖者，披露了给他带来财富的那个理论。“我连着7个晚上都梦到了数字7，”他说，“而7乘7等于48。”[1]如果你乘法表掌握得更好一些的话，这也许就会让你窃笑不已。但我们每个人都会构建个人对这个世界的看法，然后用构建得到的模型过滤和处理我们所感知的一切，再从我们在日常生活中创建的数据中抽取意义。我们也经常犯一些错误，它们虽然不如那个乘法错误那么明显，但带来的影响同样重大。

人类的直觉不适合处理涉及不确定性的情势，这一事实迟至20世纪30年代就已为人所知。当时，研究者发现，人们既不能构造一个通过随机性检验的数列，也不能可靠地分辨某个给定数列是否是随机的产物。一个新的学术领域在过去几十年里逐渐浮出水面。这个领域研究的是当信息不完整或不完美时，人们如何进行判断与决策。研究证明，一旦偶然性牵涉其中，人们的思维处理通常就会表现出严重的缺陷。这些研究工作综合了许多学科，如数学与传统科学，乃至认知心理学、行为经济学以及现代神经科学。最近一次诺贝尔经济学奖使该类研究成为经典，尽管如此，这些研究总结得出的经验教训，仍然未能跳出学术圈子进入普通人的认知。本书的目的就是试图改变这种情况，它讲述的是主宰偶然性的原理，这些思想的建立及它们在政治、商业、医学、经济、体育、休闲和其他涉及人类自身的领域中发挥作用的方式。本书同样谈到我们进行选择的方式，以及在面对随机性或不确定性时做出错误判断和糟糕决策的过程。

信息的缺乏常常会带来互相矛盾的解释。为什么确认全球变暖会如此困难？为什么有的药品声称安全而之后又被召回？为什么有人会不出所料地不赞同我那个巧克力奶昔是维护心脏健康的必需饮食的观点？原因就在于此。对数据的误读会很不幸地带来或大或小的负面结果。我们将会看到：医患双方常常错误地解读有关药品有效性和重要医学检查结果的意义的统计数据；家长、老师和学生误解了如SAT（学术能力评估测试）这类测试得分的显著性，这也是品酒师给葡萄酒评分时犯下的错误；而投资人则从基金的以往业绩中得出并不成立的结论。

体育领域已发展出一种文化，在这种文化下，我们常常根据相关性直觉把球队的成败主要归因于教练的个人能力。因此当球队失利时，教练常常会被炒鱿鱼。但我们如果对主要体育项目中解聘教练的做法进行数学分析，就会发现这种做法平均而言对球队表现并无影响。[2]类似现象也存在于企业界，那里的人们认为首席执行官拥有可以成就或搞垮公司的超人能力。但在柯达、朗讯、施乐以及其他公司，这种能力被一次次证明不过是幻觉而已。例如20世纪90年代，当加里·温特在杰克·韦尔奇手下掌管通用电气资本服务公司时，他被人们认为是这个国家最聪明的生意人之一。后来，温特赌上了名誉，为了4 500万美元的奖金试图拯救深陷麻烦的康赛克公司。温特来当头儿，康赛克公司的麻烦也就到了头儿，这种说法显然得到投资者的普遍认可：一年之内，公司股票涨到原来的三倍。但过了两年，温特突然辞职，康赛克公司破产，而公司股票也跌成了垃圾股。[3]是不是温特接手的是个根本不可能完成的任务？或者他大权在握时打了个盹儿？还是他那些辉煌的名头根本就来自问题多多的假设，例如管理者拥有几近绝对的影响公司的能力，或者某人以往仅仅一次的成功就足以可靠地说明他未来的表现？在任何具体的场合中，我们都不能在仔细审视当前情况的细节之前，就对这些问题的答案充满信心。在本书的多个例子中，我将进行这样的审视。不过更重要的内容，则是我将介绍的用来发现偶然性的蛛丝马迹所需的工具。

拖着人类的直觉破浪前行，是一件困难的事。人类大脑本来的设计，就是要给每一事件找出确定的理由，因此它难以接受无关或随机因素造成的影响。要克服这一困难，我们首先就要认识到，成败有时并非来自过人的能力或无能，而是来自如经济学家阿尔钦所说的“幸运的环境”。[4]随机过程就本性而言非常普通，在日常生活中也无所不在，但大多数人并不了解它，或者很少想到它。

书名《醉汉的脚步》来自一个描述随机运动的数学术语。当分子飞越空间并不断撞击其他分子或被其他分子撞击时，它走过的路径就是如此。我们可以用分子的路径来比拟我们的生活，或是我们从大学到工作、从单身到建立家庭、打高尔夫球时从进第1洞到进第18洞之间的过程。惊奇之处在于，用于理解醉汉脚步的工具，同样能用于理解日常生活中的事情。本书的目的，就是说明偶然性在我们周遭世界中所扮演的角色，以及我们如何在各种事情中发现它的存在。希望在这趟随机世界的旅行之后，您将开始以一种全新的视角看待生活，并对日常世界产生更深刻的理解。

第1章

透过随机性的目镜凝视

记得还是十来岁的时候，我曾经看着黄色的安息日烛火，在为它供应燃料的白色石蜡圆柱上随意地舞动着。我那时还太年轻，感受不到烛光的浪漫之处，但那烛火形成的摇曳影像，仍然使我体会到了烛光的不可思议。烛火飘忽不定，变幻无方，时而大时而小，但我看不到造成这些变化的明显的原因或安排。当时的我相信，那火焰后面一定有其节奏和成因，有一种科学家能用数学方程来预测和解释的模式。“生活可不是这样。”父亲却这么说，“有些无法预见的事情，有时照样会发生。”接着他说起他被关押、受饿的布痕瓦尔德纳粹集中营。有一次，他在面包铺里偷了一块面包。面包铺的面包师傅让盖世太保把所有嫌犯都集中起来，排成一排。“是谁偷了面包?”面包师傅问。要是没有人回答，他就会让卫兵把嫌犯们一个接一个地枪毙，直到人被杀光，或者有人出来认罪为止。父亲不想让其他人搭上一条性命，于是他站了出来。父亲并不想给自己加上些英雄主义的光环，他说他之所以这么做，不过是因为他知道不管怎样自己都会被枪毙。可是面包师傅并没有叫士兵打死我父亲，反而让他当了助手，而且待遇优厚。“纯属运气，”父亲说，“这跟你怎么做毫无关系。不过如果事情不是这样的话，你就永远都不会出生了。”我不由得深感震惊：我的存在竟然归功于希特勒！德国人杀害了我父亲的妻子和两个年幼的孩子，彻底抹去了他的前半辈子。要不是因为战争，我父亲就永远不会移民到纽约，永远不会遇到同样身为难民的我的母亲，当然也永远不会生下我和我的两个兄弟。

父亲很少谈及那场战争。当时我并未察觉，只是多年后才开始慢慢认识到一点，那就是当父亲谈起他痛苦的过去时，他并不是希望我只知道这些经历，他更想给我上一堂关于生命的大课。战争是种极端情况，但运气在生活中扮演的角色并非仅限于这种极端状况。如同那烛火一般，我们命运的主线总是会被各种各样的随机事件牵引到新的方向，这些随机事件——以及我们对它们做出的反应——决定了我们的命运。这个事实带来的结果，就是我们既难以预测，也难以解释人生。在注视相同的罗夏墨迹时，你可能会看到麦当娜，但在我的眼中，它却是只鸭嘴兽。同样，那些商务、法律、医药、体育和媒体领域中的数据，或者孩子的三年级成绩单，也都能以多种方式被解读。不过要解释偶然性在某个事件中扮演的角色，可不像解释罗夏墨迹那样无所谓对错：这些对偶然性的解释，有的是对的，有的则是错的。

在面对不确定的局面时，我们对局势的评估和做出的选择常常依赖于直觉。当碰到一只面带微笑的剑齿虎时，我们会如何判断它的微笑，是因为它心宽体胖，还是因为它在饿得半死的时候看到了我们——它面前的一顿美餐？在这种情况下，我们的本能给出的处理方式无疑是更有进化优势的。但到了现代世界，不同物种之间的力量对比已经完全不同了，因此同样的本能到了今天就会有其缺点。用本能的惯性思维去对待今天的老虎，就可能导致并非最佳甚至是不妥当的决策。在大脑对不确定性的处理方式上，研究者认为这个结论毫无奇怪之处：许多研究已经表明，人类大脑对不确定局面进行评估的部分，和处理情感这一人类特性——常常也被认为是非理性的主要来源——的部分，两者存在着紧密的联系。例如，功能性磁共振成像（fMRI）表明，风险和回报是由多巴胺能神经元系统的某些部分来估定的，而多巴胺能神经元系统正是对于动机和情感过程而言非常重要的大脑奖励回路。[1] 这些图像还显示，当我们在一个不确定的局面下进行决策时，扁桃体这个同样与人类情绪状态，特别是恐惧感有关的器官，也变得兴奋起来。[2]

人们对涉及偶然性的局势进行分析的机制，是进化因素、大脑构造、个人经验、知识及情感共同形成的复杂产物。事实上，人类对于不确定性的反应是如此复杂，以至某些时候大脑的不同部分会得出不同结论，而最终做出的结论显然是这些部分相互斗争的结果。举个例子，如果每吃四次大虾之后，总有三次我们的脸肿得是正常人的五个大，那么“逻辑的”大脑左半球就会试图找出一个模式描述其中的规律，而“直觉的”大脑右半球则会简单地告诉你：“离虾远点儿！”不管怎么说，研究者通过不那么痛苦、被称为概率猜测的实验游戏得出的就是这个结论。实验提供给受试者的是两种不同颜色——比如绿和红——的卡片或灯光，它们取代了虾和组胺。在实验设置中，这些色彩以不同的概率出现，但除此之外别无其他模式。例如，在红—红—绿—红—绿—红—红—绿—绿—红—红—红这样的颜色序列中，红色出现的次数是绿色的两倍。受试者的任务是通过一段时间的观察，预测下一次出现的色彩是红还是绿。

在这个游戏中，我们可以有两种基本策略。策略一是以出现最为频繁的那个颜色为猜测结果。老鼠和其他非人类动物就喜欢用这种办法。该策略能够保证一个基本稳定的预测准确率，但同时也满足于这样的准确率而无法进一步提高。根据这种策略，比如绿色出现的比例为 75%，那么总是猜下一个出现的还是绿色，我们的预测准确率就会是 75%。而策略二是试图找到一种绿 / 红色出现的模式，并根据这一模式形成一个与之“匹配”的猜测。如果绿色和红色的出现确实遵循某种模式，而我们又找到这种模式，那么策略二就能以 100% 的准确率做出预测。但如果颜色的出现完全是随机的，那么最好还是坚持使用策略一。举例来说，如果实验中绿色以 75% 的比例随机出现，这时采用策略二，在 10 次中大概只能猜中 6 次。

一般来说，人类都试图揣测红 / 绿出现的模式，这样一来，我们在这个游戏中反而会被老鼠击败。而在实验中研究者更进一步，他们找来一些受试者，这些受试者实际上是遭受了被称为“裂脑”的外科手术术后大脑受损的病人，他们大脑的左右半球之间的通信被切断了。如果让这些病人进行上述实验，就可以分别对大脑的左右两个半球单独进行测试：如果让他们只使用左眼观察彩色灯光或卡片，同时只用左手做出预测，就相当于只对他们的大脑右半球进行实验；而如果是右眼和右手，实验就是针对大脑左半球进行的。在这样的实验中，研究者发现，对于同一个病人，其大脑右半球总是选择仅根据更频繁出现的颜色给出预测，而大脑左半球总是试图寻找颜色变化中的模式。[3]

能够在不确定的情境中做出明智的评估和选择，这是一种罕有的能力。但与任何别的技能一样，我们可以通过经验的累积提高这一能力。在后面的章节中，我将更为深入地探讨偶然性在我们所处世界中扮演的角色；我还将介绍那些历经好几个世纪发展起来的、能够帮助我们理解这一角色的思想，以及常常将我们领入歧路的众多因素。英国哲学家和数学家罗素曾写道：

> 我们（对事物的认知）都始于“朴素的实在论”，即我们相信事物所是如所见。因此我们认为草是绿色的，石头是坚硬的，雪是冰冷的。但物理学使我们确信，草的绿、石头的硬和雪的冷，其实并非我们通过自身经验所知道的草的绿、石头的硬和雪的冷，而是某种非常不同的东西。[4]

下面，我们可以透过随机性的目镜看到，生活中同样存在着许多事情，它们并非表面所见的那样，而是其他非常不同的东西。

2002 年，诺贝尔委员会将诺贝尔经济学奖授予科学家丹尼尔·卡尼曼。今天的经济学家可是什么问题都会研究的——为什么教师工资那么低？足球队为什么那么值钱？猪的生理功能又是怎样限制了养猪场的规模（一头猪的排泄物是一个人的 3 ～ 5 倍，因此，拥有数千头猪的农场，常常能比它旁边的城市产生更多的废物）？[5] 尽管经济学家进行了这么多了不起的研究，2002 年诺贝尔经济学奖引人注目的一点，却是卡尼曼并非经济学家，他是一名心理学家。在数十年中，他与特沃斯基一道，研究和阐明了多种类型的关于随机性的错误理解，而恰恰是这些误解，造成了本书将要谈及的许多常见的谬误。

要理解随机性在生活中扮演的角色，我们面临的最大挑战在于，尽管随机性的基本原则脱胎于日常的逻辑，但它带来的许多后果是反直觉的。卡尼曼和特沃斯基的研究本身就是由一个随机事件引发的。20 世纪 60 年代中期，当时还是希伯来大学心理学初级教授的卡尼曼，接受了一桩相当无趣的杂差：为一群以色列空军飞行教官讲授有关行为矫正的经典理论及其在飞行训练心理学中的应用。卡尼曼强调指出，对正确的行为进行奖励能起到矫正作用，而惩罚错误行为却没有同样的效果。这时一名学员打断了他，并说出自己的看法。这个看法使卡尼曼恍然大悟，并在之后的几十年引导了他的研究。[6]

“当我的飞行员做出漂亮的动作时，我总是毫不吝惜溢美之词，但他们的下一次飞行总是变得更加糟糕，”这名飞行教官说道，“当他们飞得很糟糕时，我就会对着他们一通大吼，而他们的下一次飞行一般总要更好一些。所以请别说奖励有效而惩罚无效，我的经验可并非如此。”其他教官都同意这一看法。在卡尼曼看来，飞行教官的经历听来不假，但他同样坚信由动物实验得出的奖励比惩罚更有效的结论。面对这个明显的悖论，他陷入沉思，接着一个念头冒了出来：在飞行员的飞行水平得到改善之前，教官确实是在大吼大叫，但在这个表象之后，我们不能说这些吼叫就是使得飞行员飞行水平得到改善的原因。

这是什么道理呢？答案要从一种被称为回归的现象中去寻找。所谓回归是指，在任何一系列随机事件中，跟在一个不寻常的事件之后的，更可能是一个相对而言更加普通的事件，而这种情况的发生完全出于偶然。飞行教官例子中的回归是这样的：每个学员都已经具备一定的驾驶战斗机的能力。飞行技术水平的提高跟很多因素有关，并且需要大量的练习。尽管他们的飞行技术通过训练得以慢慢提高，但这一提高是很难通过紧接着的两次飞行来察觉的。因此那些特别好或特别差的表现，基本都是运气造成的。如果飞行员进行了一次远好于正常水平的优异着陆，那么第二天他的表现更加正常的机会就很高——换言之，第二天的表现要比今天更差一些。如果教官这次表扬了他，那么到了第二天，这个表扬似乎也没起到正面作用。而如果飞行员的这次着陆差得“不同凡响”，飞机直冲出跑道，一头栽进自助餐厅盛玉米杂烩的大桶里，那么他同样会以很高的概率在第二天飞得更接近正常水平——也就是飞得更好。假设教官按惯例因为其糟糕的表现而大叫“你这头蠢猩猩!”，那么这个咒骂表面上看来就收到了好效果。这样一来，就出现了一种表面上的模式：学员飞得好，表扬就没有好效果；反而是让教官高分贝地用低等灵长类来相提并论的糟糕表现，却会在训斥之后表现出进步。卡尼曼课上的那些飞行教官，就从这样的经验中得出结论，即高声训斥是一种有力的教育工具。但实际上，这些大吼大叫根本就没有改变什么。

这个由直觉导致的错误，使得卡尼曼陷入思索。这样的误解是不是一种普遍现象呢？我们是不是也像这些教官一样，相信粗暴的批评能改善孩子的行为或雇员的表现？当面对不确定性时，我们还有没有别的误判？卡尼曼知道，出于必要，人类采用一些策略来降低判断的复杂性，而对概率的直觉反应在其中扮演了重要角色。你是否也曾有过这样的经历，在享用了从路边摊购买的看似甘甜可口的酸橘汁腌鱼炸玉米粉圆饼后觉得不舒服？在发生了这样的情况之后，你并不会有意识地回想自己到底在多少个这样的路边摊掏过腰包，并且数一数在这样大吃一顿之后，晚上猛灌碱式水杨酸铋的次数，并以此算出在这个摊子上中招的概率估计值。事实上，你的整个判断都是由直觉完成的。不过 20 世纪 50 年代与 60 年代早期的研究告诉我们，在这种情况下，人们对随机性的直觉常常会带来失败的结果。卡尼曼因此思忖道，我们对于不确定性的误解到底有多广泛呢？对于人类决策而言，这又意味着什么？几年后，卡尼曼邀请了一位同事特沃斯基，在研究小组的学术例会上进行了一次讲座。讲座结束后，卡尼曼在午餐时向特沃斯基说出了他正在酝酿的想法。之后的 30 年，特沃斯基和卡尼曼发现，即使是经验丰富的受试者，在面临随机性过程（不论是军事或体育比赛中的局势，生意上的窘境，还是医疗方面的疑问）时，人类的信念和直觉也常常有负所托，未能给出好的决策。

让我们设想一下，你写了一部关于爱情、战争和全球变暖的惊悚小说，但它已经被4个出版商退了稿。你的直觉，还有你那堵得发慌的胸口大概都在说，这些出版业专家的拒绝，一定意味着稿子确实一无是处。但是这种直觉是否正确？你的小说真的就卖不出去了吗？我们根据自己的经验，都知道在扔硬币时，哪怕接连好几次扔出来的都是正面朝上，也不意味着硬币的两面都是正面图案。对于一部出版物而言，要预测它的成功是不是也如此之难，以至即使它将来一定会登上畅销书榜单，也会有许多出版商看不到它的闪光点，还寄出那些写满了“谢谢（来稿）”和“不,（出版就算了）谢谢”的信？20世纪50年代，就有这么一本书，不但被多个出版商退稿，还得到了诸如“乏味透顶”、“典型的关于家庭内部那些鸡毛蒜皮的吵闹、微不足道的烦恼以及青春期情感的沉闷记录”，以及“哪怕这本书在5年前趁着主题（第二次世界大战）热度还在的时候问世，我也看不出它有任何应该出版的机会”之类的评语。但安妮·弗兰克的这本《安妮日记》至今已卖出3 000万册，并成为有史以来最畅销的图书之一。这类退稿信还被寄给西尔维娅·普拉斯，因为她“肯定没有足够的真正的天分引起我们的注意”；乔治·奥威尔的《动物庄园》遭到退稿的原因则是“动物故事书在美国可没法卖出去”；而由于“又是波兰和犹太富人（的故事）”，艾萨克·巴什维斯·辛格也被退了稿。走红之前的托尼·席勒曼更是为代理商所抛弃，并得到“把所有那些美洲原住民的玩意儿都去掉”的建议。[7]

这些都不是孤立的误判。实际上，许多日后大获成功的作品，都不得不在退稿中苦等着出头之日——而且不是一次被退稿，是一次又一次被退稿。举例来说，与约翰·格里森姆、西奥多·盖泽尔（苏斯博士）和罗琳的作品相比，现在大概没有几本书会有那样明显而全方位的吸引力。但在成名之前，他们的手稿都遭到一次次的退稿。格里森姆的《杀戮时刻》被 26 个出版商退了稿，而他的第二部作品《糖衣陷阱》之所以能够引起出版商的兴趣，完全是因为它的私抄本已经在好莱坞广为流传，且得到 60 万美元的电影版权费。苏斯博士的第一部儿童读物《桑树街见闻》被 27 个出版商退稿。而罗琳的《哈利·波特》第一部的手稿也被退稿 9 次。[8] 与这些后来终于成功的人相对的，则是作家这个行当中人所共知的硬币的另一面：那许许多多潜力无穷却终未成功的作者——那最初 20 次退稿后就封笔的格里森姆们，或在最初 5 次退稿后就放弃的罗琳们。其中的一位——约翰·肯尼迪·图尔——在经历了多次退稿之后，对自己作品的出版彻底绝望，并选择了自杀。他的母亲保留了他的手稿。11 年后，《笨蛋联盟》出版，并获得了普利策小说奖，售出近 200 万本。

一部伟大小说的创作（或者一件珠宝，又或者一块撒着巧克力碎的曲奇饼），和这部小说成书后在几千家书店里高高码起的书堆（或成套的珠宝或成袋的曲奇饼），这两者间有着一道随机性和不确定性的鸿沟。正是这道鸿沟，使我们看到各领域的成功人士几乎毫无例外都属于特定的一类人，那就是从不放弃的人。

发生在我们身上的许多事情——职场、投资和生活中或大或小的决策的成功——都是随机性的结果。这些随机因素的影响一点儿都不比我们本身的能力、勤奋和为机会所做的准备的影响来得小。因此，我们所认知的现实，并不是人或环境的直接反映，而是被不可预见或不断变化的外部力量随机扭曲后的模糊映像。这并不是说能力就无关紧要了——能力正是增加我们成功机会的因素之一，但行动与结果之间的联系，可能并非我们所见的那般直接。因此，理解过去并不容易，但预测未来同样不容易。无论是理解过去还是预测未来，如果我们能超越肤浅的解释去观察，我们都将受益匪浅。

我们总是习惯性地低估随机性的影响。股票经纪人会推荐我们投资拉美共同基金，因为在过去 5 年的时间里，它的收益“吊打美国国内基金”；而我们血脂水平的升高则被医生归咎于我们的新习惯，而这个新习惯不过是在我们尽职尽责地给孩子们喂了一顿杧果加脱脂酸奶的早餐后，用一块搭配牛奶的家庭自制夹心蛋糕来犒劳一下自己罢了。股票经纪人或医生提出的建议，我们可能会接受，也可能不会，但是不管是否接受，都很少有人会去考虑这些建议是否有足够的数据支撑。在政治、经济和商业圈中，哪怕是在整个职业生涯或数百万美元被放在台面上让人做出孤注一掷的选择时，我们也常常把偶然事件明显错误地解释为成功或失败的原因。

好莱坞就是这方面的一个好例子。在好莱坞的金钱游戏中，赏（与罚）是否确有所值？还是说在票房的成功（与失败）中，运气扮演的角色实际上比人们一贯认为的要重要得多？我们都能理解天赋并不能保证带来成功，但另一方面，认为成功必然来自天赋的想法则颇有诱惑性。不过一直徘徊在好莱坞的一个令人不快的疑虑，就是一部影片能否大卖实际上没有人能够预知。小说家与剧作家威廉·高德曼 1983 年在其经典之作《银幕产业大冒险》中阐明了这个疑虑，之后它就一直在好莱坞徘徊着。高德曼在书中引用了前电影监制戴维·皮克尔的话：“如果我对所有我毙掉的片子说‘行’，而对我放行的片子说‘不行'，恐怕最后的票房结果也不会差多少。"[9]

这并不是说一部家庭作坊小制作的神经兮兮的恐怖电影会与比如耗资 8 000 万美元的《驱魔人前传》同样容易成为票房明星，虽然这种事情实际上在若干年前的确发生过：《女巫布莱尔》只花了制片人 6 万美元，却带来了 1.4 亿美元的美国国内票房收入，是《驱魔人前传》的 3 倍还多。不过高德曼所说的并不是这种情况，他仅考虑专业制作且影片质量足够好、得以由著名发行商来发行的好莱坞影片。高德曼并不否认电影的票房表现受多种因素的影响，不过他真正想说的，是这些影响因素是如此复杂，而一部电影从获准开拍到周末首映的路途，又是如此容易受到不可预见和不可控制的因素的干扰，因此，根据多个影响因素预测一部尚未杀青的电影的票房潜力，其实并不比靠扔硬币来猜测要好多少。

不可预测性的例子在好莱坞并不难找。影迷们应该还记得电影公司对百万美元大作《伊斯达》（沃伦·比蒂 + 达斯汀·霍夫曼 + 5 500 万美元预算 =1 400 万美元票房收入）和《幻影英雄》（阿诺·施瓦辛格 + 8 500 万美元 = 5 000 万美元票房收入）所抱的期待。另一方面，我们大概也能回想起环球影城的主管们对年轻导演乔治·卢卡斯的《美国风情画》所持的悲观看法。该片的拍摄只花了不到 100 万美元，尽管遭受种种怀疑，它却带来了 1.15 亿美元的收入。不过这个成绩仍然未能阻止主管们对卢卡斯的下一个点子——他自己称为《威尔斯的日记第一部：星际大战之星际杀手路克的探险》的故事——怀有更为悲观的疑虑。按他们的话来说，这部片子根本就没法拍。最终，二十世纪福克斯电影公司拍摄了这部影片，但该公司对这部电影的预期也不过如此：公司付给卢卡斯区区 20 万美元作为编写剧本和导演的报酬；作为交换，卢卡斯获得了影片的续拍和销售权。预算 1 300 万美元的《星球大战》最终带来了 4.61 亿美元的收入，而卢卡斯则得到一个帝国。

为一部电影开绿灯放行的决定，一般比影片制作完工要早几年，而在这些进行拍摄和营销的年头中，影片又会受到许多不知从哪里冒出来的不可预测的因素的影响，至于观众那难以揣摩的口味就更不必说了。考虑到这些事实，高德曼的理论就毫无牵强之处了（该理论同样得到经济界更近期研究的支持）。[10] 尽管如此，对电影公司行政主管们的评价，却并非基于其实际的管理能力，虽然这些能力对于美国钢铁公司或派拉蒙的头头们而言，同样至关重要。实际上，电影公司的行政主管所获得的评价，取决于他们能否选中票房热门。如果高德曼的观点是正确的，那么这种能力事实上便是一种错觉，而且无论这些主管如何大吹特吹，他们都配不上那 2 500 万美元的合同。

最终的结果应该有多少归于能力，又有多少归于运气呢？这可不是个不动脑子就能得到答案的问题。随机事件常常像一盒麦片中的葡萄干那样抱团出现，并非总是一个个孤立的事件。尽管每个事物的潜能都是由幸运女神公平赐予的，但这些潜能体现在实际结果中可就算不得公平了。如果让 10 个好莱坞主管每人扔 10 次硬币，那么尽管他们有相等的机会成为赢家或输家，但最终总会有某些确定的赢家和输家。在这个扔硬币的例子中，至少有一个人能扔出 8 次或更多的正面或反面朝上的可能性为 2/3。

让我们假设卢卡斯又拍了一部新的《星球大战》，然后在测试市场上做个疯狂的试验。他用两个不同的名字——《星战前传 A》和《星战前传 B》——发行该片完全相同的两个拷贝，每部都有它自己的市场营销计划和发行安排，并且除了在预演公告和广告中，一个说的是《星战前传 A》而另一个说的是《星战前传 B》，这些计划和安排的细节都完全相同。如果我们让这“两”部影片相互竞争，哪一部会更受欢迎呢？比方让我们记录下最初的 2 万名电影爱好者所选择的影片（让我们忽略那些《星球大战》的死忠粉吧，这些人两部都会看，还会坚持认为两部影片有一些微妙但颇有意义的差别）。由于电影本身及营销策略完全相同，因此，我们可以把这个试验建成如下的数学模型：将这些观众排成一行，然后依次让他们扔硬币，扔出正面朝上就看《星战前传 A》，否则就看《星战前传 B》。由于这枚硬币正面或反面朝上的机会相等，你可能会认为，在这场试验性的票房战争中，每部电影都应该有大概一半的时间在比赛中领先。随机性的数学理论告诉我们的却是另外一回事：最可能出现的领先者发生改变的次数是 0 次，即在这场争夺 2 万名观众的比赛中，两部影片中的某一部会从头到尾始终保持领先，并且这个可能性是两部电影你追我赶、领先权不断换手的可能性的 88 倍。[11] 这个例子给我们的教训，并不是说所有影片都毫无差别，而是说哪怕所有的影片都分毫不差，也总会有某些影片比别的影片有更好的票房。

无论是好莱坞还是别的什么地方，待在公司会议室里的人们都不会在讨论中提及这些问题。因此,随机性的典型模式——表面上的“热”或“冷”的曲线，或是抱团出现的数据——都照例被错误地解释了。更糟糕的是，这些模式成为下一步行动的依据，好像它们真的反映了某种新趋势。

现代好莱坞历史上有不少聘用和解聘都非常高调的例子，雪莉·兰辛就是其中之一。兰辛掌管派拉蒙多年，取得了巨大的成功。[12] 在她任职期间，派拉蒙靠着《阿甘正传》《勇敢的心》《泰坦尼克》夺得了最佳影片奖，它们也带来了公司历史上收入最高的两年。但兰辛的名声在此后一落千丈，而在派拉蒙经历了如 *Variety* 杂志所说的"很长时间的票房不佳"之后，她最终被抛弃了。[13]

数学可以对兰辛的命运给出一短一长两种解释。先来看看短的解释，请看看下面这串数字：11.4%、10.6%、11.3%、7.4%、7.1%、6.7%。发现了什么吗？没错，兰辛的老板萨姆纳·雷德斯通也发现了。对他而言，这个趋势已经足够明显，那就是派拉蒙的动作片组在兰辛在任的最后 6 年中所占的市场份额。这个趋势也让《商业周刊》怀疑兰辛"大概就是手不再'热'了"。[14] 不久，兰辛宣布她将离任。几个月后，一个名叫布拉德·格雷的有天分的经理浮出水面。

一名无疑颇有天赋的人，怎么可能在带领公司走过 7 个很棒的年头后，一夜之间就失败了呢？有大量的理论可以解释兰辛早期的成功。当派拉蒙干得不错时，兰辛受到了称赞，因为她造就了好莱坞营运最佳的公司之一，而且还有着将老套的故事转化为 1 亿美元票房的点石成金术。当她的运气变糟后，修正主义者就占了上风。兰辛那重拍老片或续集的倾向，现在变成了一种缺点。各种评论中最为毒辣的，大概得算她的"半吊子品位"导致失败的说法。她因为同意拍摄《时间线》和《古墓丽影 2》这样的票房毒药而饱受指责。兰辛不愿冒险、观念过时、与潮流脱节之类的说法突然就成了主流。但是，预测一部取材于迈克尔·克莱顿畅销书的影片会有可观的票房，难道也有错？而当第一部《古墓丽影》带来 1.31 亿票房的时候，所有那些针对兰辛的批评又在哪里？

即使关于兰辛缺点的那些理论确有道理，她命运的转折也发生得太突然了！难道这个转折是因为她一夜之间变得反对冒险和脱离潮流了吗？不是，这个转折只是因为派拉蒙的市场份额突然下降了。头一年兰辛还高处云端，下一年她就成了午夜剧场喜剧演员用来制造连珠妙语的笑料。如果她跟好莱坞的其他人一样，因为自己不堪的离婚案而变得沮丧，或者因为挪用公款遭到起诉，或者加入了邪教组织之类，那么这种改变多少还能让人理解。但情况并非如此，兰辛显然也没有遭受什么大脑皮质损伤之类的问题。实际上，批评兰辛的评论者所能给出的证据，就只有这些失败本身。

事后来看，兰辛遭到解雇很显然是由于业界对于随机性的误解，而非她的那些有瑕疵的决策：当兰辛离开派拉蒙时，公司次年的影片已经开拍了。因此，如果我们想知道在一个兰辛仍然留任的平行宇宙中她大概做得怎样，只要看看她离职次年的数据就可以了。得益于《世界大战》和《最长的一码》等影片，派拉蒙收获了 10 年中最好的一个夏季票房，市场份额也回弹到近 10%。这不仅是一种讽刺，而且再次体现了随机性那回归均值的一面。*Variety* 的一篇头条对此的评价是："分手的礼物：旧领导的影片为派拉蒙注入反弹动力。"[15] 但人们仍然会不由自主地认为，如果维亚康姆集团（派拉蒙的母公司）能再多一点点耐心，这个头条可能就会是"标志性的一年将派拉蒙和兰辛的职业生涯拉回正轨"。

兰辛在派拉蒙开始时好运当头，而结束时厄运缠身。不过，她的运气本还有可能更糟：她有可能从一开始就印堂发黑。这事儿就发生在哥伦比亚电影公司主管马克·坎顿身上。在刚被聘用时，他被人们认为是一个对票房了解透彻并充满激情的人，但最初几年令人失望的票房成绩使他遭到解雇。一位不愿透露姓名的同事评价他"没有能力分辨成功和失败的影片”，而另一位则称他“过分忙于呐喊助威”。当这个名誉扫地的人离开时，他在制片流水线上留下了《黑衣人》（5.89亿美元的全球票房）、《空军一号》（3.15亿美元）、《第五元素》（2.64亿美元）、《甜心先生》（2.74亿美元）和《狂蟒之灾》（1.37亿美元）等影片。正如 *Variety* 所言，坎顿的遗产可谓“红得发紫”。[16]

看吧，这就是好莱坞，它是一个迈克尔·奥维兹作为迪士尼总裁工作了15个月后，带着1.4亿美元解聘红包离开的小城；它也是一个哥伦比亚电影公司负责人戴维·伯格尔曼因伪造罪和挪用公司财产而被解雇，却在几年后被聘为米高梅首席执行官的地方。我们将在后面的章节看到，上述那些毒害了好莱坞的误判，同样扭曲着人们对生活各方面的认识。

我自己对于随机性那隐形影响的顿悟，都来自大学时代。当时我选修了一门概率论的课程，并把其中的数学原理用到体育比赛上。这事儿做起来不难，因为如同在电影业中一样，大多数体育运动的成绩很容易被量化，数据也是现成的。在这个过程中我发现，正如在体育比赛中学到的持之以恒、勤学苦练和团队合作能够被应用到生活各方面的拼搏中一样，从体育比赛中得到的关于随机性的教训也是如此。因此，我接下来要讲一讲棒球手罗杰·马里斯和米奇·曼托的故事。这个故事对所有人来说都有深刻的教育意义，就算你分不清棒球和乒乓球也不要紧。

那是在1961年，我刚刚到读书的年纪。但我还能记得《生活》杂志封面上的马里斯，以及他那更受欢迎的纽约洋基队队友曼托的样子。这两名棒球选手在当年展开了一场历史性的竞争，那就是追平或打破1927年由贝比·鲁斯创下的60个本垒打的纪录。那是一个唯心主义大行其道的时代，我的老师经常会讲一些诸如“我们需要更多像贝比·鲁斯那样的英雄”，或者“我们从来没有过不诚实的总统”之类的话。由于鲁斯的传奇已经被神化，所以任何可能对他形成挑战的人，最好都能配得上“鲁斯的挑战者”这个名头。勇敢、毫不懈怠并承受着膝伤坚持战斗的击球手曼托，是当年球迷和记者毋庸置疑的心头好。曼托长相讨人喜欢，脾气性格也好，他给人一种人人都希望由他来创造纪录的彻头彻尾的美国男孩形象。而另一方面，马里斯却是个粗暴又神秘兮兮的家伙，一个从未在一年中打出多于 39 个本垒打的失败者，而 39 个本垒打离 60 个本垒打还差着十万八千里。人们认为他十分讨厌，是那种从不接受采访也不喜欢孩子的人。在那场破纪录大战中，球迷和记者都坚决站在曼托一边——不过我喜欢马里斯。

最终，即使受到膝伤困扰的曼托拼尽全力，也只是打出 54 个本垒打。马里斯凭借 61 个本垒打打破了鲁斯的纪录。在鲁斯的整个职业生涯中，他曾有 4 次在一个赛季中击出 50 个或更多的本垒打，并 12 次摘得联赛本垒打的桂冠。而在创造了新纪录之后，马里斯再也没能击出 50 个或哪怕 40 个本垒打，也没有在联赛中独占鳌头。这样的总体表现无疑是在给愤愤不平的公众情绪火上浇油。后来的日子里，马里斯不断遭到球迷、体育评论员以及其他球员的无情批评。他们的判决是：成为冠军的压力把他彻底压垮了。一位著名的棒球老前辈说道：“马里斯不配打破鲁斯的纪录。”[17] 这句话也许是真的，但原因并非这位老前辈想的那样。

多年以后，受到那门数学课的影响，我开始学着从另一个角度考虑马里斯的成就。为了分析这场“马里斯 - 曼托竞赛”，我重新阅读了《生活》的那篇旧文，并发现文中简短地讨论了概率论，以及如何用概率论预测竞赛结果。[18] 我决定自己建一个本垒打的数学模型，即任何一次击球（也就是通往胜利路上的一次机会），其结果当然主要取决于球员本身的能力，但它同样依赖于许多其他因素的相互作用：球员的健康状况、风、太阳或球场灯光、投球的质量、比赛形势、是否正确猜出了投手投球的方式、挥棒时手眼是否协调、是否因为在酒吧遇到了那位浅黑皮肤的姑娘而睡得太晚，或是有没有被早餐吃的辣奶酪热狗和蒜香薯条弄坏肚子，等等。如果没有这些不可预测的因素，球员要么每次都打出本垒打，要么每次都打不出。实际上，对于每次击球，我们只能说这名球员有一个确定的概率击出本垒打，也有一个确定的概率不能击出本垒打。球员每年获得的数百次击球机会，通常都被随机因素的影响通过平均消除了，最终得到的是某个典型的本垒打数量，它随着球员技术的提高而增加，并不可避免地因为那个在英俊面庞上刻出皱纹的过程的影响而下降。但有时这些随机因素并没有被完全平均。这种情况发生得有多频繁呢？它造成的偏差又有多大呢？

根据球员每年的统计数据，我们可以估算他在每次走到本垒 [19] 前准备击球时，能够打出本垒打的概率。1960 年，也就是马里斯破纪录那一年的前一年，他每 14.7 次击球能击出 1 记本垒打（与他表现最好的 4 年中的总平均值差不多）。让我们称这个水平为“正常马里斯”。我们用下面的方法来建立正常马里斯的本垒打模型：设想有一枚硬币，平均每抛出 14.7 次（而不是 2 次），就有 1 次正面朝上。当马里斯每次上垒击球时，扔一下这枚硬币，如果扔出正面朝上，就给他记上一次本垒打。如果用这种方式来让马里斯完成 1961 赛季的比赛，那么只要对该赛季中马里斯所获得的每个击球机会都扔一下这枚硬币，我们就能得到一大堆五花八门的“1961 赛季”。在这些“赛季”中，马里斯的技术水平都是“正常马里斯”的水平，而这些模拟赛季的结果，就能说明当技术没有突然提高时，“正常马里斯”在 1961 年能期望获得的成绩范围，就是他的“正常”本垒打能力，再加上纯粹运气的因素所能达到的成绩范围。

如果想要实实在在地完成这项实验，那么我不但要有一枚稀奇古怪的硬币，一个能撑得住那么多次扔硬币的强壮腕部，还得有一段时间能够暂时离开大学里的工作岗位。不过，利用随机性的数学理论，我只需要利用方程与计算机就可以完成这个分析。在许多虚拟的 1961 赛季中，正常马里斯的本垒打数量并不令人吃惊地落在了一个对他而言正常的范围内，在某些模拟赛季中他打中得多一点儿，在某些模拟赛季中打中得少一点儿，而在一个赛季中打中了比正常数量多得多或少得多的本垒打的情况则很罕见。那么，以马里斯的天赋获得鲁斯式的结果，这样的情况有多常见呢？

我原本以为马里斯追上鲁斯纪录的可能性，大概跟杰克·惠特克那次中彩票的机会差不多：惠特克几年前在便利店买早餐饼干时，花了 1 美元买了张全美“强力球”彩票，最终赢得了 3.14 亿美元。对于一个天分更差点儿的球员而言，追上鲁斯纪录的机会跟这差不多，马里斯尽管没有鲁斯的天赋，但其本垒打的水平仍然比平均水平高出许多。因此，仅靠运气就能创造新纪录的机会对马里斯而言，绝非可以忽略不计的概率：差不多每 32 个赛季，他就能有一个赛季追平或打破鲁斯的纪录。这个概率听起来似乎不是很高，估计也没有人会根据这个概率，在 1961 年这个特定的年份，在马里斯这个特定的人身上投注，来赌他会破纪录。但由这个概率还能得出更为惊人的结论。为什么这样说呢？现在让我们问一个更有趣的问题：假设所有的球员都具有正常马里斯的天分，让我们再来考察一下，从鲁斯创造纪录到“类固醇时代”（在那个时代，由于药物的使用，本垒打与以前相比变得很寻常）开始时的所有 72 年的时间。在这个时期内，仅靠运气，某个球员在某个时候追平或打破鲁斯的纪录，这种可能性有多大呢？相信马里斯仅仅只是凑巧成为那个特殊赛季的幸运儿的观点，是否真的合理呢？

分析表明，在这段时期内，大概每 3 年就有一名球员兼具与 1961 年的正常马里斯差不多的天赋和运气。总的来说，仅依靠运气，这些球员中的某一个能够追平或打破鲁斯纪录的可能性，要比 50% 多一点儿。换句话说，在 70 年的时间里，一名实力更接近 40 个本垒打的球员打出一个 60 个或更多本垒打的随机峰值，这种情况发生的可能性超过了 50%——这个随机峰值有点儿像我们在通过糟糕的线路通话时，在背景杂音中不时听到的很大的噼啪声。而同样可以期待的是，不管那个破纪录的“幸运儿”是谁,人们仍然会一如既往地神化或者贬低他，当然也会一如既往无穷无尽地分析他。

我们永远不能准确地知道，相较于其职业棒球生涯中的其他时间，1961 年的马里斯是一个水平好得多的球员，还是个仅仅受到幸运女神垂青的人。但古尔德或诺贝尔自然科学奖获得者珀塞尔等卓越的科学家对棒球和其他体育项目进行的细致分析表明，我描述的那个扔硬币模型与球员和球队的真实表现很吻合，包括他们的巅峰与低谷。[20]

因此，当我们再看到体育或其他领域的辉煌成就时，我们应该记住，非凡的成就不一定有非凡的原因。随机事件常常看似并非随机，但在解释这个林林总总的世界时，我们千万不要混淆这两者。在耗费了许多世纪的努力之后，科学家终于学会如何透过表面的秩序，去发现隐藏在自然界和日常生活的面纱之下的随机性。在这一章，我们不过对随机性运作方式投以匆匆数瞥。在下面的章节中，我将结合随机性的历史发展考察随机性的核心思想，并说明这些思想与我们的目标的关联性。我们的目标，是希望为你提供一个观察我们周遭世界的新视角，让你能够更好地理解随机性这一自然界的基本特征与我们自身体验的联系。

第 2 章

真理与半真理的法则

仰望晴朗无月的夜空，人的肉眼能看到数以千计闪烁的光点。随意散布于天空的星星，存在着许多模式：这里有一头狮子，那里是一个水斗。发现模式的能力既能够成为一种力量，也能够变成一种弱点。牛顿在思索物体下落的模式中创造了万有引力定律；另一些人则发现，当他们穿着某双脏袜子时，运动成绩会明显提高，于是不再穿干净的袜子。在自然界的所有模式中，我们怎样才能分辨哪些具有真正的意义？就本质而言，这个分辨能力的培养需要通过实践来完成，因此如下事实也许不会让你感到太过吃惊：相较于几何这个诞生于一帮榆木脑袋的哲学家创造的整套公理、证明和定理的学科，随机性的理论萌发自那些专注于咒语和赌博的脑袋。在随机性理论发展的历史场景中，我们更容易联想到的是骰子或魔法药水，而不是书本或卷轴。

究其根本，随机性理论不过是一种成为文化的常识。但它同时也充满了种种微妙之处，在它的领域中，伟大的专家犯下了流传后世的错误，职业赌徒得到了正确的结论，尽管这些结论不得不就此与他们那狼藉的声名相伴。要理解随机性并克服我们的错误概念，需要的是经验和大量细致的思考。因此，作为本书阅读旅途的起点，我们将介绍概率论的若干基本法则，以及发现、理解和应用这些法则时面临的挑战。在上一章中，我们已经认识了卡尼曼和特沃斯基这两位专家，他们在阐明人们的错误概念方面做了大量的工作，而其中的一个实验，现在已经成为有关概率法则直觉理解方面的经典工作。[1] 请各位读者都加入这个实验，并以此了解你自己的一些概率直觉吧。

设想有一位名叫琳达的女性，31 岁，单身，坦率敢言，非常聪明。她大学时主修哲学，其间非常关心歧视与社会公平方面的问题，并参加了反核武器游行。在对 88 名受试者进行了这样一番描述后，特沃斯基和卡尼曼让受试者根据自己认定的可能性，以 1 分（最可能）到 8 分（最不可能）给下列陈述评分。根据最可能到最不可能的顺序，排序后的结果如下：

陈述	平均可能性分值
琳达在女权运动中表现活跃	2.1
琳达是一名治疗精神病的社会工作者	3.1
琳达在一个书店里工作，而且参加了瑜伽班	3.3
琳达是一名银行出纳，并且在女权运动中表现活跃	4.1
琳达是一名小学教师	5.2
琳达是美国女性选民联盟的一名成员	5.4
琳达是一名银行出纳	6.2
琳达是一名保险推销员	6.4

乍看之下，结果似乎没什么不寻常的地方：对琳达的描述本就是根据一名典型的女权主义者而非一名银行出纳或保险推销员设计的。但现在让我们注意其中的三种可能性和相应的得分，并按最可能到最不可能的顺序排列如下。这也是 85% 的实验结果给出的顺序：

陈述	平均可能性分值
琳达在女权运动中表现活跃	2.1
琳达是一名银行出纳，并且在女权运动中表现活跃	4.1
琳达是一名银行出纳	6.2

如果你觉得这些结果似乎没什么奇怪的，那么卡尼曼和特沃斯基成功地把你给愚弄了：因为琳达是一名银行出纳并在女权运动中表现活跃的可能性，比琳达是一名银行出纳的可能性还要大，而这违背了有关概率的第一条——也是最基础的一条——定律：两个事件同时发生的概率，永远不会比各事件单独发生的概率大。为什么呢？这只不过是最简单的算术：事件 A 发生的概率 = 事件 A 和事件 B 都发生的概率 + 事件 A 发生而事件 B 不发生的概率。

卡尼曼和特沃斯基对此结果并不感到惊讶，因为受试者面对的是很多可能的情况，当这些可能的情况被打散后，上面三个陈述之间的联系很容易被人遗忘。因此，卡尼曼和特沃斯基向另一组受试者描述了琳达的情况，但只使用下面三个陈述进行打分：

琳达在女权运动中表现活跃。

琳达是一名银行出纳，并且在女权运动中表现活跃。

琳达是一名银行出纳。

令他们惊讶的是，87% 的受试者仍然认为琳达是一名银行出纳且在女权运动中表现活跃的可能性，比琳达是一名银行出纳的可能性要大。因此，两位研究者更进一步：他们明确要求 36 名还算有经验的研究生，在了解了概率第一定律之后，再来考虑他们的回答。可即使提示到这个程度，也有两名受试者执着于那个不合逻辑的答案。

在这个顽固的错误中，卡尼曼和特沃斯基注意到一件有趣的事情：如果问题与受试者所了解的琳达的情况没什么关系，同样的错误就不会发生。例如，假设卡尼曼和特沃斯基问的是下列陈述中哪一个最可能：

> 琳达拥有 IHOP（美国一家连锁餐厅）的特许经营权。
>
> 琳达做了变性手术，现在名叫拉里。
>
> 琳达做了变性手术，现在名叫拉里，并且拥有 IHOP 的特许经营权。

这时几乎没人认为最后一个陈述比其余两个更可能。

卡尼曼和特沃斯基由此得出结论，由于刚开始给琳达的特征描述使“琳达在女权运动中表现活跃”这一细节听起来很合理，因此当这一细节与银行出纳的猜想加在一起时，整个陈述的可信度就更高了。但在琳达的顽童岁月和她生活于我们星球上的第 40 个年头之间，许多事情可能会发生。她可能会皈依某个激进主义的宗教派别，可能与某个剃着平头的男人结了婚，并在左边屁股上文了一个纳粹万字符，或者因为忙于生活中的其他事情而不再积极参与政治活动。这些情况——以及许多其他情况——中的每一个都可能使她不再是女权运动的活跃分子。因此，额外加入的细节实际上减少了整个陈述发生的可能性，哪怕这个细节看来使得整个描述更显精确。

假设一件事的细节与人们对这件事预设的场景相吻合，那么这样的细节越多看起来越真实，人们越觉得它可能会发生——尽管任何不确定细节的加入，都会使总的描述变得更不可能。概率的逻辑与人们评价不确定性事件之间的这个矛盾，令卡尼曼和特沃斯基很感兴趣，因为在现实中，这可能会带来不公平或错误的评判。“一名被告在发现尸体后离开罪案现场”，或者“一名被告在发现尸体后离开罪案现场，他担心自己因这起令人毛骨悚然的谋杀案而被起诉”，这两个陈诉中哪一个更有可能？“总统将加大对教育的资助力度”，或者“总统将取消其他资助，用省下来的资金加大对教育的资助力度”，前者是不是比后者更有可能？“公司明年的销售额将会增长”，或者“由于今年是公司的丰收年，因此明年的销售额将增长”，前者是不是比后者更有可能？所有这些陈述中，尽管后者的发生概率总是小于前者，但它们听起来都好像更有可能发生。或者如卡尼曼和特沃斯基所说：“一个好的故事常常比一个不那么令人满意的（解释）更不可能。”

卡尼曼和特沃斯基还发现，即使是受过严格训练的医生，也会犯同样的错误。[2] 他们俩给一群实习医生描述一个严重的病症：肺部血栓（在肺部的血液凝块）。人如果得了这个小毛病，就可能出现一系列症状中的一个或多个。某些症状——如半身不遂——并不常见，而另一些——如呼吸急促——很可能发生。下列情况中，哪一个更可能发生呢？是血栓患者只表现出半身不遂，还是患者同时表现出半身不遂且呼吸急促？卡尼曼和特沃斯基发现，91% 的医生相信，血栓仅仅导致一种罕见症状的可能性，要小于导致一种罕见症状加一种常见症状的可能性。（这些医生为自己辩解说，患者并不会走进诊室就跟医生说“我的肺里有个血栓，猜猜我有啥症状”之类的话。）

多年后，卡尼曼的一名学生与另一名研究者一道，发现律师在进行案情判断时，也沦为这一谬误的受害者。[3] 不论是刑事案还是民事案，当事人一般都要通过律师了解进入审判程序后可能发生的情况。无罪或调解或数额不等的赔偿，各自的可能性有多少？尽管律师不会用具体的概率值表达意见，却会就各种结果的相对可能性做出个人的预估，并据此提出建议。在这种情况下，研究者同样发现，律师认为那些细节更丰富的描述，其发生概率更高。在葆拉·琼斯对时任总统克林顿的民事诉讼中，有人请200名执业律师对案子不会走完全部司法程序的可能性进行预测。对其中一些受试者，诉讼提前结束的可能性被分解为各种具体的原因，例如调解、撤回指控或被法官驳回；而对其他受试者，则只要求他们简单地进行是与否的预测。研究者通过对比发现，被提供了案子提前结束的具体原因的一组受试者，更倾向于预测审理将早早结束。

对周围环境中各种现象之间有意义的联系进行评判的能力如此重要，以至在某些情况下，即使我们实际追寻的东西不过是海市蜃楼般的幻影，也值得我们为之付出。假设一个饥饿的穴居人看到远处岩石上有一点儿模糊的绿色，他可以选择置之不理，结果错过了一条肥美可口的蜥蜴；他也可以跑过去发起突袭，却发现那实际上只是几片稻草叶。不过前一种做法的代价显然更大。因此，根据这个理论，我们可能已经在进化的筛选下，以偶尔犯下第二种错误为代价，来避免后果更加严重的第一种错误。

在数学发展的历程中，古希腊人扮演了现代数学处理方式发明人的角色。这种处理方式就是：公理、证明、定理、更多的证明、更多的定理，以此类推。但到了20世纪30年代，原籍奥地利的美国数学家哥德尔——同时也是爱因斯坦的朋友——证明了这种处理方式存在缺陷。根据他的证明，大多数数学要么自相矛盾，要么一定包含某些无法证明的真理。但数学仍然毫无争议地按照古希腊或欧几里得的方式前进着。古希腊这些几何天才创造了一个小小的公理集，也就是那些无须证明就被接受的陈述，然后根据它们，证明得到许多美丽的定理，详细给出线、面、三角形与其他几何形状的性质。比如，他们根据这些知识认识到地球是一个球体，甚至还计算出它的半径。人们一定会想，为什么这样一个文明能够产生诸如欧几里得《几何原本》第一卷之命题 29“一条直线与两条平行直线相交，则所成的内错角相等，同位角相等，且同旁内角之和等于两直角”这样的定理，却未能创造一个理论，证明在扔两个骰子时，把你的雪佛兰科尔维特跑车押在扔出两个 6 点上是个很不明智的做法。

事实上，古希腊人没有科尔维特跑车，也没有骰子。不过他们确实有赌瘾，还有着数量足够的被宰杀的牲畜。因此，他们玩的是由牲畜的踵骨制成的距骨。一个距骨有 6 面，但落下后只能停在其中的 4 个面上。现代学者注意到，由于距骨本身的构造，它停在这 4 个面上的机会并不均等：停在其中两个面的机会大概各有 10%，而停在另两个面的机会各有 40%。一种常见的距骨游戏要使用 4 个距骨，而最好的结果是扔出的 4 个面都不相同（称一个维纳斯）。这种情况很罕见，但并非最罕见。扔出维纳斯的可能性约为 384/10 000，不过缺少随机性理论的古希腊人并不知道这一点。

在寻求神谕时，古希腊人也使用距骨。提问者能从神谕中得到据称是来自神灵本身的回答。历史学家希罗多德以及荷马、埃斯库罗斯和索福克勒斯这些作家的记述表明，许多杰出的古希腊人的许多重要抉择，都是根据神谕做出的。尽管距骨在赌博和宗教中的地位如此重要，但是古希腊人从未试图理解距骨游戏中的规律。

为什么古希腊人没能发展出概率论？一个原因在于许多古希腊人相信，未来是按神的意志发展的。如果扔距骨的结果意味着“跟那个在学校木板房后的摔跤比赛中把你牢牢扣住的又矮又壮的斯巴达姑娘结婚”，古希腊人不会觉得这只不过是随机过程中的一个走运（或不走运）的结果，而只会视其为神的旨意。按照这种看法，通过理解随机性寻找答案的做法根本就是南辕北辙。因此在这种观念下，似乎不太可能诞生对随机性进行数学预测的理论。而另一个原因大概恰恰就是那个使古希腊人成为伟大数学家的哲学观念：他们执着于通过逻辑和公理证明所得的绝对真理，对不确定的命题却眉头紧蹙。例如，在柏拉图《对话录·斐多篇》中，西米阿斯对苏格拉底说，“有关似然性的论证都是骗人的东西”，并指出，“除非在使用过程中非常谨慎，否则它们很容易具有欺骗性——不管是在几何中还是在其他事情上”。[4]这个说法正好预见了卡尼曼和特沃斯基的工作。而在《泰阿泰德篇》中，苏格拉底说，任何“在几何中使用概率和似然性论证”的数学家“都称不上第一流”。[5]不过，就算古希腊人认为概率学家能够配得上第一流的称号，但在无法保存大规模记录的当时，要创造出一个自洽的概率理论仍然十分困难，因为如果我们想根据过往的历史估计事件发生的频率以及概率，就会发现人的记忆力实在是差得可怜。

所有长度为6个字母且第五个字母为n的英文单词，和所有以ing结尾的有6个字母的英文单词，哪一个更多？大多数人选择了后者。[6]为什么呢？因为相较于一般的第五个字母为n的6个字母的单词，人们更容易记起以ing结尾的单词。但我们不必查《牛津英语词典》——甚至也不用知道如何数数——就可以证明这个猜测是错误的：第五个字母为n的6个字母的单词必然包含所有以ing结尾的6个字母的单词。心理学家称这类错误为易取性偏误，因为在重构过去时，我们对那些最为生动从而也最容易回想起来的事物，赋予了无来由的重要性。

易取性偏误的可恶之处，在于它扭曲了我们对过往以及周围事物的认知，从而偷偷地扭曲了我们对世界的看法。举例来说，人们总是倾向于高估无家可归者中精神疾病患者的比例，因为当我们碰到一个行为正常的无家可归者时，我们并不会留意他，跟朋友们聊天时也不会提到这个凑巧遇见的不起眼的人；但如果我们碰到的流浪者边走路边重重地跺脚，口中唱着《圣者进行曲》，还朝着并不存在的同伴挥舞手臂，那么我们的确更容易对他印象深刻。[7] 杂货店有 5 个收银台，而你正好排到了结账最慢的那一队，这种可能性有多大？除非你被下了咒，否则这个可能性大概是 1/5。可为什么在事后回想时，你总觉得有一种超自然的力量让你选中了那一队呢？那是因为当一切都天下太平时，你只会把注意力集中到其他更重要的事情上。但如果排在你前面的那位购物车里只放了一件商品的女士，一定要搞清楚为什么她买的鸡肉是 1.5 美元，而肉品柜台中的标价是 1.49 美元，那么这件事一定令你难以忘却。

在一个模拟审判中，易取性偏误对判断和决策可能造成的影响得到彻底的展示。[8] 在这项研究中，一名司机被指控因醉驾撞上一辆垃圾车。在陪审团得到的证据里，支持和推翻这个指控的证据分量相等。关键在于其中一组陪审员得到的无罪证据十分“苍白”：垃圾车车主在质询中承认，他的车是灰色的，因此在夜间很难被看到。而另一组陪审员得到的是一个更“生动”的版本：垃圾车车主在质询中承认，他的车是灰色的，因此在夜间很难被看到。车主强调说，他的车之所以是灰色的，是因为“灰色不显脏，不然你想要我怎么样，把它漆成粉红色”？有罪证据同样有两个版本，只不过给第一组的是“生动版”，而第二组的是“苍白版”。这些陪审员被要求给出一个有罪 / 无罪的分值，而说明生动的一方总是会胜出。如果裁决时间被延期 48 小时，这种由于描述的生动性造成的影响就更加明显了（大概是因为此时需要回忆更为久远的事情）。

如果我们希望从过去的事情中获得有意义的结果，那么易取性偏误通过扭曲对过去的看法使这一努力被复杂化了。对我们如此，对古希腊人也如此。不过古希腊人在通往可能出现的随机性理论的道路上，还另有一个重大也是非常实在的阻碍：尽管基本概率只需要用到算术，但是古希腊人不懂算术，至少不懂那种形式便于使用的算术。举例来说，公元前 5 世纪，在处于希腊文明巅峰的雅典，人们用字母代码来记数。[9] 希腊字母表的 24 个字母中，前 9 个字母代表了我们称为 1 到 9 的 9 个数字；接下去的 9 个字母则代表 10、20、30 等等；而最后的 6 个字母加上 3 个额外的符号代表前 9 个整百数（100、200…900）。如果你到现在仍然觉得做算术挺麻烦的，那么试试从 ΩΨΠ 中减去 ΔΓΘ 吧！更糟的是，当时根本没人在乎这些个位、十位和百位数的书写次序：有时百位数被写在最前面，有时又在最后面，有时根本就没什么次序。最后一点：古希腊没有数字 0。

直到亚历山大大帝于公元前 331 年侵入巴比伦时，古希腊才有了 0 的概念，但即便亚历山大大帝已经开始用 0 表示一个数的缺失，它也没有被作为一个普通数字来使用。现代数学中的数字 0 有两个关键性质：在加法中，它是唯一不改变被加数值的数；而在乘法中，它是唯一与任何数相乘却不改变自身值的数。这个概念直到公元 9 世纪才由印度数学家摩诃毗罗引入。

哪怕是在可用的记数方式出现之后，人们也需要若干世纪才开始将加减乘除作为算术的基本运算，并逐步认识到一个便利的符号系统能使这些运算变得更为容易。因此，直到 16 世纪，西方世界才真正为概率论的发展做好准备。不过，在理解随机性的方向上迈出第一步的，却是古希腊人的征服者——罗马人，尽管他们笨拙的计算体系仍然是一个障碍。

罗马人对数学通常是不屑一顾的，至少对古希腊人数学的态度是如此。用罗马政治家西塞罗（公元前 106 年至前 43 年）的话来说："希腊人赋予几何学家以最高荣誉；相应地，在希腊人创造的事物中，没有什么是比数学更为辉煌的东西了。但作为数学这门技艺的极致，我们确立了它在测量与计数中的实用性。"[10] 的确，如果说古希腊人的教科书注重抽象三角形的全等性证明，那么一本典型的罗马教材会关注如何在敌人占据着对岸时确定河流宽度之类的事情。[11] 正是由于侧重点不同，当我们看到在古希腊人中诞生了阿基米德、丢番图、欧几里得、欧多克索斯、毕达哥拉斯和泰勒斯等数学巨星，而在罗马人中却没有产生哪怕一位数学家时，我们也就不觉得奇怪了。[12] 在罗马文化中，享乐与战争——而非真理和美——占据着中心地位。也正是因为注重实用，罗马人看到了概率的价值。一方面罗马人不觉得抽象几何有什么用处，另一方面西塞罗却写道："偶然性正是生活之向导。"[13]

西塞罗或许是古典时期最伟大的概率大师。对于赌博的胜利来自神的干预这一当时为人普遍接受的解释，西塞罗使用概率加以反驳。他写道："那些经常赌博的人迟早都会扔出一次维纳斯；而不时地，他们也的确能连着扔出两次甚至三次维纳斯。但我们难道就准备因此而低能地确信，这种事情的发生是因为维纳斯的亲自介入，而不是因为纯粹的好运气？”[14]西塞罗相信，即使某事件的发生只是纯运气的结果，它也可以被预计和预测。他甚至使用统计论证奚落人们对星相学的迷信。尽管星相学在罗马是非法的，但它仍然活了下来，而且活得还很不错。这可惹恼了西塞罗。他注意到公元前216年在坎尼，汉尼拔率领约5万迦太基及其盟国部队，将一支人数远超自身的罗马军队击溃，并杀死了8万罗马士兵中的6万人。“难道所有在坎尼倒下的罗马人，他们的占星结果都一样？”西塞罗这样问道，“但他们最终的命运都相同。”[15]数千年后，《自然》杂志上发表了一项关于星相学预测的正确性的研究，这项研究得出同样的结论。如果西塞罗知道这一点的话，他一定会大感振奋。[16]另一方面，今天的《纽约邮报》却建议我要客观地看待批评，并相应做出或许必要的任何改变，仅仅因为我是射手座。

西塞罗在随机性领域留下的主要遗产，就是他使用的probabilis这一术语——我们现在使用的“概率”一词的词源。不过，查士丁尼大帝在公元6世纪编撰的《罗马民法大全》，才是概率一词作为领域常用语而出现的首份文本。[17]要正确理解罗马人为何把数学思想应用到法律理论中，就必须了解有关历史的来龙去脉：黑暗时代的罗马法是依照日耳曼部落的做法制定的。说实话，这并没有什么不好。举个做证方面的例子，假设有一名丈夫现在被指控和为他妻子做外袍的织娘有染，但他对此完全否认，那么他的证词的真实性，并非取决于他能否经受住一场尖锐控辩中的种种严厉盘问，而是看他能不能一口咬定这个说法，哪怕当烧红的铁块烙在身上时也绝不改口。（如果我们把这个习俗再带回到现在的法律中，相信通过庭外调解来解决的离婚案会多很多。）如果一名被告说马车夫根本就没想让车停下来，而另一名专家证人却说，蹄印表明车夫已经勒住了马缰绳，那么日耳曼人的条令就为打破这种僵持给出一个简单的办法：让两边各挑出一个人来，用矛和盾干一仗，输者即做伪证者，要被砍去右手。[18]

为了给这种单纯基于武力的审判方式提供一种替代，或至少是提供一些补充，罗马人试图以数学的精确，来解救这种陈旧而武断的体系的不足。从这个历史背景来看，罗马人所持有的公正的概念中，已经包含了非常先进的智力理念。罗马人认识到证据和证词之间常常会互相矛盾，同时罗马人还认识到，解决这些矛盾的最好方法莫过于将无法避免的不确定性因素加以量化。正是基于这样的认识，罗马人创造出“半证据”的概念，并在那些没有完全可靠的理由被采信或被拒绝采信证言证据的案件中加以应用。在一些案件中，涉及证据的罗马律令甚至还包含更为精细的规定。例如教令规定：“主教不应被判有罪，除非有 72 名证人证明他有罪……司铎枢机不应被判有罪，除非有 44 名证人做证；罗马城的助祭枢机不应被判有罪，除非有 36 名证人做证；副助祭、侍僧、驱魔人、诵经人或看门人不应被判有罪，除非有 7 名证人做证。”[19] 犯罪嫌疑人如果自己想在这样的条文下被认定有罪，那么他不仅要犯下被指控的罪行，还得卖票请人到罪案现场观摩指点，才能凑齐足够的证人。不过，尽管存在这些不足，能够认识到不同证词的真实性也可能不同，并且认识到有必要找到规则对这些不同的真实性组合进行最终的判断，这本身就是一个很好的开端。于是，恰恰是在看来不大可能的罗马审判庭上，诞生了一套基于概率的系统化规则。

不幸的是，蹒跚于 VIII 和 XIV 这样的数字之中的算术，仍然难以灵活地使用各种数量。尽管罗马法开始具备一定的法律理性和自洽性，但是最终还是缺乏数学上的有效性。例如，在罗马法中，两个“半证据”就可以构成一个完整的证据。对于一个还不习惯量化思考方式的头脑而言，这听起来还是蛮合理的。不过在分数运算已经为人熟知的今天，这就有问题了：如果两个半证据可以构成一个完全确定的证据，那么三个半证据会得出什么结果？根据概率组合的正确方式，不仅两个半证据只能给出一个仍然不确定的证据，而且任意有限多个只具有部分可靠性的证据加在一起，仍然不可能给出一个完全确定的证据：因为将概率组合起来的运算，不是加法，而是乘法。

这就是我们的下一条定律——概率组合规则：如果两个可能事件 A 与 B 相互独立，则 A 与 B 同时发生的概率，等于各自单独发生的概率的乘积。假设一名已婚者平均每年有约 1/50 的可能性会离婚，而一名警察每年有约 1/5 000 的机会殉职，那么一名已婚警察在同一年离婚并殉职的可能性有多大？根据上面的规则，如果这两个事件相互独立，则概率约为 1/50 × 1/5 000=1/250 000。当然这两个事件并非独立，而是互有关联的：如果你死了（真倒霉！）就没办法离婚了。因此，碰到这种霉运透顶的情况的可能性，实际要比二十五万分之一还要少一点儿。

为什么是相乘而不是相加呢？现在让我们假设，你做了一套卡片，卡片上印着你迄今为止通过婚恋网站相亲见过面的 100 位男士。这些家伙在个人网页上挂着的照片个个如同汤姆·克鲁斯，实际却跟丹尼·德维托有的一拼；再假设在每张照片的背面，你都记下了与此人有关的一些数据，比如诚不诚实，或者有没有魅力等；最后，再假设这些你希望中的柏拉图式的恋人，在诚实和魅力等每一项指标上，都有 1/10 的可能性得到一个肯定的评价。那么，你收藏的这 100 个人，在诚实和魅力两项上都合格的人有多少呢？让我们先考查诚实这个指标。（当然，先考查魅力也是一样的。）既然有 1/10 的照片我们在诚实这一项的评分上是“是”，那么在 100 张照片中就有 10 张这类的照片；而在这 10 张照片中，被评价为有魅力的又有几张呢？那就再来 1/10，也就是硕果仅存的 1 张照片。第一个 1/10 将可能的选择减少到所有照片的 1/10，第二个 1/10 进一步将可能选择的数量降到了 1/10 的 1/10，也就是 1/100。这就是使用乘法的原因。因此，如果你的要求不仅仅是诚实和有魅力，你就得一直这样乘下去，所以……好吧，祝你好运！

继续我们的话题之前，有一个重要的细节值得再看一次：如果两个可能事件 A 与 B 相互独立。假设航班上只剩下一个座位，但还有两名乘客可能会登机。进一步假设，由以往经验可知，预订了座位的旅客中，有 2/3 确实会乘坐航班。根据乘法规则，登机口的乘务人员可以算出，大概有 $2/3 \times 2/3$ 即约 44% 的可能性，她将面对一位满脸不快的顾客。另一方面，因为两名乘客都没来而使飞机带着一个空座位起飞的可能性是 $1/3 \times 1/3$，或者只有约 11%。但这个结果是在两名乘客的到来与否相互独立的假设下得到的。如果他们是同路的旅伴，上面的分析就错了：两人同时乘机的可能性跟其中一个人来乘机的可能性是一样的，都是 2/3。因此，一定要记住，利用乘法将单个概率组合成复合概率的做法，只有在这些事件的发生不以任何方式相互依赖时，才是正确的。

我们方才使用的规则，也可用于有关半证据的罗马法中：两个独立的半证据同时都不成立的可能性是 1/4，因此两个半证据构成的不是一个完整证据，而是完整证据的 3/4。在该用乘法的地方，罗马人用了加法。

但在某些情况下，如果我们希望知道的是两个事件中至少有一个会发生的概率，而不是两者同时发生的概率，那么此时概率必须相加。这就是下一条定律：如果一个事件有多个不同且互不重叠的可能结果 *A*、*B*、*C* 等，那么结果 *A* 或结果 *B* 发生的可能性，等于结果 *A* 和结果 *B* 各自单独发生的概率之和，而所有可能结果（*A*、*B*、*C* 等）各自单独发生的概率之和等于 1（即 100%）。如果你想知道两个独立事件 *A* 与 *B* 同时发生的可能性，就用乘法；如果想知道两个互斥事件 *A* 或 *B* 发生的可能性，就用加法。回到客机的问题上：登机口的乘务员何时应该把概率相加而非相乘呢？如果她想知道的是两名乘客都来或都不来的可能性，就应该用加法将两个概率相加，根据之前的计算可知，这个概率是 55%。

这三条定律虽然简单，却构成了概率论的大部分基础。如果使用得当，我们就能更好地洞察自然及日常世界的运作。在平时的决策中，我们一直在使用这些定律，但跟罗马人一样，我们的用法并不总是恰当的。

看看过去，不以为然地摇摇头，然后写下《腐化堕落的罗马人》（美国学乐出版社，1994）这类标题的书，并不是什么难事。但为了不让我们毫无缘由地自满自得起来，现在来看看在司法系统中，我们迄今所讨论的这些基本定律的一些应用，并以之作为本章的结束。下面这些讨论所揭示的东西，应该足以让任何沉醉于文化优越感的人冷静下来。

一个好消息是，我们不再有所谓半证据了。不过我们确实有着类似于 999 000/1 000 000 证据这样的东西。举例来说，我们常常会看到

DNA（脱氧核糖核酸）分析专家在罪案庭审中出庭做证，称在罪案现场所获取的 DNA 样本与某犯罪嫌疑人的 DNA 样本相匹配。这些匹配有多确定呢？在最开始引入 DNA 证据时，不少专家证明说 DNA 检验不可能存在假阳性。如今的 DNA 专家一般认为，随机选一个人，其 DNA 与罪案中的样本匹配的可能性，不到百万分之一或十亿分之一。在这样的可能性下，如果法官产生“让这家伙死在牢里”的想法，那么人们也很难去责怪他。但是另外还有一个统计数据，这个数据通常是不会告知陪审团的，那就是整个实验操作过程中可能出错的数据。例如，在采集和使用样本时，样本无意间可能会被混到一起或颠倒了，或者实验结果被曲解，又或者结果报告出了错。这些错误都很少发生，却远非随机匹配那样罕见。例如费城犯罪实验室就承认，曾在一起强奸案中不慎对调了被告和受害人的参考样本，而基因检测公司 Cellmark Diagnostics 也承认犯过类似的错误。[20] 不幸的是，法庭出示的有关 DNA 匹配的统计数据如此有力，以致尽管有 11 名证人提供了不在场证据，俄克拉何马州的一个法庭仍将一位名叫蒂莫西·达拉谟的男子处以超过 3 100 年的徒刑。后来才发现，在最初的分析中，实验室未能将强奸犯的 DNA 和达拉谟的 DNA 从被检液体中完全分离，当对两者的 DNA 进行比较时，就得出阳性结果。这个错误后来在重检中被发现，达拉谟因此获释，但此时他已经在监狱中待了近 4 年。[21]

关于人为因素造成的错误率，不同的人给出的估计值也有所不同，但许多专家认为它大致是百分之一左右。不过，由于许多实验室的错误率从未被测量，因此法庭通常不会接受此类统计值作为证据。就算法庭接受了这些有关假阳性的证据，陪审员又会怎样评判它们的效力呢？多数陪审员都会假设，在给定了两类错误概率——十亿分之一的随机匹配概率和百分之一的因实验室误操作造成的匹配概率——后，总错误率应是两者之间的某个值，比如五百万分之一，对大多数陪审员而言，这个概率仍不足以让人合理质疑。不过，通过概率论的计算法则，却能得到一个非常不同的结果。

求解思路如下：既然两种错误都非常罕见，那么我们可以忽略随机匹配和实验室错误同时发生的可能性，只看发生其中一个或另一个错误的可能性。由加法法则可得，该可能性为实验室错误的概率（百分之一）+ 随机匹配的概率（十亿分之一）。由于前者比后者大 1 000 万倍，因此，我们可以用两者中较大的概率，即百分之一，来很好地近似表示这两个概率之和。也就是说，在给定这两种可能的错误源后，我们应当忽视那些自负的专家给出的那个随机匹配错误率，而将注意力集中在可能性大得多的实验室人为错误上。可这恰恰就是法庭通常不允许律师提供的那个数据！因此，那些被再三重复的 DNA 检验是绝对可靠的说法，实际上是一种过分夸张的说法。

这并非孤例。数学应用于现代法律体系时所碰到的问题，一点儿都不比几百年前罗马法庭碰到的问题小。最能展示概率在法律中的应用和误用的著名案例之一，就是 1968 年在加利福尼亚州最高法院审理的“人民诉柯林斯”案。[22] 以下就是法庭在裁决时所掌握的有关本案的一些事实。

> 1964 年 6 月 18 日，大约上午 11 : 30，刚买完东西的胡安妮塔·布鲁克斯夫人，正沿着洛杉矶城圣佩德罗区的一条小巷回家。她当时拖着一个柳条筐小车，里面放着购买的杂货，钱包就放在购物袋顶上。她用一根藤条拖着小车。当弯腰去捡一个空硬纸盒

时，她突然被人推倒在地。她既没有看见这个人，也没有听见其走近。她在摔倒时感到一阵晕眩和疼痛，但仍然挣扎着看到一名年轻女子正从现场跑开。根据布鲁克斯夫人的陈述，这名年轻女子看上去大约重 145 磅[①]，穿着“深色的什么衣服”，有着“介于暗金黄色和亮金黄色”的发色，但比被告珍妮特·柯林斯上庭时的发色要深。事情发生后，布鲁克斯夫人马上发现她装有 35 ~ 40 美元现金的钱包不见了。

与劫案发生差不多同一时间，居住在小巷街尾的约翰·巴斯，正在屋前给草坪浇水。小巷中传来的“许多喊声和尖叫声”吸引了他的注意。当朝那个方向看过去时，他见到一名女子从巷子里跑出来，并跳上了街对面的一辆黄色汽车。他无法给出这辆汽车的车牌号和型号。汽车马上发动，绕了一大圈绕过另一辆停着的车，而在这条窄路上绕圈时，它一度离巴斯仅 6 英尺[②]远。巴斯看到开车的是一名黑人男子，留着大胡子和小胡子……其他证人则分别描述该车为黄色、黄色带灰白车顶和黄色带蛋壳白色车顶。该车据描述为中到大型车。

事情发生几天后，一名洛杉矶警官在柯林斯夫妇的家门前发现了一辆黄色带灰白车顶的林肯车，他与这对儿夫妻交谈，说明自己正在调查一起抢劫案。他注意到这对儿夫妻很符合目击者对那两个犯下罪

---

① 1 磅≈ 0.45 千克。——编者注

② 1 英尺 =30.48 厘米。——编者注

行的男女的描述，只是现在这名男子没有大胡子，不过他承认他有时会留大胡子。当天晚些时候，洛杉矶警察逮捕了这两名犯罪嫌疑人——马尔科姆·柯林斯和他的妻子珍妮特。

指控夫妻俩的证据并不充分，因此，该案在很大程度上依赖于受害人与证人巴斯对犯罪嫌疑人的认定。对于检方而言很不幸的是，受害人与证人都算不上证人席上的模范。受害人无法认定珍妮特就是罪犯，也根本没见过那名开车的司机；巴斯没见过抢劫者，而且在警察局给出的一列待指认者中，也不能确认马尔科姆就是那名司机。这件案子看似无法进行下去了。

随后，本案的明星证人登场了。根据加利福尼亚州最高法院判决书中的描述，该证人不过是“一所州立大学的数学讲师”。据其证词，被告是“一名金发梳马尾辫的白人女子……（以及）一名留有大胡子的黑人男子”这一事实，就足以给法庭上的夫妻俩定罪了。为了说明这一观点，检方给出下面的表格，我从最高法院判决中逐字引用如下：

特征	独立发生的概率
部分为黄色的汽车	1/10
留小胡子的男子	1/4
留大胡子的黑人男子	1/10
梳马尾辫的女子	1/10
金发女子	1/3
汽车中人种不同的夫妻俩	1/1 000

检方传唤的这名数学讲师，将乘法规则应用在这组数据中，由此

得到的结论是，出现一对儿符合所有这些不同特征的夫妻，其概率是一千二百万分之一。证人据此认为，法庭上这对夫妻无辜的概率就是一千二百万分之一。检方随即指出，这些独立的概率都是估计值，并请陪审员用自己的估计值做做这道算术题。检察官称，他本人相信这些值都是相当保守的估计，如果用他自己的估计值，那么得到的概率更接近十亿分之一。陪审团接受了这一结果，认定夫妻俩罪名成立。

这个计算错在何处呢？首先，正如我们已经看到的，要通过各组成概率相乘得到复合概率，这些组成概率对应的范畴应相互独立，而在本案中，所列特征明显不是相互独立的。例如，表中称看到一名“留大胡子的黑人男子”的可能性是 1/10，而看到一名“留小胡子的男子”的机会是 1/4，但大多数留大胡子的男子同样留小胡子。因此，如果你看到一名“留大胡子的黑人男子”，那么此人同时留着小胡子的可能性不再是 1/4，而是远大于这个值。我们可以通过剔除“留大胡子的黑人男子”这个特征纠正上述问题，此时得到的概率乘积约为百万分之一。

法庭的分析还有一个错误：真正与案件有关的并不是上面所给的那个概率，即随机选出一对儿夫妻，他们符合对犯罪嫌疑人的描述的概率。真正相关的概率应该是，一对儿符合所有上述特征的夫妻，他们有罪的可能性到底是多少？前一个概率可能是百万分之一，但对后者而言，由于与案发地相邻的区域中有数百万人口，因此，我们可以合理地估计，这一地区有 2 ~ 3 对儿夫妻符合上述描述。此时，如果仅根据前面的证据（这些证据差不多也就是检方掌握的所有材料了）判决符合描述的夫妻有罪，这个判决正确的可能性不过是 1/2 或 1/3。这样的概率根本不足以对犯罪嫌疑人合理质疑。由于这些原因，最高法院最终推翻了对柯林斯的定罪。

在现代法庭中使用概率和统计，这仍然是一个有争议的话题。在柯林斯案中，加利福尼亚州最高法院嘲弄了所谓的“数学审判”，却向更多“数学方法的恰当应用”敞开了大门。在其后的若干年里，法庭很少考虑数学论据。但即使律师与法官们没有显性地使用概率或数学定理，他们也确实经常采用这类推理，陪审员在判断证据的有力程度时的做法也一样。不仅如此，由于有必要对 DNA 证据的效力进行评价，统计论据正变得越来越重要。不幸的是，这种不断增长的重要性，并未促使律师、法官或陪审团对概率的理解随之增长。如同在南加利福尼亚州大学教授概率与法律学的托马斯·里昂解释的那样：“没有几个学生会在法律课上使用概率，也没有几个律师觉得概率在其中应该占有一席之地。”[23] 如同在其他领域一样，在法律中，对随机性的理解可以揭示隐藏的真理，但这只是对那些掌握了这个真理发掘工具的人才成立。下一章我们将聊聊系统化研究这些工具的第一人。

第3章

寻找穿越可能性空间之路

1576年之前的几年中，人们常常能看到一名着装古怪的老人，他迈着怪异而不规则的步伐，在罗马的大街上游荡，还不时发出几声既不针对特定听众也根本没人听的喊声。作为著名星相师、宫廷贵族的医师、帕维亚大学医学院主席，这个人曾一度被整个欧洲称颂。他有了许多不朽的发明，其中包括组合锁以及如今用于汽车的万能接头的前身。他发表了131篇论文，涉及哲学、医学、数学和科学等广泛领域。但在1576年，他不过是一个只有过去没有将来的人，一个生活在阴暗和无望的贫困之中的人。这一年夏末，他坐在桌前，写下了最后的话语——为他那16年前仅26岁就被处死的长子也是他最钟爱的儿子所写的一首颂诗。老人死于9月20日，离他75岁生日只差几天。他三个孩子中的两个都先他而去，而去世时他那唯一健在的儿子，是一名受雇于宗教裁判所的职业拷问者，而这份优差，正是他提供不利于父亲的证据所得的赏赐。

吉罗拉莫·卡尔达诺死前焚烧了170份尚未发表的文稿。[1]清理遗物的人发现其中未被烧毁的111份，其中有一份包含32个短小章节的论文。论文写成于他去世的数十年前，看来还常常被修改。论文名为《机遇博弈》(*The Book on Games of Chance*)，它是历史上第一部关于随机性理论的著作。到卡尔达诺生活的时代为止，人们已经在赌博或处理其他不确定性的问题上实践了数千年：我能在渴死之前穿越这片沙漠吗？当大地像现在这样震动的时候，仍然待在山崖下面是不是很危险？那个喜欢在岩石上画水牛的穴居人女孩对我露齿一笑，是不是表示她喜欢我？但直到卡尔达诺之前，还没有人对赌博或其他不确定过程进行过详尽的分析。卡尔达诺对于随机性作用机制的洞察，形成了被称为样本空间定律的原理。样本空间定律是一种新的思想和新的方法论，并成为后世对不确定性进行数学描述的基础。这个方法十分简单：想想我们是怎样让账簿上的收支保持平衡的？将同样的思路写成随机性理论中定律的形式，这就是样本空间定律。方法虽然简单，却能让我们以系统化的方式解决诸多问题，如果没有这个新方法的帮助，那么这些问题可能会让我们陷入绝望的困惑。为了说明这条定律的应用及其威力，让我们考虑一个描述十分简单的问题。解决这个问题并不需要具有高等数学知识，但它难倒的人，却很可能比随机理论历史上的其他任何问题都多。

作为期刊专栏，《大观》杂志的《玛丽莲答客问》是一个公认的成功专栏。它被刊登在350份报纸上，并有着引以为豪的近3 600万份的发行量，这个始于1986年的问答专栏至今仍然充满活力。专栏中的问题本身可能与答案一样富有启发性，而这个专栏也可以被视作一个（不那么科学的）调查美国人脑子里在想些什么东西的盖洛普民意测验。例如下面这些问题：

当股票市场在交易日停盘时，为什么每个人都围成一圈站着，还一边微笑一边鼓掌，而不管今天的股票是涨还是跌？

一位朋友怀了对儿异卵双胞胎。双胞胎中至少有一个是女孩的概率是多少？

> 当你在路上开车经过一只死黄鼠狼时，为什么过了10秒钟你才闻到那股臭味？假设你并没有轧过它。

显然，美国人都很现实。需要注意的是，每个问题都涉及一定的科学或数学知识，这也是许多在该专栏得到答复的问题的一个共同特征。

可能有人——特别是对数学和科学知道那么一点儿的人——会问："谁是这个当家的玛丽莲？"呃……玛丽莲就是玛丽莲·莎凡特，她因为多年来占据着《吉尼斯世界纪录保持者：名人堂》的世界最高智商（228）宝座而声名远扬，也因为她嫁给了罗伯特·贾维克——人造心脏的发明者——而广为人知。但不管名人们的成就如何，他们被人们牢记的原因，有时却是一些他们希望从未发生过的事情（比如"我没有和那个女人发生过性关系"）。玛丽莲的情况也大体如此。最让她出名的，就是她对于下面这个问题的回答，这个问题出现在1990年9月某个周日的专栏中（我稍微改动了问题中的一些措辞）：

> 假设有一个游戏，游戏者可以在三扇门中做出选择：有一扇门后是一辆汽车，另两扇门后则是山羊。当游戏者选定某一扇门后，游戏的庄家（他知道各扇门后面是什么东西）将打开另外两扇门之一，门后是一只山羊。然后他问游戏者："你想不想改变你的选择，选另外那扇没打开的门？"请问，如果游戏者的确改变了选择，这个改变对他是否有利？[2]

这个问题的提出，受到电视游戏节目《让我们做笔交易》（*Let's*

Make a Deal）的启发。该节目播放于 1963 年至 1976 年，1980 年到 1991 年还曾改头换面播出过几次。节目最吸引人的，就是英俊和蔼的主持人蒙提·霍尔，以及他那身材惹火的助手、1957 年加利福尼亚州阿苏萨小姐卡萝尔·梅里尔。

对于节目创始人而言，近 27 个年头、4 500 期节目留下的主要遗产，却是上面这个概率问题，这不能不说是一件令人吃惊的事情。玛丽莲的读者们对这个问题的热烈甚至是激烈的回应，让她和《让我们做笔交易》这档节目得以史上留名。毕竟，这个问题看起来挺傻的：还有两扇门可以选择——打开对的那扇，你就赢了；打开另一扇，你就输了。因此，看来不言而喻的事实是，不管你改变或不改变选择，赢的机会总是 50 比 50。还有比这更简单的吗？问题在于，玛丽莲在专栏中说，改变选择的赢面更大。

尽管公众对数学问题向来表现出意料之中的死气沉沉，但这一次，玛丽莲的读者们的反应，就如同她是在鼓吹放弃加利福尼亚州并将其交给墨西哥一样激烈。她对一个如此显而易见的事实的否定，带来了雪崩一样的邮件——她估计，这些信件可能有 1 万封之多。[3] 而当我们问美国人植物是否产生了空气中的氧气，或者光是否比声音传播得更快，或者把带放射性的牛奶煮沸是否无法令其变得更安全等问题时，回答“否”的比例都达到两位数（分别为 13%、24% 和 35%）。[4] 但在玛丽莲这事儿上，美国人团结起来：92% 的人认为玛丽莲错了。

许多读者看起来非常失望：这样一个他们在各类问题上都如此信任有加的人，怎么会在这样一个简单问题上翻了船呢？她的错误是不是美国人那令人哀叹的无知的象征之一？近 1 000 名博士——包括许多数学教授，他们似乎对这个错误特别生气——给玛丽莲写了信。[5]“你错得

离谱。”一位乔治梅森大学的数学家写道，

> 让我来解释一下吧，如果一扇失败的门被打开了，那么这个信息将使剩余两个选择各自的获胜概率变为 1/2，因为两者之中的任何一个都没有理由比另一个更可能获胜。作为一名职业数学家，我对于普通民众在数学技能上的匮乏感到忧心。希望您能够通过承认错误，为这种状况的改变尽一点儿力，并请在今后再细心一些。

从迪金森州立大学寄来的是这么一封信：“在至少三位数学家指出之后，您却依然没有认识到自己的错误，这使我震惊。”来自乔治敦大学的信则说：“到底要多少个愤怒的数学家才能使您改变想法？”美国陆军研究所的某博士如此评论：“如果所有这些博士都错了，这个国家就有大麻烦了。”各种反馈的数量如此之多，且持续时间如此之长，以至在这个问题上投入了颇多的栏目空间之后，玛丽莲决定不再讨论这个问题。

那位陆军研究所的博士说得大概没错：如果所有这些博士都错了，那么将是有大麻烦的信号。但玛丽莲确确实实是对的。20 世纪最杰出的数学家之一的保罗·厄多斯在得知此事后说：“这不可能。”甚至在看了正确答案的正式数学证明之后，他不但不相信，反而发火了。直到一名同事通过计算机仿真将这个游戏重复了数百次，并让厄多斯亲眼看到，改变选择相较于不改变选择，胜负之比为 2∶1，在这之后，厄多斯才勉强承认自己错了。[6]

如此明显的一件事怎么可能错呢？按哈佛大学一位概率统计专业

教授的话来说，原因在于“我们大脑的构造天生就不能很好地处理概率问题”。[7]伟大的美国物理学家理查德·费曼曾告诉我说，如果只是将别人的推导看了又看，就永远别想理解任何物理学问题。他说，真正理解一个理论的唯一途径，就是自己去完成它的推导（或者可能最后证明它是错的！）。对于我们这些不是费曼的人而言，重新证明他人的工作，是个让自己丢掉在大学里的饭碗并在家得宝的收银员岗位上实践数学技能的好方法。但蒙提·霍尔问题并不需要任何专业数学知识就能解答。你不需要了解微积分、几何、代数甚至苯丙胺——据称厄多斯就很喜欢使用这种兴奋剂。[8]（传说厄多斯在戒了一个月之后说道：“我以前看着一张白纸时，脑子里满是各种各样的点子；现在我看着一张白纸时，那就真的只是一张白纸。”）你所需要的，不过是对概率的运作方式以及样本空间定律的理解，而样本空间定律正是卡尔达诺在 16 世纪首先著之于文、用于分析随机性的理论框架。

卡尔达诺并不是试图打破 16 世纪欧洲的智识氛围的离经叛道者。对他而言，犬吠意味着爱人的死亡，屋顶上几只乌鸦的嘎嘎叫声则意味着一场严重疾病的到来。他跟其他人一样相信命运、运气，也会根据行星和恒星的排列预测未来。尽管如此，如果他也玩扑克，那么他可不会把运气赌在缺了中间一张牌的顺子上。赌博是卡尔达诺的第二天性，他对赌博的感觉并非源于头脑，而是深入骨髓。因此，他对于各种可能发生的随机结果间数学关系的理解，凌驾于“这种理解根本就注定无用”之类的宿命论调之上。卡尔达诺的工作也超越了当时粗糙的数学，因为在 16 世纪早期，代数乃至算术都还处在石器时代，甚至连等号都还没有被发明出来。

根据卡尔达诺的自传以及同时代人的记述，他值得历史的大书特书。尽管有些文献内容相互矛盾，但有一件事可以肯定：生于 1501 年的卡尔达诺，并不是一个值得在他身上进行投资的孩子。尽管——或者说因为——他的母亲基娅拉已经有 3 个儿子了，她却不喜欢小孩子。又矮又壮、脾气火爆且男女关系混乱的基娅拉怀上卡尔达诺后，就自制了一剂 16 世纪的事后避孕药——由苦艾、烧过的大麦粒和柽柳根酿成的酒。她喝下了这碗药酒，希望能将胎儿打掉。药酒虽然令她恶心无比，未出世的卡尔达诺对之却泰然处之，而且显然他对这碗药在母亲血液中留下的代谢产物十分满意。基娅拉其他的尝试也都以差不多的方式宣告失败了。

基娅拉与卡尔达诺的父亲费吉奥·卡尔达诺并没有结婚，但他们经常表现得有如正式夫妻——他们的高声对骂可是相当出名的。在卡尔达诺出生前一个月，基娅拉离开了米兰的家，搬到南边 20 英里[①]的帕维亚与她妹妹同住。在 3 天痛苦吃力的分娩之后，卡尔达诺终于冒出了头。看到这孩子的第一眼基娅拉肯定以为，她总算摆脱这个臭小子了。他看上去十分虚弱，更糟糕的是，他一不哭二不闹，就那么静静地躺着。产婆预言他活不过出生后的一个小时。但如果基娅拉确实曾梦想过“美好解脱”的话，那么她又得失望了：婴儿的乳母用温酒给他泡了个澡，然后，卡尔达诺复活了。不过他良好的健康状况只维持了几个月，就与乳母和三个同母异父的兄弟在大瘟疫中病倒了。黑死病——这场瘟疫的另一个称呼——实际上是三种不同的疾病：腺鼠疫、

① 1 英里≈ 1.61 千米。——编者注

肺鼠疫和败血症型鼠疫。卡尔达诺患上的是三者中最常见的腺鼠疫，其典型症状之一就是令人痛苦难当、鸡蛋大小的腹股沟淋巴结肿块，这也是该病名称的由来。一旦出现这样的肿块，患者的期望寿命就只有一周左右。

黑死病最初于 1347 年跟随着从东方返回的一支热那亚舰队，由西西里东北城市墨西拿的一个港口进入欧洲。[9]舰队很快被隔离，所有船员都死在船上——但老鼠活了下来，并一路小跑上了岸，身上还带着病菌以及传播病菌的跳蚤。接下来的瘟疫大暴发在两个月内夺去了该城一半人口的性命，并最终杀死了全欧洲 25% ~ 50% 的人口。后继的传染病一波波袭来，这使得欧洲人口在几个世纪中一直无法增长。1501 年可算不上什么好年头，因为当年的意大利也有瘟疫流行。卡尔达诺的乳母和兄弟们都死了，但这个走运的孩子活下来，而且没留下什么后遗症，除了破了相：他的鼻子、额头、脸颊以及下巴上都留下了瘤子。他注定要活将近 75 个年头，他拥有的是一条满是冲突的人生之路和饱受打骂的幼年时光。

卡尔达诺的父亲差不多算是个操作员。就职业上来说，他是位几何学家，而且曾是达·芬奇的密友。几何学家从来就不是个赚钱的职位，费吉奥也的确常为租金发愁，因此他做起了事务咨询的买卖，为豪门望族提供法律与医学方面的建议。费吉奥宣称他是米兰的某位戈弗雷多·卡斯蒂廖尼——更为人所知的称呼则是教皇塞莱斯廷四世——的兄弟的后人。得益于此，咨询买卖终于兴旺起来。卡尔达诺 5 岁时，他父亲领他入了行——姑且这么说吧。实际上，他的父亲在他背上绑了个筐，装上沉甸甸的法律和医学书籍，然后拽着小男孩满城跑去跟主顾见面。卡尔达诺后来写道：“有时，当我们走在街上时，父亲会命令我站住，然后打开一本书，拿我的头当桌子，读上长长的几个段落。如果我因为筐子太重而摇晃，他就用鞋尖踢我，让我不要动来动去。”[10]

1516 年，卡尔达诺下定决心，认为他最好的机遇在医学方面。他宣布要离开米兰的家，去帕维亚学习。费吉奥却希望他能学习法律，以便赚取 100 克朗的年薪。一场大吵之后，费吉奥的气顺了些，但问题没有得到解决：如果没有这笔年薪，卡尔达诺怎样才能维持在帕维亚的生活和学习呢？于是卡尔达诺开始为人占星，教小学生几何、炼金术和天文学，并将所挣的钱积攒起来。就在这时的某一天，他发现自己在赌博方面有天分，而这种天分赚钱的速度，比其他方法要快得多。

在卡尔达诺的时代，对任何一个有赌瘾的人来说，每座城市都是拉斯韦加斯。赌纸牌，赌骰子，赌西洋双陆棋，甚至赌国际象棋，到处都可以下注。卡尔达诺将这些赌博分为两类：一类需要策略或技巧，另一类则完全靠运气。在象棋这一类赌博中，卡尔达诺可能会面临被某个 16 世纪的鲍比·费歇尔击败的风险；但如果只是对那一双小小的立方体下注，他的机会就跟其他人一样多了。其实，在后面这一类赌博中，他比别人更有优势，因为与对手相比，他更了解不同局势下获胜可能的大小。于是，作为进入博弈世界的第一步，他玩起了那些纯靠运气的游戏。不久，他就为自己存下了 1 000 克朗的教育基金——这比父亲希望他得到的 10 年年薪还要多。1520 年，他在帕维亚注册成为一名学生，没过多长时间便开始了关于赌博理论的写作。

对于古希腊人和罗马人来说，很多东西都是用古希腊文字记述或表达的，而到了卡尔达诺生活的年代，他再去理解这些东西时，便拥有了额外的优势，因为这时印度人已经在把算术用作一种强有力的工具方面，迈出了最初的一大步。正是在这个时期，以 10 为单位的位值制记数法得到发展，并于公元 700 年前后成为标准方法。[11] 印度人还在分数算术上取得了巨大进展，而分数运算对于概率分析至关重要，因为事情发生的可能性总是比 1 小。印度人的这些知识被阿拉伯人采用，最终传入欧洲。最初的运算符号缩写——*p* 表示加法，*m* 表示减法——于 15 世纪被使用，而 + 和 - 也在同一时期被德国人引入，只不过当时仅用来表示箱子超重或欠重。我们如果注意到当时连等号都还没有，大概就能在一定程度上认识到卡尔达诺所面临的挑战了。等号于 1557 年由工作于牛津大学和剑桥大学的罗伯特·雷科德发明。受到几何学的启发，他认为没有什么东西能比两条平行直线更为相似了，因此，这样的两条平行直线段应当被用来表示相等性。而归功于某位英国国教牧师的乘法符号“×”，则要到 17 世纪才会登上历史舞台。

《机遇博弈》涵盖了纸牌、骰子、西洋双陆棋和距骨等赌博游戏。该书并非尽善尽美，书中所反映的，是卡尔达诺的性格、各种疯狂的念头、狂野的脾气、他做任何事情时怀有的激情，以及他的生命和时代中的动荡不安。在某些问题上，卡尔达诺还犯了错。但《机遇博弈》仍然是概率论这个登陆场上的桥头堡，是人类在探索不确定性本质的过程中取得的首次成功。而卡尔达诺用来解决偶然性问题的方法，因其威力和简单而令人惊讶。

这本书并不是每个章节都在谈论技术问题。如第 26 章的标题是“教得好也能玩得好吗?”（他最后的结论是，“知道一件事和实际去做，似乎完全是两码事”），第 29 章名为“论赌徒的性格”（“有些人的话实在太多了，让自己和别人都丧失了理智”），这些内容看起来更像《亲爱的艾比》而非《玛丽莲答客问》。但同样是在这本书中，卡尔达诺在第 14 章“论点数的组合”（论可能性）里，阐述了“一条普适的规则”，即样本空间定律。

“样本空间”一词的含义，是指一个随机过程中每种可能的结果，都可以被视为某空间中的一点。在简单的情形里，这个空间可能仅包含少量几个点；但在更复杂的情况下，它可能如我们所生活的空间那样，是一个连续统。但卡尔达诺并没有称其为“空间”：将数的集合称为空间的描述方式，还要再等一个世纪，到天才的笛卡儿发明了坐标，并统一了代数与几何之后才会出现。

卡尔达诺的规则用现代语言表述大致如下：假设一个随机过程有若干等可能性结果，这些结果中有些好（即赢的结果），有些不好（输的结果）。那么，获得一个好结果的概率，就等于所有那些好结果在全体结果中所占的比例。而这个由所有可能结果构成的集合，被称为样本空间。换言之，如果扔出一个骰子 6 个面中任一面的可能性是均等的，那么这 6 个可能出现的面就形成样本空间，而如果对其中两个面下注，获胜的概率就是 2/6。

我再多说一句，所有结果都以等可能性发生的这种假设，显然并非总是成立。如果我们对奥普拉·温弗瑞成年时的体重进行观测，那么可能观察到的体重所构成的样本空间（曾经）是 145 磅到 237 磅，但在我们的观测期间，并非所有的体重区间出现的可能性都相等。[12] 不同的可能结果具有不同的发生概率这一事实，使得问题变得更加复杂。不过我们可以通过细致的计算，为每个可能的结果赋予一个适当的概率，从而解决这一问题。不过让我们先来看几个例子，正如卡尔达诺分析的那些例子一样，在我们的例子中，每种结果的发生都具有等可能性。

卡尔达诺规则的有力之处，与某些细微精妙的方面密不可分，其中之一就是“结果”一词的含义。迟至18世纪，多部概率论著作的作者、法国著名数学家达朗贝尔在分析扔两枚硬币的问题时，都还错误地使用了这个概念。[13]扔出两枚硬币，则正面朝上的硬币可能的数目为0、1或2。然后，达朗贝尔推论说，既然有这样3种结果，那么每种结果出现的可能性就一定是1/3。他错了。

卡尔达诺工作的一个最大不足，在于他没有系统地分析事件序列不同的可能发生方式，比如连续多次扔硬币所得的结果。下一章我们将会说明，这个工作要到他过世后的下一个世纪，才有人来完成。不过，扔两次硬币的问题足够简单，我们可以很容易把卡尔达诺的方法用上。这种方法的关键在于我们要认识到，所谓可能结果，应该是描述硬币两次掉落得到的正反面朝上情况的数据，而不是由这些数据计算得到的正面朝上的次数。换句话说，可能结果并不是0、1或2枚硬币正面朝上，而应该是可能出现的投掷结果序列（正，正）、（正，反）、（反，正）和（反，反）。构成样本空间的，便是这4种可能的结果。

按卡尔达诺所说，我们接下来应该列好这些结果，并记录每个结果中正面朝上的硬币数目。在这4种可能的结果中，只有（正，正）这一种结果能得到两枚正面朝上的硬币。与此类似，只有（反，反）这一种结果让我们两手空空。但有两种结果能给出有一枚正面朝上的情况：（正，反）和（反，正）。卡尔达诺的方法就在这里指出了达朗贝尔的错误之处：出现0枚或2枚硬币正面朝上的机会各为25%，但出现1枚硬币正面朝上的机会为50%。如果卡尔达诺以3赔1的赔率把赌注押在出现一次正面朝上的结果上，那么在一半的赌局中，他会输掉赌注，但在另一半的赌局中，却会赚到3倍于赌本的钱。对于一个正在为读大学而积攒学费的16世纪的小男孩来说，这个好机会可是了不得的——哪怕在今天，如果找得到愿意出这个赔率的人，那么这也是个了不得的好机会。

一个经常出现在初等概率课程中的相关问题，就是所谓“两女儿问题”。它与我从《玛丽莲答客问》专栏引用的一个问题颇为相似。假设有位母亲怀上了一对儿双胞胎，现在她想知道两个都是女儿或一个儿子一个女儿等这些情况的概率。这个问题的样本空间，由两个孩子按出生先后顺序排列所得的性别列表构成：（女孩，女孩）、（女孩，男孩）、（男孩，女孩）以及（男孩，男孩）。这个样本空间与前面那个扔硬币问题的样本空间其实是一回事，只不过空间中点的命名方式有所不同：“正”变成了“女孩”，而“反”变成了“男孩”。数学家给这种不过是将某个问题换了个说法，变成另一个问题的情况起了个怪名字：同构性。两个问题同构常常意味着我们可以省去很多麻烦。在现在的例子中，同构性意味着两个孩子都是女孩的可能性，等于两枚硬币都是正面朝上的可能性。由此，我们甚至不需要进行任何分析，就能知道问题的答案是一样的：25%。现在，我们就能回答玛丽莲专栏里的那个问题了：两个孩子中至少有一个女孩的可能性，等于两个都是女孩的可能性，再加上两个孩子中仅有一个是女孩的可能性，也就是25%加50%等于75%。

在两女儿问题中，常被进一步问及的是：如果两个孩子中有一个是女孩，那么两个孩子都是女孩的可能性是多少？大家可能会推理如下：既然已知一个孩子是女孩，那么只考虑剩下那个孩子的性别即可，而这个孩子是女孩的可能性是50%，所以两个都是女孩的可能性，也就是50%。

这个回答并不正确。为什么呢？尽管问题的描述中说有一个孩子是女孩，却并没有说是哪一个。这样一来，情况就有变化了。如果你对此感到糊涂，也请不用担心，这是很正常的，因为这个问题恰恰能展现卡尔达诺方法的威力——它使得推理过程清晰而明了。

两个孩子中有一个是女孩的新信息，意味着我们可以把两个都是男孩的可能，从需要考虑的情况中去掉。因此，在运用卡尔达诺的方法时，我们将（男孩，男孩）这个结果从样本空间中剔除，而新的样本空间就只剩下三种结果：（女孩，男孩）、（男孩，女孩）和（女孩，女孩）。其中只有（女孩，女孩）（即两个孩子都是女儿）这个结果是我们所希望的，因此，两个都是女孩的可能性是 1/3，即 33%。下面我们来看看，不具体指明哪个孩子是女孩这一点，为什么是一个十分重要的因素？如果问题问的是当第一个孩子是女孩时，两个都是女孩的可能性是多少，那么我们应该从样本空间中把（男孩，男孩）和（男孩，女孩）这两个可能都去掉，而所得的概率就是 1/2，即 50%。

我们应当信任玛丽莲，因为她不仅试图提高公众对于基本概率知识的理解，而且勇于继续发表相关的问题，哪怕是在经历了令人沮丧的蒙提·霍尔问题之后仍然如此。作为讨论的结束，我们再来看看她专栏中的另一个刊登于 1996 年 3 月的问题。

> 下面这个故事是我爸爸在广播里听到的。有两名杜克大学的学生，在整个学期里他们化学测验的成绩都是 A。但在期终考的头天晚上，他们跑到另一个州去参加派对，等返回学校时，考试已经结束。他们向教授解释说车胎没气了，并希望能补考。教授

> 同意了。他出了一份卷子，然后将两人分别安排在两个教室里考试。第一道题（在试卷的一面上）是5分，而翻到另一面，则是95分的第二题："哪个车胎没气了？"请问两名学生给出相同答案的可能性是多少？我爸爸和我都觉得是1/16，对吗？[14]

不，这个答案不对：如果两名学生在撒谎，那么他们碰巧选中相同答案的可能性正确值为1/4（如果你需要一点儿帮助才能找到原因，那么请看本书后面的注释）。[15]好了，现在我们已经熟悉了将问题分解为一系列可能情况的做法，接下来我们就可以运用样本空间定律来解决蒙提·霍尔问题了。

正如我们之前所说，要理解蒙提·霍尔问题，并不需要什么数学方面的专业训练，但的确需要一点儿细致的逻辑思维。因此，如果你在一边看《辛普森一家》的重播，一边读我们现在这段话，那么最好把其中一件稍微推后一些。不过有个好消息是，要理解我们的问题，只要几页纸就够了。

在蒙提·霍尔问题中，你面对着3扇门：其中一扇的后面是个值钱的物件，比如一辆崭新锃亮的红色玛莎拉蒂；而在另两扇门的后面，则是让人兴味索然的什么玩意儿，比如塞尔维亚语的《莎士比亚全集》。假设你选择了1号门。这时，样本空间由以下的3个可能结果构成：

> 玛莎拉蒂在1号门后。
> 玛莎拉蒂在2号门后。
> 玛莎拉蒂在3号门后。

每种可能的发生概率都是 1/3。我们假定大多数人都对玛莎拉蒂更感兴趣，因此第一种是获胜的结果，而你猜对的可能性为 1/3。

根据问题所说，接下来发生的，就是庄家——他知道每扇门后面是什么东西——打开了那两扇未被选中的门之一，门后是那两套《莎士比亚全集》中的一套。在打开这扇门时，庄家实际上已经根据他掌握的信息，避免打开停着玛莎拉蒂的那扇门。因此，这一行动并不是完全随机的过程。现在考虑两种情况。

第一种情况，你一开始就选对了。我们称这种情况为“走大运”。这时，庄家将随机打开 2 号门或 3 号门，而如果你在庄家开门后改变选择，那么你会成为托拉克（Torlakian）方言版《特洛伊罗斯与克瑞西达》的主人，而不是爽爽地飙一次车。在“走大运”的情况下，不更换选择的结局更好——但“走大运”发生的概率只有 1/3。

另一种情况是你开始时选错了，我们称为“撞霉运”。你开始时选错的可能性是 2/3，因此，“撞霉运”的机会要比“走大运”的机会大上一倍。“撞霉运”与“走大运”相比有何不同呢？在“撞霉运”中，那辆玛莎拉蒂就藏在你没有选的那两扇门之一的后面，而另外一扇的后面则是塞尔维亚语的《莎士比亚全集》。与“走大运”不同，在“撞霉运”的情况下，庄家并非随机地打开一扇你没有选中的门。既然他不想让玛莎拉蒂暴露，所以他有选择性地打开正好没有玛莎拉蒂的那扇门。换句话说，在“撞霉运”中，庄家介入了迄今为止还是随机的游戏过程，而他的介入使得过程不再随机：庄家利用他所掌握的知识，使结果偏离了真正随机的结果，他确保你如果改变选择，就一定能得到那辆迷人的红色轿车，从而打破了游戏的随机性。正是由于庄家的介入，如果你知道自己“撞霉运”了，改变先前的选择就能获胜，否则就输了。

总而言之，如果开始时“走大运”（可能性为 1/3），那么不改变选择能获胜；如果开始时“撞霉运”（可能性为 2/3），那么由于庄家的举动，你可以通过改变选择获胜。因此，最后决策的关键在于如下的猜测：你开始时到底是碰到了哪种情况？如果你觉得是你的第六感或命运的指引让你做出最初的选择，或许就不该更改选择。但除非你能用脑电波把一把银勺子弯成椒盐卷饼，那么“撞霉运”和“走大运”两者的概率之比为 2 比 1，因此你最好还是改变主意，更换你的选择。电视节目的统计数据证实了这一论断：相较于不改变选择的人，那些改变选择的人获胜的次数差不多是前者的两倍。

要理解蒙提·霍尔问题很困难，因为不仔细思考的话，庄家所扮演的角色很容易被忽视，就如同你忽视母亲所做的一切那样。但庄家实际上将这个游戏修整得对游戏者更有利。为了使庄家扮演的角色更明显，我们假设现在游戏中不是 3 扇门，而是 100 扇门。你仍然选择其中一扇，但现在选对的可能性就只有 1/100，而玛莎拉蒂藏在剩下的某扇门后面的可能性是 99/100。跟之前一样，庄家将剩下的 99 扇门中的 98 扇都打开，并确保这些门后都不是玛莎拉蒂。现在，你就该感谢庄家的介入了，因为之前未被选中的 99 扇门，现在只剩下硕果仅存的一个代表，而玛莎拉蒂藏在这扇门后的可能性是 99/100！

如果蒙提·霍尔问题出现在卡尔达诺的时代，他会是玛丽莲还是厄多斯？样本空间定律很漂亮地解决了这个问题，我们却无法确知卡尔达诺到底会成为哪一个，因为该问题最早的（不同名字的）表述，出现在 1959 年马丁·加德纳发表在《科学美国人》杂志的一篇文章中。[16] 加德纳称它为“一个能把人搞糊涂的极好的小问题”，并指出“相较于数学领域中其他任何一个分支，概率理论最容易让专家犯下大错”。当然，对数学家而言，犯下这个错误是件很没面子的事情，不过对赌徒而言，这可不仅仅是面子的问题，而且是生计的问题。因此，由赌徒卡尔达诺搞出首个系统性的概率理论，倒是再合适不过了。

在卡尔达诺十来岁的时候，他的一位朋友在某天突然死去。几个月后，卡尔达诺注意到已经不再有人提起这位朋友的姓名。这件事令他很悲伤，也给他留下深刻的印象。生命不过是过眼云烟，谁能改变这个事实呢？在他看来，要改变这一点，就必须在身后留下些什么东西——要么是继承人，要么是不朽的成就，或者两样都有。在自传中，卡尔达诺写下了他希望在世上留下印迹的“不可动摇的野心”。[17]

获得医学学位后，卡尔达诺回到米兰找工作。他在大学时写了一篇《论医生之互不相同的观点》，在文中，他斩钉截铁地把当时的医学称为一堆骗人的东西。米兰医学院在他找工作时还了这份情：他们拒绝承认他的医学学历。这意味着他无法在米兰行医。因此，卡尔达诺用他剩下的靠教书和赌博攒下的积蓄，在米兰东边萨科河畔皮奥韦买了间小屋。当时镇上疾病肆虐，却没有医生，因此，他满心期望在那里做笔好买卖。不过他这次的市场调研有一个致命的缺陷：镇上之所以没有医生，是因为人们更愿意找巫师或牧师来治病。几年勤奋的工作学习下来，卡尔达诺发现他的收入几乎为零，而空闲时间倒是颇多。后来的事实证明，这段时间对他而言是一个幸运的休整期，因为他抓住这个机会开始著书立说，其中之一就是《机遇博弈》。

在萨科河畔待了 5 年后，卡尔达诺于 1532 年搬回米兰，希望在那里把书出版，并再次申请加入米兰医学院。又一次，他在这两条战线上遭遇了彻底的失败。“在那些日子里，”他写道，“我感到如此疲惫，甚至都会去找那些算卦和玩弄巫术的家伙，希望能为接二连三的麻烦找到一个解决之法。”[18] 一个巫师建议他把月光挡在屋外，另一个则建议他在起床时打三个喷嚏并敲打木头。卡尔达诺遵照了所有建议，但没有一种方法能改变他的霉运。因此他只好戴上头巾，半夜里鬼鬼祟祟地从一幢房子跑到另一幢房子，秘密医治那些负担不起执业医生的诊疗费，或者在他们的治疗下不见好转的病人。他在自传中还写道，为了弄一点儿额外的钱贴补这样辛苦得来的收入，他“被迫再次拿起骰子，以求养活我的妻子。在骰子上，我的知识战胜了运气，而我们也才能够买得起食物，继续生活，尽管我们租住的地方仍是家徒四壁”。[19] 至于《机遇博弈》，他在后来的岁月中不断进行审校修改，却再也没有尝试将它出版。这或许是因为他认识到，把每个人都教得跟自己一样善于赌博，可不是什么好主意。

卡尔达诺终于达成了他的人生目标：他有了继承人，也有了名声——当然还有大笔的财富。他将大学时的论文《论医生之互不相同的观点》改头换面，把原来那个带着一股子学究气的标题，换成了铿锵有力的《论普通用药中的不良做法》，并成书出版。该书畅销一时，他的财富随之慢慢增长。后来，他的那些秘密病人之一，某知名奥古斯丁修会会长，病情突然（而且从各种可能性来看，都应该是碰巧）好转了。病人将痊愈的功劳都归于卡尔达诺的照料，卡尔达诺作为一名医生的名声因此扶摇直上，一飞冲天，以至米兰医学院不得不授予他学院成员的职位，并任命他为院长。与此同时，他出版了更多图书，销量都还不错，特别是为普通大众所写的《算术练习》（*The Practice of Arithmetic*）一书。数年后，他出版了一本技术性更强的书《大术》。这是一部代数论著，它首次清晰地描述了负数，并对若干代数方程进行了分析。在他 50 岁出头，即 16 世纪 50 年代中期时，卡尔达诺达到人生的巅峰，成为帕维亚大学医学院的教授，也成了一个有钱人。

不过他的好运没能持续多久。很大程度上，使卡尔达诺走下坡路的，正是他遗产的另一半——他的孩子们。女儿基娅拉（以他母亲的名字命名）在 16 岁那年勾引了大儿子吉奥瓦尼并怀了孕。尽管成功流产，但她丧失了生育能力。对她来说，这倒没什么不好，因为她在私生活方面实在大胆，甚至在婚后也是如此。最终她感染了梅毒。吉奥瓦尼后来也当了医生，但很快就作为一名卑鄙的罪犯更加出名了。吉奥瓦尼因此不得不近似于被强迫地与一个采金者家庭联姻，因为这家人掌握了他用毒药谋害一名低级市政官员的证据。与此同时，从小就热衷于虐待动物的卡尔达诺的小儿子阿尔多，将这种热情倾注到一份差使上——他成为一名自由职业者式的宗教裁判所拷问者。而且与吉奥瓦尼一样，他还是名兼职骗子。

结婚几年后的一天，吉奥瓦尼把一瓶神秘的混合物交给他的一名用人，要他把这瓶东西混进给妻子做的蛋糕中。他妻子享用完这份甜点就倒下了。尽管卡尔达诺花了一大笔钱聘请律师，想方设法走后门，还为儿子提供了有利的证言，但当局把各种证据联系起来，仍然在不久之后将年轻的吉奥瓦尼在狱中处决了。耗尽了金钱与名誉的卡尔达诺在老对头的手下变得不堪一击。米兰元老院将他从演讲者名单中抹去，指责他犯下了鸡奸与乱伦的罪行，并将他逐出这个省份。当卡尔达诺在 1563 年年末离开米兰时——他在自传中写道——他“再次成为一个穷光蛋，财富消失了，收入没有了，租金被扣了，书也被没收了”。[20]他的意识也在这时开始消失，对他而言，生活成了不连贯的片段。一个名叫尼科洛·塔尔塔利亚的自学成才的数学家给了他最后一击，因为他对卡尔达诺在《大术》一书中公开了他的某些解方程的绝招怒不可遏。他哄着阿尔多提供了不利于其父亲的证据，而作为交换，阿尔多得到了博洛尼亚城公共拷问者与行刑人的官方委任。卡尔达诺被短暂地关押了一段时间，然后静悄悄地在罗马度过了人生的最后几年。《机遇博弈》最终于 1663 年得以出版，此时距年轻的卡尔达诺在纸上写下这些文字已经过去了 100 多年，而且其他人已经重新发现并超越了他的分析方法。

第4章

追寻通往成功的路径

在卡尔达诺的时代，如果有赌徒能够得知他在随机性方面的数学成就，就能利用这些知识，在跟不那么聪明的人赌博时赚到可观的利润。换成今天，卡尔达诺同样能写出诸如《与容易上当的笨蛋玩扔骰子之傻瓜指南》这样的书，并靠它名利双收。但在他那个时代，卡尔达诺的工作却没有激起多少涟漪。《机遇博弈》一书在他死后很久也未能出版。为什么卡尔达诺的工作没能产生多大的影响？正如我们之前已经提到的那样，对他之前的人而言，通往概率论的障碍之一，就在于缺乏一个良好的代数符号体系；到卡尔达诺时，虽然符号系统有了改进，但只能算处在襁褓之中。另外还有一个障碍需要跨越：卡尔达诺完成他的工作的时代，是一个人们认为神秘咒语比数学运算更有用的时代。如果人们根本就没打算找寻自然的秩序，也不曾考虑要创造一种对事件的数值描述，那么一个用来阐述随机性对这些事件的影响的理论，自然注定是不会被人赏识的。后来的历史表明，如果卡尔达诺能多活几十年，他所达到的成就，以及这些成就能被接受的程度，就完全是另一码事了。因为在他死后的几十年里，欧洲的思想与信念发生了历史性转变，这个转变常常被称为科学革命。

对于刚刚摆脱中世纪桎梏的欧洲而言，科学革命是对当时大众思维方式的一次反叛。在中世纪这个刚刚成为历史的时代中，人们关于世界运转方式的观念，还未被任何人以系统的方式深究过。某个小城的商人会偷走被绞死者的衣服，因为他相信这有助于啤酒的销量；而另一个小城教区的居民则相信，裸体围着教堂的祭坛绕圈并吟唱渎神的祷歌可以治愈疾病。[1] 某人甚至相信使用了“错误”的厕所会带来坏运气。事实上，该名证券交易员是在 2003 年向 CNN（美国有限电视新闻网）记者坦白这个秘密的。[2] 没错，至今还有人仍然迷信，但到了今天，只要你有兴趣，我们就能拥有可以证明或证伪类似行为的功效的知性工具。不过，对于卡尔达诺同时代的人来说，他们并不会对扔赢骰子的经验进行数学分析，而是会跑去做一次感恩祷告，或者从此再也不洗当时穿的那双幸运袜子。卡尔达诺自己也相信，之所以会出现一连串的失败，是因为“幸运之神也有些不快”了，而要改变此种状况，方法之一就是把骰子狠狠地扔一下。如果我们可以把幸运之 7 的彩票结果玩弄于股掌之上，为什么还要对数学卑躬屈膝呢？

常被视为科学革命转折点的那个时刻，出现在 1583 年，此时距卡尔达诺去世才不过 7 年。比萨大学一名年轻的学生正坐在大教堂中。传说他并没有聆听教堂中进行的仪式，却在怔怔地看着一个东西，一件他觉得比那些仪式更有启发性的事情：一盏巨大的吊灯在来回摆动。伽利略用自己的脉搏计时，发现吊灯摆过一个长弧形所用的时间，似乎跟它摆过一个较短弧形的时间是一样的。这个观察似乎暗示着：一个摆完成一次摆动所需的时间，与摆动的幅度无关。伽利略的观察精确而实用，它虽然很简单，却代表了一条描述物理现象的新道路：科学必须专注于经验与实验，即大自然的运作方式，而非直觉认定或对我们更具吸引力的什么东西。最重要的是，这个描述必须通过数学来完成。

伽利略利用他在科学方面的技巧，写了一篇有关赌博的短文《骰子游戏之思考》。这项工作是在其资助人托斯卡纳大公的要求下完成的。困扰大公的问题是这样的：为什么扔 3 次骰子，出现总点数为 10 点的情况比 9 点更频繁？这个频率上的差别只有区区 8% 左右，而且，扔出 10 点或 9 点的情况都并不常见，因此大公能够发现这个微小的差别，一定是在这个骰子游戏上花费了相当多的时间。看来相比于伽利略，大公更需要一个 12 步赌瘾戒除计划。不过不管是什么原因，伽利略对这个问题没有多大兴趣，也不免对这个任务嘟嘟囔囔牢骚满腹。但跟每个不想丢掉饭碗的顾问一样，他把这些牢骚吞进了自己的肚子，然后该干什么还是得干什么。

单独扔一次骰子，每个点数出现的机会都是 1/6。但如果扔两次骰子，可能出现的总点数的机会就不再均等了。例如，扔出 2 点的机会是 1/36，而扔出 3 点的机会要高一倍。造成这个差异的原因在于，如果扔两次骰子，那么只有一种情况能得到 2 点——两次都是 1 点；而扔出 3 点则有两种情况——先扔出 1 点再扔出 2 点，或者先 2 点之后是 1 点。沿着这个思路走下去，就是我们理解随机过程的下一步，同时也是本章的主题：如何建立一种系统性的方法，来分析事件的不同出现方式的数量。

为了理解大公的困惑，让我们把自己想象成一名《塔木德》学者，然后来看看这个问题：与其试图解释为什么 10 点比 9 点出现得更频繁，不如问问为什么 10 点不应该比 9 点出现得更频繁。我们可以给出一个很容易让人接受的理由，来说明 10 点和 9 点应当出现得同样频繁：如果扔 3 次骰子，那么我们有 6 种方式得到 10 点和 9 点。扔出 9 点的方式是（621）、（531）、（522）、（441）和（333）；10 点则是（631）、（622）、（541）、（532）、（442）和（433）。根据卡尔达诺的样本空间定律，得到一个好结果的概率，等于所有好结果在所有可能结果中所占的比例。既然 9 点和 10 点能通过同样多的方式得到，为什么其中一个会比另一个更可能发生呢？

原因正如我说的那样，原始形式的样本空间定律只适用于等可能性的结果，而上述的点数组合，各自发生的可能性并不相等。比如扔出（631），即扔出 1 个 6 点、1 个 3 点和 1 个 1 点的可能性，6 倍于扔出（333）的可能性，因为扔出 3 个 3 点的方式只有 1 种，而扔出 1 个 6 点、1 个 3 点和 1 个 1 点的方式却有 6 种：先 6 后 3 后 1，或先 1 后 3 后 6，等等。现在，我们换种方式表示扔骰子的结果：我们用逗号隔开的三元组来表示投掷结果，并以此区分扔骰子的次序。简单来说，（631）这个结果由以下的可能组合给出：（1, 3, 6）、（1, 6, 3）、（3, 1, 6）、（3, 6, 1）、（6, 1, 3）和（6, 3, 1）；而（333）这个结果只能是（3, 3, 3）。将扔骰子的结果如此分解之后，新方式下的各种结果就具有了相等的可能性，这时我们就能应用样本空间定律了。这种情况下，扔出 10 点的方式有 27 种，而扔出 9 点的只有 25 种，伽利略由此得出结论，即扔三次骰子得到 10 点的可能性，是得到 9 点的可能性的 27/25，即约 1.08 倍。

在这个问题的解决过程中，伽利略隐含地使用了我们的下一条重要原则：一个事件发生的可能性，依赖于这个事件所有可能发生方式的数量。这一事实并不让人吃惊，真正让人吃惊的，是这条原则造成的影响，以及这个数量的计算难度。假设全班 25 名 6 年级学生进行了一次 10 道判断题的小测验，让我们来算算某个学生可能得到的测验结果有多少种：她可能 10 道题全对；她可能只错 1 道题——出现这种情况的方式有 10 种，因为总共有 10 道题供她挑出一个来犯错；她可能只错 2 道题——这种情况对应了 45 种方式，因为这 10 道题能组成 45 对不同的题目构成的题对儿；等等。这样组合的结果就是，假设有一大群学生，他们都是靠碰运气来猜答案的，那么平均而言，对应着每一个得满分的学生，将会有 10 个得 90 分的学生和 45 个得 80 分的学生。得到 50 分左右的成绩的可能性就更高了。对于一个有 25 名学生的班级来说，如果学生都靠猜，那么至少有一名学生能得到 B（80 分）或更高分的概率，差不多是 75%。因此，一名老教师在多年从教中所碰到的那些考前不好好复习、测验时多少在赌一把的学生中，很可能会有一些人的最后得分为 A 或 B。

几年前，加拿大彩票管理部门决定，将一些以往积累下来的无人认领奖金返还给彩民。在这个过程中，他们可结结实实地领教了认真数数的重要性。[3] 该部门购买了 500 辆小汽车作为奖品，然后编写了一个计算机程序，从 240 万个彩票订户号中随机抽出 500 个作为奖品的赢取者。官方公布了这 500 个未排序的获奖号码，并承诺每个号码都能赢得一辆汽车。使他们大为尴尬的是，有一个人（正确地）宣称他赢得了两辆汽车。官员们哑然失色——计算机怎么可能从 200 多万个数字中，两次抽中同一个数字呢？是不是程序有问题？

这些彩票官员碰到的计数问题，和“生日问题”是等价的，这个问题问：“如果希望一群人中出现某两人生日相同（假定每天出生的可能性都相等）的可能性大于 50%，这个群体至少应该有多少人？”大多数人都觉得答案应该是一年中天数的一半，也就是大约 183 人。不过如果问题问的是：“要一群人中有某人与你同一天生日的可能性大于 50%，这个群体至少应该有多少人？”那么上面的答案是正确的。但如果问题没有限制到底是哪两个人同一天出生，那么问题的答案被这样一对儿生日相同的人的组合方式的数量戏剧性地改变了。实际上，我们需要的人数少得令人吃惊：仅仅需要23个人就够了。如果像加拿大彩票的情况那样，从240万个数字中挑数字，我们当然需要远多于500个数字，以保证出现重复数字的可能性大于50%，但仅仅是500个数字中发生重复的可能性，也绝非可以忽略不计：实际上，这个概率大约是5%。不大，但仍然是个需要解决的问题，比如我们可以在计算机每抽取一个数字后，就将它与所有已抽出的数字进行比对，确定是否发生了重复抽取。据报道，加拿大彩票部门要求这个幸运儿放弃一辆汽车，但是遭到拒绝。

而在1995年6月21日的德国，发生了另一起让许多人眼珠子都掉出来的彩票神秘事件。[4]那是一个被称为乐透6/49的彩票抽奖，中奖的6个号码从数字1到49中随机抽得。这天的中奖号码是15-25-27-30-42-48，而完全相同的中奖号码在1986年12月20日那天也被抽到过。在这个彩票3 016次抽奖的历史上，出现重复的中奖序列，这可是破天荒的头一遭。那发生这种事情的可能性有多大呢？并不像你想的那么小。算一算你就会发现，在进行抽奖的这些年里，在某个时刻发生中奖号码重复的概率大概是28%。

在一个随机过程中，某结果的可能发生方式的数量，是决定该结果发生概率的关键因素之一，因此我们现在的关键问题就在于，怎样才能计算出某事件可能发生方式的数量？伽利略似乎没有注意到这个问题的重要性，他也没有在这个骰子问题上深入下去。不仅如此，他在论文的第一段就说，他之所以写下这篇有关骰子的文章，完全是因为"命令"。[5]1633年，伽利略收到了他所提出的通往科学的新方法的奖赏——宗教裁判所判处的刑罚。但科学与神学从此永远地分道扬镳了：从这一刻起，科学家卸下了神学家所提出的"（这个世界）为什么（会这样）”的包袱，转而专注于分析“（物理现象是）如何（运作）”的问题。不久之后，那些从小就接受伽利略科学哲学教诲的新一代学者中的一员，将把对可能事件进行计数的数学分析带到一个全新的高度和认知水平上，而如果没有这些认知，当今科学中的绝大部分内容都将无法开展。

随着科学革命欣欣向荣，随机性研究的前线从意大利移到法国。在那里，抛弃了亚里士多德而跟随伽利略的新科学家们，将研究推至比卡尔达诺和伽利略更远也更深的境地。新成就的重要性这次终于为人所知，并形成一股席卷欧洲的浪潮。新观点和新思路再次诞生于博弈这个大背景下，但这些科学家中的第一人，却由数学家变为赌徒，而不是像卡尔达诺那样从赌徒变成数学家。这位科学家的名字是布莱瑟·帕斯卡。

帕斯卡 1623 年 7 月出生于巴黎南边 250 英里以外的克莱蒙费朗。他的父亲发现了儿子的聪明才智，正好又搬家到了巴黎，因此，他推荐 13 岁的帕斯卡加入一个新成立的讨论群。成员们都称这个群体为梅赛纳学院——以创建该团体的黑袍修士的名字命名。梅赛纳的小圈子包括著名哲学家与数学家笛卡儿，以及业余数学天才费马。这些睿智的思想家与自大狂的奇特组合——再加上梅赛纳的积极引导，对十多岁的布莱瑟产生了巨大的影响。他与费马和笛卡儿建立了私人往来，并迅速认识到科学新方法的深层基础。“让所有亚里士多德的信徒……”他写道，“认识到实验才是物理学必须遵从的真正主人。”[6]

但一个有着神圣信仰的乏味的书呆子，怎么会跟城里的赌博圈扯上关系呢？帕斯卡一直断断续续地经受着胃痛的折磨，他吞咽困难，而要让吞下的东西不再返上来也不容易。此外，他还忍受着使人体质变差的虚弱、严重的头痛、一阵阵冒虚汗以及腿部部分瘫痪的折磨。他坚强地遵从医生的建议，这些建议包括使用放血疗法、服用泻药以及驴奶和其他“令人作呕的”药剂，而喝下去的那些药剂差不多都被他吐了出来——按他姐姐吉尔贝特的说法，这些治疗完全是一种“不折不扣的虐待”。[7] 帕斯卡这时已经离开了巴黎，但在 1647 年夏天，已经 24 岁并对自己的身体开始绝望的他，和妹妹杰奎琳再次回来，希望能找到更好的治疗方法。新医生们提出一个在当时属于最为先进的建议：帕斯卡“应该放下一切持续的精神负担，并尽可能通过寻欢作乐放松心情”。[8] 因此，帕斯卡教会了自己如何好好休息和放松，并开始在其他追求享乐的年轻人的陪伴下打发时间。1651 年，帕斯卡的父亲去世，他突然间成了一个二十来岁的遗产继承人。他对这笔财产的使用相当到位，至少从之前医生建议的角度而言是这样的。传记作家们把 1651 年到 1654 年这几年称为帕斯卡的“入世时期”，而吉尔贝特则称这段时间为“他生命中最被糟蹋的时光”。[9] 尽管在自身思想水平的提升方面做了一些努力，但是帕斯卡的科学研究毫无起色。不过根据记载来看，他此时的健康状况倒是达到了最佳状况。

在历史上，有关随机性的研究，常常得益于一些本身就是随机的事件。帕斯卡的成就便是这样一个例子：正是由于他放弃了研究，才最终走向了对机遇的研究。所有这一切，都源于一个派对伙伴把他介绍给了 45 岁的势利之徒安托万·贡博。拥有德·梅雷骑士头衔的贵族贡博一直自视为调情大师，而他的罗曼史的长名单，也充分表明他确实无愧于这一称号。但除此之外，德·梅雷还是一名喜欢在赌桌上一掷千金的专业级赌徒，而且他赢钱的次数之多，让人怀疑他可能是在出老千。德·梅雷曾经因为一个小小的赌博方面的问题而深感困惑，于是他找到帕斯卡寻求帮助。德·梅雷此举引发的研究，宣告了帕斯卡科研枯竭期的结束，也确立了德·梅雷在思想史上的地位，并解决了大公扔骰子问题中伽利略遗留的未解之难题。

德·梅雷提出这个被称为“点数问题”的困惑的时间是 1654 年。问题是这样的：假设你跟对手玩一个游戏，在游戏中你们俩有相等的得分机会，而总分首先达到某个给定值的一方获胜。当游戏进行了一段时间后，游戏暂停，然后让其他赌徒下注赌谁是最终的胜者。那么在这种情况下，我们应该如何确定赔率才是最公平的？德·梅雷注意到，在给定了游戏暂停时对局者各自的分数时，这个确定赔率的方法，应该能够体现对局者各自最终获胜的概率。但如何计算这两个概率呢？

帕斯卡认识到，不管这个问题的答案是什么，所需的计算方法在当时都是未知的。进一步说，不管这个方法是怎样的，它都可能在任何类型的竞争中具有重要的实用价值。但正如理论研究中常常会发生的事情那样，帕斯卡发现自己对想要采取的方法并不确定，甚至还感到很困扰。最终，他决定寻找一位合作者，或者至少是一位他可以与之讨论想法的数学家。当时，梅赛纳这位了不起的交流者已经亡故数年，但帕斯卡与梅赛纳学院这个网络仍保持着联系。得益于此，我们才能看到从 1654 年开始的数学史上最伟大的书信往来之一——帕斯卡与费马之间的系列通信。

1654 年的费马在图卢兹刑事法庭身居高位。你也许能在开庭的时候，看着身着华丽长袍的费马将罪人处以火刑。但闭庭时，他会把他在分析方面的能力转移到更为温柔的数学探究之中。费马也许只是个业余爱好者，但他常常被认为是古往今来最伟大的业余数学家。

费马并不是靠什么不寻常的野心或成就获得这个职位的。他的方法其实相当老套：当他的上级一个个死于瘟疫时，他一步步稳稳地爬了上去。事实上，当帕斯卡的信寄到费马手中时，他自然也刚从一次瘟疫中慢慢康复过来。费马的朋友贝尔纳·梅东甚至还宣布了他的死讯。不过费马并没有死，尴尬却又开心的梅东收回了他的公告。但是费马曾经一只脚踩进鬼门关这一点，倒是没有什么可怀疑的。虽然费马比帕斯卡年长22岁，但他实际上比这位新的通信伙伴还要晚几年才去世。

正如我们下面将要看到的那样，在两个实体存在竞争的任何领域，这个点数问题都会出现。帕斯卡和费马在他们的通信中，各自建立了一套方法，并解决了几个不同版本的点数问题。但后来的事实证明，帕斯卡的方法更简单——甚至可以称为漂亮，而且具有足够的普适性，能够用在许多日常问题的解决中。由于点数问题最初的提出源于赌赛，因此我将用一个体育比赛的例子对其加以说明。在1996年的世界职业棒球锦标赛中，亚特兰大勇士队在头两场比赛里都击败了纽约洋基队。而最先获得4场胜利的球队将获得冠军。勇士队赢得头两场比赛的事实，当然并不必然意味着其实力更强，但不管怎样，我们将这种情况视为勇士队球员的确更强一些的一个迹象。不过，考虑到我们讨论的目的，我们将一直假设，在一场比赛中，两队各自获胜的可能性是相等的，而头两场比赛不过凑巧都是勇士队赢了而已。

根据这个假设，我们应该给洋基队的获胜定一个怎样的赔率才合适呢？或者洋基队大翻盘的可能性有多大？为了计算这个结果，让我们数一数所有洋基队获胜的可能方式，然后跟其落败的可能方式进行比较。现在这个7局系列赛中的两场比赛已经结束，还剩下5场可能的比赛。每场比赛都有两种可能的结果，即洋基队获胜（Y）或勇士队获胜（B），因此我们一共有 25 即 32 种可能的系列赛结果。比如，洋基队可能先赢 3 场再输 2 场：YYYBB；或者两队有来有往交替获胜：YBYBY。（在后一种情况中，由于勇士队在第 6 场结束时已经获得了 4 场胜利，最后一场就不用比了。不过我们等下再谈这个问题。）因此，洋基队翻盘获得冠军的可能性，就等于这些比赛结果序列中，它至少赢得 4 场比赛的数量，再除以这些可能序列的总数 32；而勇士队获得冠军的可能性，则等于它至少赢得两场比赛的序列数除以 32。

这种计算方式看起来有点儿怪，因为正如我们提及的，序列中包括了（如 YBYBY 这样的）两队在勇士队赢得所需的 4 场胜利后仍然继续比赛的情况，可一旦勇士队赢了 4 场，这两支球队肯定不会再比第 7 场了。不过人类制定的这些稀奇古怪的规矩并不会影响数学：不论球员们比赛或不比赛，这种结果的存在都不会受影响。假设你扔硬币，只要扔出正面朝上就算赢。那么，扔两次硬币的可能结果有 2^2 即 4 个：正反、正正、反正和反反。如果扔出的是前两种结果，你就不用扔第二次了，因为扔第一次时你就已经赢了，但你获胜的概率仍然是 3/4，因为 4 个可能结果中有 3 个包含了一次正面朝上。

因此，要计算洋基队和勇士队各自获胜的可能性，只需要简单地数一数，系列赛剩下的 5 场比赛将产生哪些可能的比赛结果序列。首先，洋基队如果在 5 场中胜了 4 场，它就能获胜，而这个结果，可以按以下 5 种方式之一发生：BYYYY、YBYYY、YYBYY、YYYBY 或 YYYYB。此外，洋基队还可以用 5 战全胜的战绩班师，此时只有一种组合方式：YYYYY。再来看看勇士队，如果它想当冠军，就需要洋基队只赢 3 场，对应着 10 种可能的发生方式（BBYYY、BYBYY 等等），或者只赢两场（同样有 10 种可能的发生方式），或者只赢一场（5 种可能的发生方式），或者一场都赢不了（只有一种可能的发生方式）。将这些结果加起来，我们发现，洋基队获得冠军的可能性是 6/32，或者约 19%；而勇士队为 26/32，即约 81%。根据帕斯卡和费马的说法，如果系列赛在第二场后被中断，那么赌徒们对最终冠军归属所下的赌注就应以 19∶81 的比例进行，而这也是此时对勇士队获胜应该设置的赔率。最终，洋基队确实来了个大翻盘，它在之后的 4 场比赛中取得连胜，成为冠军。

这种推理方法同样能够用在系列赛刚刚开始的时候，也就是任何比赛一场都没有比的时候。如果两队赢得一场比赛的可能性相等，那么它们理所当然在系列赛刚开始时具有相等的机会赢得冠军。不过，即使一场比赛的双方获胜的概率不一样，类似的推理也一样能用。在这种情况下，我们只需要将原来简单累计所有可能方式的做法稍加修改，给每种可能方式乘以一个与其相对应的概率权值之后再求和就可以了。如果我们在系列赛开始前用这种方法进行分析，就会发现，对一个 7 场比赛构成的系列赛，哪怕是较弱的一方也有相当大的夺冠机会。例如，假设强队在比赛中获胜的概率是 55%，即便如此，弱队也能赢得 10 次系列赛中的 4 次。平均而言，强队在与较弱的对手交战时，如果每 3 次可以胜出两次，那么弱队仍然可以在 5 次系列赛中获胜一次。不过说实话，对体育联赛而言，这种情况确实没办法改变。拿刚才这个 2/3 胜率的例子来说，如果我们希望最终冠军的归属具有所谓的统计显著性，那么系列赛至少得由 23 场比赛组成，此时弱队只有不大于 5% 的机会能获得最终的胜利（见第 5 章）。而对 55∶45 这样的强弱对比，具有统计显著性的“世界职业棒球锦标赛”至少需要 269 场比赛。嗯，好个冗长的赛事！因此，季后赛确实非常有趣而且刺激，但在成为“世界冠军”这一点上，它并不能可靠地表明某队确实就是最强的。

如我所言，这个方法并不仅限于对弈、赌博与体育比赛。如果两个公司狭路相逢要一争高下，或者同一个公司中的两名职员要比个胜负，那么在这种情况下，尽管每个季度或年度都一定有赢家和输家，但是如果想根据简单的胜负记录，可靠地确定哪家公司或哪个雇员更好一些，恐怕得花上几十年乃至几百年才行。比如，如果职员 A 确实更好一些，而且长期来看，100 次中有 60 次 A 能胜过 B，那么在一场 5 战 3 胜制的较量中，较差的 B 仍有近 1/3 的机会获胜。利用短期结果来评估能力，是一种相当危险的做法。

上面这些计数问题都很简单，不费什么力气就可以搞定。但是，当涉及的数值较大时，计数过程就会变得十分困难。考虑一下后面这个问题：假设你在筹备一场婚礼，要负责 100 位宾客的接待工作。每张桌子能坐 10 个人。不过罗德表哥和你的朋友艾米不能坐在一起，因为 8 年前他们有过感情纠葛，艾米把罗德给甩了；另一方面，艾米和利蒂希娅都想挨着你那身材健美的鲍比表弟坐；露兹姨妈则最好坐到“隔墙无耳”的那一桌去，否则她那些争风吃醋的调情，将成为接下来的 5 年中假日聚餐时源源不断的八卦来源。你仔细地考虑着种种情况。先考虑第一张桌子吧。从 100 个人中挑出 10 个，有多少种可能的挑选方式？这个问题也等价于从 100 只基金中挑出 10 只来投资，或者从一块硅晶体的 100 个位置中挑出 10 个来放锗原子，有多少种挑选方式？类似的问题反复出现在随机性理论中，而不仅仅是在点数问题中才存在。当数量很大时，一五一十地罗列所有可能的情况来计算可能方式的数量，这种做法要么冗长无聊，要么根本就做不到。帕斯卡真正的成就就在于此：他提出一种普适而系统性的计数方法，使我们可以通过公式计算或读取图表数据的方式，得到这类问题的答案。这个方法的根基是一种奇特的三角形数字排列。

作为帕斯卡工作核心的这个计算方法，其实在 1050 年前后，就已经被中国数学家贾宪发现了。1303 年，另一位中国数学家朱世杰将其发表。卡尔达诺在 1570 年同样就这个问题进行了讨论。但帕斯卡将它整合到更大的概率理论的整体框架中，因此这个方法大部分都归功于他。[10] 不过这些前人已有的成果并没有让帕斯卡感到不安。“别说我做的事情里什么新东西都没有，”帕斯卡在自传中争辩道，“这些数字的排列方式就是新的。打网球时，我们打的都是同一个球，但总有人能击出更好的落点。”[11] 图 4-1 所示的这个帕斯卡发明的图形因此被称为帕斯卡三角形。在图中，我将帕斯卡三角形截止在第十行上，但这个三角形可以向下方无限延伸。实际上，要扩展这个三角形的做法很简单：除了处在顶端的 1 之外，三角形中的每一个数，都是它左上方与右上方数字之和（如果这两个位置上没有数字，就以 0 代替）。

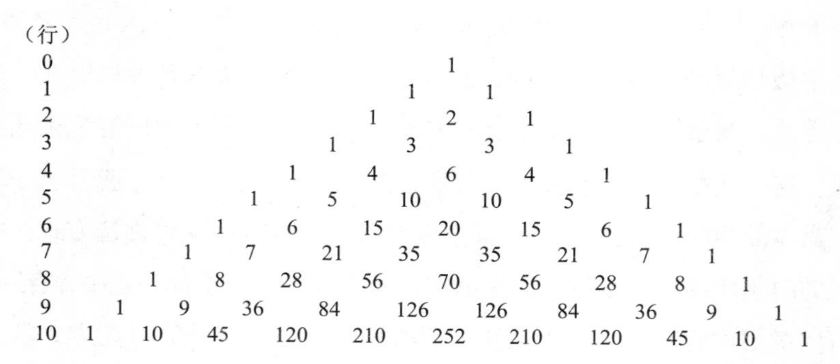

图 4-1　帕斯卡三角形

如果你想知道从某物体的集合中取出若干的取法有多少种，这时帕斯卡三角形就是一个非常有用的工具。在婚礼宾客问题中，我们可以这样做：要计算从 100 位宾客中挑出 10 位有多少种不同的方式，我们先沿着图中左侧的数字一直往下数，直到标有 100 的那一行为止。这里的三角形并没有画那么多行，不过我们姑且假装它画到了。第 100 行的第一个数字，是从 100 名宾客中挑出 0 位的挑选方式的数量，当然，这样的方式只有一种：谁都不选。这个答案对于任意数目的宾客同样正确，正因为如此，每行的第一个数字都是 1。第 100 行的第二个数字，则是从 100 名宾客中挑出一位的挑选方式的数量，而这样的方式有 100 种：你可以仅仅挑宾客 1 号，或仅仅挑宾客 2 号，等等。这个推理同样适用于每一行，因此每行的第二个数字都简单地等于该行的序号。该行中的第三个数字，表示从 100 名宾客中挑出不同的两位的挑选方式的数量，其余以此类推。因此，我们要找的答案——选出 10 名不同宾客的挑选方式的数量——就是第 100 行的第 11 个数字。不过，即使我们真把帕斯卡三角形画得包含了第 100 行，这个数字也大得无法在一页纸上被完整地写出来。实际上，如果真有来宾抱怨座位安排，你可以告诉他，要考虑到每一种可能的情况，需要足够长的时间。假设对每种情况需要花 1 秒钟来考虑，那么得用 10 万亿年才能把所有的可能情况都考虑到。当然，这位满心不快的客人肯定会认为你在装腔作势。

为了能使用我们这里画出的帕斯卡三角形，现在假设宾客名单中就只有 10 个人。这时，我们的问题需要使用的，就是所给帕斯卡三角形中最底下标着 10 的那一行。行中的数字表示 10 位宾客中的 0 位、1 位、2 位……宾客的不同座席安排方式的数量。你也许看出来了，这些数字在前面那个6年级测验的例子中也出现过——在10道判断题测验中，学生做错若干道题目的可能方式的数量，就等于从10名宾客中挑选若干名来安排座位的可能方式的数量。帕斯卡三角形之所以如此有力，原因之一就是，同样的数学方法可以用于许多不同的场合。至于洋基队对勇士队的世界职业棒球锦标赛的例子，我们原来只是乏味地数出了剩余5场比赛的所有可能结果，而现在，我们可以直接从三角形中得到洋基队获得0场、1场、2场、3场、4场或5场比赛的可能方式的数量：

1 5 10 10 5 1

从这行数字可以一眼看出，洋基队获得两场胜利的可能性（10种方式）是获得一场胜利的可能性（5种方式）的两倍。

一旦掌握了这种方法，我们就会发现，帕斯卡三角形的应用可谓无所不在。我的一位朋友曾为一个刚开始创业的计算机游戏公司工作。她常常跟我说，尽管市场部主任承认小规模的小组座谈会只适合提供"仅仅是定性的结论"，但主任仍然时不时地说参会者达成了4比2或5比1的"压倒性"意见，好像这样的数据真有多少意义似的。假设你自己组织一个座谈会，6名参会者将审查一个还在开发中的新产品，并提出意见。如果实际上有半数人喜欢该产品，那么这个座谈会能以怎样的精确度反映这一真实的喜好呢？这个问题需要用到帕斯卡三角形中标着6的那一行，它表明了所有可能的包括0人、1人、2人、3人、4人、5人或6人"小小组"的组成方式数量，这些"小小组"对产品一致表示喜欢（或不喜欢）：

1 6 15 20 15 6 1

从这些数字可以看出，有20种情况，小组成员会分为一半对一半的两群人，一群人喜欢该产品，而另一群人不喜欢。这种情况精确地反映了人们对新产品的真实态度。但除此之外，同样还有 1 + 6 + 15 + 15 + 6 + 1 = 44 种其他方式，它们给出的或喜欢或不喜欢的一致性意见，实际上并非完全真实的喜好表现。因此，如果不慎重的话，被会议结论误导的概率就是 44/64，或约 2/3。我们举这个例子并非要说会议的共识完全由随机因素造成，我们只是说不能假定这个共识具有显著性。

事后的发展证明，帕斯卡和费马的分析是通往一个自洽的随机性理论的第一大步。他们那著名通信的最后一封信写于 1654 年 10 月 27 日。几周后，帕斯卡精神恍惚地坐了两个钟头。有些人称这种恍惚为一种神秘的体验，其他人则悲叹他最终还是心智失常了。但无论如何，帕斯卡之后完全变成了另一个人。这个改变将带来他在随机性概念上的另一个奠基性贡献。

在 1662 年帕斯卡去世的几天后，仆人发现他的一件夹克上很奇怪地鼓起一块。仆人扯开了夹克内衬，在里面找到几张折起来的羊皮纸和普通纸张。显然，帕斯卡在生命的最后 8 年中，每天都把它们带在身边。这些纸上，是他的潦草笔迹写就的一系列不连贯的词语和词组，标注日期为 1654 年 11 月 23 日。这些文字就是他对那两小时的恍惚做出的说明，其中他描述了上帝如何降临到他面前，并在那两小时内将他从堕落的生活方式中解救出来。

这次启示之后，帕斯卡与大多数他称为“可怕的联系”的朋友断绝了往来。[12] 他卖掉了马车、马、家具、藏书——除了《圣经》之外的所有东西。他将钱财施舍给穷人，只给自己留了很少的一点儿，以至他不得不靠乞讨或借债才能果腹。他系着一条内有尖刺的铁腰带，以此让自己总是处于不适之中，而一旦发现自己有高兴起来的危险，他就会将尖刺刺入自己的身体。他结束了数学与科学方面的研究。对于儿时对几何的迷恋，他写道："我差不多都记不起世界上还有几何这么回事了。我现在认识到几何是如此无用……我很可能连想都不会再想它了。"[13]

但帕斯卡仍然多产。在恍惚过后的岁月里，他记下了自己对上帝、宗教和生命的思索。这些思索后来被整理成一本名为《思想录》的书出版了，时至今日仍不时被重印。尽管帕斯卡对数学大加抨击，但他是通过一个数学推导才看透入世生活的轻浮无益的，而在这个推导中，他的概率分析武器得以小试锋芒，用在了一个神学问题上。这个推导就是他做出的另一个贡献，其重要性不亚于他早期在点数问题上所获的成就。

《思想录》中的数学内容被概括在手稿中的两张纸上。这两张纸的正反面都东倒西歪地写满了字，到处都是删改与更正的痕迹。在纸上，帕斯卡详细分析了人对上帝尽责的好处与坏处，就如同用数学求解所下赌注是否明智一般。他那了不起的创新，就是用来计算这些好处与坏处的总结果的方法，也就是今天被称为数学期望的概念。

帕斯卡的论述是这样的：如果首先承认我们不知道上帝是否存在，那么不管存在还是不存在，我们都分别给这两种可能以 50% 的概率。如果我们现在面临着抉择，确定自己今后是否要过一种虔诚的生活，那么我们应该给这两个概率分别赋以怎样的权重呢？帕斯卡认为，如果我们言行虔诚，而上帝又确实存在，那么我们将得到永恒的快乐，其价值为无穷大；另一方面，如果上帝不存在，那么我们所损失的东西或负回报，也不过就是这些虔诚被白白浪费了。帕斯卡接着指出，为了将这些得失归总，我们应该把每种可能结果的概率与其对应的回报相乘，之后再把结果相加，从而得到一种平均或期望的获利。换言之，与我们的虔诚所对应的期望回报，就是无穷大的一半（上帝存在时你的收获），再减去某个小数字的一半（上帝不存在时你的损失）。帕斯卡已经知道足够多关于无穷大的知识，因此他知道无穷大的一半仍然是无穷大，而虔诚的期望回报就是正的无穷大。他由此得出结论：任何一个有理性的人，都应该遵从上帝的律法。这个论证如今被称为帕斯卡赌注。

期望是一个十分重要的概念，不仅在赌博中如此，在所有决策中均如此。事实上，帕斯卡赌注常被认为是博弈论——关于博弈中最优策略的定量研究——这门数学分支诞生的标志。我必须承认，这种思考问题的方式让人上瘾，以至有时我把它用得过了头。“那个停车计时器这次要扣我多少钱?”我问儿子。计时器显示是 25 美分。没错，不过我每 20 次左右就有一次会停车超时，而这时就能看到车上放着一张 40 美元的罚单。因此我是这样解读的：这个 25 美分的计时器费用只是个残酷的诱惑，而实际开销是 2.25 美元（这额外的 2 美元，便是我那 20 次中就有一次的超时概率乘以 40 美元的罚款所产生的费用）。“那么我们这条车道的情况又如何?”我问儿子，“它是收费公路吗?”嗯，我们已经在现在的房子里住了 5 年，粗略算来，我沿着这条车道回家，也有大概 2 400 次了，其中有 3 次被伸出的栅栏柱撞断了后视镜，每次都花了我 400 美元。因此我儿子告诉我，这就相当于在路上放一个收费箱，每次我回来时，就得扔 50 美分进去。通过这个例子，他完全理解了期望这个概念（他还建议我，在送他们去学校之前，记得喝杯早咖啡提提神）。

通过数学期望的透镜来看这个世界，我们常常会得出令人惊讶的结果。比如最近有一个通过邮件进行的抽奖，大奖是 500 万美元。[14] 只需要寄出一封信,就能参与抽奖并有机会赢得大奖。参与次数没有限制,但一封信只能算一次参与。抽奖的赞助者显然希望能有约 2 亿人次参加，因为本次活动晦涩难懂的条款指出，获胜机会是两亿分之一。那么,参与这样的“免费抽奖”值不值得呢？将获胜的机会乘以它的回报,我们可以求得每次参与的回报大概是 1/40 美元，或者 2.5 美分——远低于所付的邮费。事实上，这场竞赛的大赢家是邮局，而如果关于参与次数的估计是准确的，邮局将因此赚取近 8 000 万美元的邮资。

下面是另一个疯狂的游戏。假设加利福尼亚州向它的公民提出如下提议：每名游戏参与者需要支付 1 美元或 2 美元，其中绝大多数人什么都得不到，但某人将得到一笔财富，同时还有一个人会以惨烈的方式被处死。会不会有人参与这个游戏呢？有。不但有，参与者还十分踊跃。这个游戏的名字就叫加州彩票。尽管该州的宣传并没有用我的措辞，但这个彩票带来的后果事实上就是如此。在每次抽奖中，每个获得大奖的幸运儿身后，都有数百万其他竞争者驾车往返于彩票发行点购买彩票，而其中就有一些人会在路上死于交通事故。根据美国国家公路交通安全管理局的统计，并对每个人的驾驶路程、他 / 她购买的彩票张数，以及有多少人卷入了常见的交通事故这些方面做出一些假设后，我们发现，这个死亡率的合理估计值差不多就是 1 人 / 次抽奖。

各州政府都倾向于忽视彩票的潜在不良后果方面的争论。很大程度上，这是由于它们对数学期望有着充分的了解。根据这些了解，它们可以通过一定的设计，使得彩民所购的每张彩票的期望回报——总奖金额除以售出彩票的张数——总小于彩票的价格。通常而言，这笔可观的差额就进入了州政府金库的保险箱中。但 1992 年，澳大利亚墨尔本的一些投资人发现，弗吉尼亚州的彩票竟然违反了上面的原则。[15] 该州的彩票是从1到44中挑出6个数字，并以此决定中奖者。如果能找到一个足够大的帕斯卡三角形，就可以发现，从44个数字中挑出6个来，不同的方式有7 059 052种。彩票的奖金池中有2 700万美元，而如果把二等、三等和四等奖都算进来，总奖金额就上升为27 918 561美元。这些聪明的澳大利亚投资人进一步算出，如果他们对所有可能的7 059 052种组合的每一个都下一注，那么彩票总价值应等于奖金额，即每张彩票应值2 790万美元除以7 059 052，或者约3.95美元。而弗吉尼亚州的决策者定出的彩票价格是多少呢？照例是1美元。

这些澳大利亚投资人很快就在本国和新西兰、欧洲及美国找到2 500个平均愿意出资3 000美元的小投资者。如果计划成功，这笔3 000美元的投资将带来10 800美元的回报。计划还有一些风险。其一，由于他们不是唯一的彩票购买者，因此，可能另有一名甚至不止一名彩民也会买中中奖号码，这就意味着他们将不得不与人分享奖金。在已举办的170次抽奖中，有120次是无人获奖，一人获奖的不过是40次，而两人获奖的仅有10次。如果这些数据反映了各种获奖情况的真实概率，就表明投资者有120/170的机会独享奖金，有40/170的机会得到一半奖金，有10/170的机会只获得1/3的奖金。通过帕斯卡的数学期望原理重新计算，可知期望奖金额为（120/170×2 790万美元）+（40/170×1 395万美元）+（10/170×697.5万美元）= 2 340万美元，对应于每张彩票3.31美元。相对于1美元的彩票价格，即使除去其他开支，这也能获得巨大的回报。

还有另一个危险：要赶在最后时限前完成所有彩票的购买，这可是一场后勤噩梦。这将花费相当一部分投资，而且没有明显的奖金回报。

投资团成员进行了周密准备。他们按规则要求手工填写了140万张彩票，每张彩票可抽奖 5 次。他们将一批批购买者安排到 125 个彩票零售点，并说服许多杂货铺参与合作，这些杂货铺从售出的每张彩票中获得一定的利润。方案于最后时限前 72 小时启动。杂货铺的售货员轮班工作，以便卖出尽可能多的彩票。有一个铺子在最后 48 小时卖出了 7.5 万张彩票；一家连锁店则收到足够购买 240 万张彩票的支票，它将打印彩票的工作分配给各个加盟店，还雇用了快递收集这些彩票。即便如此，投资团最终也没能在规定时间完成计划：他们仅仅买了 7 059 052 张彩票中的 500 万张。

获奖彩票公布后的几天里无人领奖。投资团中奖了，不过他们把这几天都花在寻找中奖彩票上。当州彩票官员发现投资团的所作所为后，他们终止了奖金的支付。紧随其后的是为时一个月的司法争吵，之后这些官员终于明白了，他们没有合理理由取消投资团的奖金。最终，他们支付了这笔奖金。

帕斯卡为随机性研究贡献了计数方法和数学期望的概念。尽管他与数学断绝了往来，但如果身体还能撑得住，那么谁知道他还会发现些什么呢？不过他最终还是撑不住了。1662 年 7 月，帕斯卡身患重病。医生开出常用的处方：放血，并使用烈性泻药、灌肠剂和催吐剂。有那么一阵子，他的状况有所好转，但之后，病魔卷土重来，这次伴随着更严重的头痛、晕眩与痉挛。帕斯卡发誓说，如果他能活下来，就将生命奉献给帮助穷苦人的工作。他还要求把自己转移到一所收治得了不治之症患者的医院，以便死时不会孤单。几天后，1662 年 8 月，帕斯卡去世了，享年 39 岁。尸体解剖发现，他的死因是脑出血，此外还有那些折磨了他一生的病痛对肝脏、胃部和肠道造成的损害。

第5章

针锋相对的大数定律与小数定律

卡尔达诺、伽利略和帕斯卡都做了一个假设，那就是问题中的概率是已知的。伽利略就假设骰子的 6 个面出现的可能性都相等。但这种“知识”有多可靠呢？大公的骰子很可能是按各面平等的原则设计的，但这并不意味着这个期望中的公平就能成为现实。也许伽利略观察了若干次投掷的结果，并记下各面出现的频度来检验他的假设。但是，如果把这个检验重复几次，那么他很可能会发现，频率分布每次都会稍有出入。对于他需要解释的那个 8% 的微小差异，分布中的任何出入都可能对结论造成显著的影响。要想把随机性的早期研究成果真正应用于真实情况，就必须面对如下的问题：那些隐藏着的概率和观测结果之间的联系究竟是怎样的？在实际应用的时候，如果我们说骰子扔出 2 点的可能性是 1/6，这个说法到底是要表达什么意思？如果这句话并不是指在任一系列的投掷中，每 6 次就会严格地出现一次 2 点，那么我们对于扔出 2 点的概率为 1/6 的这种信念，到底从何而来？如果医生说一种药的有效率是 70%，但还有 1% 的可能性会出现严重的副作用，那么他又是什么意思？或者一次民意调查发现某候选人的选民支持率为 36%，这句话到底有什么含义？这些问题都十分深刻，而且与随机性的定义本身有关，而这也是一个时至今日数学家仍然乐此不疲地为之争辩的概念。

最近，我就在一个温暖的春日里，与一名来我校访问的希伯来大学统计学家进行了一次这样的讨论。莫希，这位统计学家当时就坐在加州理工学院我餐桌的对面。趁着吞下一口口脱脂酸奶的空当，莫希表明了一个观点，即并不存在所谓真正的随机数。“根本没这种事儿。”他说，“对，他们出版了很多随机数表，写了很多计算机程序，但都只是在自己骗自己。从来就没有人找到过比扔骰子更好的产生随机性的方法，而扔骰子同样做不到真正的随机。”

莫希朝我挥舞着他的白色塑料勺子。他的情绪有些激动。我察觉到他对随机性的信念和他的宗教信仰之间有某种联系。莫希是一名犹太东正教徒，而就我所知，许多有宗教信仰的人，会比较难以想象上帝竟然能够允许随机性的存在。“假设你想得到 N 个由 1 到 6 的数字构成的一串随机数，”他告诉我，“那么把骰子扔上 N 次，再记录下所得的点数。不过这是一个随机数串吗?”

然后他说，不是的，因为没人能做出一个完美的骰子。总会有某些点数出现得比其他点数更频繁。也许要扔上 1 000 次或 10 亿次这一点才会显示出来，但你迟早总会注意到这样的偏向。他说，只要是由人制造出来的东西，就注定会受到这类缺陷的影响，因为人类无法做到完美。这句话也许没错。不过大自然却可以做到完美，真正随机的事件确确实实在原子层面上发生着。实际上，这正是量子理论的基础。因此，我们就把剩下的午餐时间都用来讨论量子光学了。

现在，我们通过投掷大自然完美的量子骰子，可以用最尖端的量子发生器产生真正的随机数。不过在以前，产生随机性所必需的完美性，的确是一个不容易达到的目标。1920 年前后，纽约哈莱姆区的犯罪集团在这个问题上，倒是想出一种非常有创造性的方法。[1] 他们每天都需要找到 5 位数字构成的随机数，好用来进行非法彩票活动。这些骗子对当局嗤之以鼻，他们以美国国债余额的最后5位数字作为他们需要的随机数。（在撰写本书时，美国政府已负债8 995 800 515 946.50美元，或者平均每人负债29 679.02美元。因此，如果是在今天，骗子们就可以直接利用人均负债来获得他们要的5个数字！）不过骗子们组织的所谓“财富”彩票，不但违反了刑法，还违反了科学规律。根据一条被称为本福特定律的规则，像国债那样的累积方式所产生的数字并不是随机的，实际上，这些数字更倾向于出现较小的值。

本福特定律并不是哪个叫本福特的家伙发现的。它的发现者是美国天文学家西蒙·纽科姆。纽科姆在1881年前后注意到一种现象：那些对数表书中，用来处理1开头的数字的那几页，相比于处理2开头一直到9开头的数字的那些书页，看起来更脏一些，磨损得也更厉害。特别是9开头的数字对应的那几页，看上去干净崭新。纽科姆假定对数表书在长期的使用过程中，其磨损度与使用次数成正比。根据这个假设，他得出一个结论，就是跟他共用这本对数表的那些科学家，他们日常所处理的数据的分布，决定了这些书页的新旧分布。在纽约州斯克内克塔迪的通用电气研究实验室工作的弗兰克·本福特，1938年也在对数表书中发现了同样的情况。之后，这条规律就获得了它今天的那个名字。不过这两人都未能给出证明。这个证明要到1995年才由佐治亚理工学院的数学家特德·希尔完成。

根据本福特定律，1到9这9个数字的出现频率并不相等。相反，数位最高位为1的情况约占30%，为2的情况约占18%，如此一直到数字9，它出现在最高位的情况大概是5%。另外还有一个类似但人们较少提到的定律，里面考察的则是数位最低位的数字。许多类型的数据都遵循本福特定律，特别是财务数据。实际上，这条定律简直就是为在大量财务数据中发现欺诈行径而量身定做的。

本福特定律的一个著名应用，跟凯文·劳伦斯这位年轻企业家有关。劳伦斯集资 9 100 万美元，说要办一个高科技保健连锁俱乐部。[2] 大把钞票到手后，劳伦斯迅速行动起来。他雇了一帮人坐办公室，很快就花光了投资人的钱，花钱的速度跟他筹钱的速度一样快。如果不在意一些小细节的话，这本来也没什么。不过几栋私人住宅，20 艘私人游艇，47 辆汽车（包括 5 辆悍马、4 辆法拉利、2 辆道奇蝰蛇、2 辆德托马索 Pantera 跑车以及 1 辆兰博基尼迪亚波罗），2 块劳力士表，1 个 21 克拉的钻石手镯，1 把 20 万美元的日本武士刀，以及 1 台商用棉花糖机，这些小细节可很难被说成是业务方面的必要开支。为了掩饰这些贪污公款的痕迹，劳伦斯和同伙们想用一个复杂的银行账户与皮包公司网络，来制造业务欣欣向荣的假象。不幸的是，他们碰到一位名叫达雷尔·多雷尔的生性多疑的法务会计师。多雷尔把他们的支票与转账单编成了一张有着 7 万个数据的表，然后把表中数字的分布情况与本福特定律进行了对比。这些数据没能通过定律的检验。[3] 这当然只是调查的开始，不过后来这个商业传奇的真相大白也就没有什么出乎意料的地方了。2003 年感恩节的前一天，穿着浅蓝色囚服、被律师簇拥着的劳伦斯被判 20 年徒刑，不得假释，这个故事就此画上了句号。美国国家税务局（IRS）也研究了本福特定律，以便用它来识别纳税中的骗局。甚至还有研究者把该定律用到了克林顿 13 年的退税款上。不过这些款项通过了定律的检验。[4]

可想而知，哈莱姆区的犯罪集团和它的彩票顾客都没有注意到中奖号码中存在的这种规律性，但如果纽科姆、本福特或希尔这类人也来玩这个彩票，原则上他们就可以利用本福特定律，对赢面更大的数字投注，这样他们就能在学者职位的薪水之外，赚上一笔颇为不错的外快。

1947年，兰德公司的科学家迫切需要一个巨大的随机数表。当然，他们的目的要高尚得多：用这些随机数，以一种被很恰当地称为蒙特卡罗方法的数学方法，求取某些方程的近似解。他们用电子噪声产生这些随机数。实际上，我们可以把电子噪声看成一种电子轮盘赌。那么，电子噪声是随机的吗？这个问题就如随机性的定义本身一样微妙。

美国哲学家查尔斯·桑德斯·皮尔斯在1896年写道，随机采样是“根据某种规则或方法进行的抽样方法，当这种规则或方法被重复无限次，那么从长远来看，它从某组实例中抽取任一元素的次数，跟它从其他任何一个元素数目相同的集合中抽取任一元素的次数，频率相同”。[5]这被称为随机数的频率解释。另一个主流解释叫作主观解释。频率解释根据采样结果进行判断，而主观解释根据采样值的产生方式进行判断。根据主观解释，如果我们既不知道也无法预测产生某个或某些数字的过程会给出怎样的结果，那么这个或这些数字就被认为是随机的。

这两种解释之间的差别要比看上去的更大。打个比方，在一个完美的世界中，根据第一种定义，扔骰子是随机的，但按照第二种定义就不是那样了，因为尽管扔出各个点数的机会都相等，但我们可以（在一个完美的世界中）根据所掌握的精确的物理条件，在每次投出骰子前就确定将得到的点数。但在我们不完美的真实世界中，扔骰子在第二种定义下是随机的，而在第一种定义下又不是了，原因就是莫希指出的那一点，即骰子本身并非完美，它的各个点数不会以相同的频率出现。能力所限，我们没有任何先验知识知道某个点数会比另一个点数出现得更频繁。

兰德公司的科学家们为了搞清楚他们的随机数表是不是真的随机，进行了许多不同的检验。更细致的分析显示，正如莫希那个从原则上来说不完美的骰子一样，这个随机数生成系统似乎是有偏差的。[6]兰德公司的科学家对系统进行了一些改进，但还是没有办法完全消除这种规律性。正如莫希所言，颇具讽刺意味的是，彻底的混沌本身其实也是一种完美。不过兰德公司的这些随机数已经被证明具有足够的随机性，因此可以满足使用要求。1955 年，兰德公司用一个挺好记的名字出版了这些随机数表：《百万乱数表》（*A Million Random Digits*）。

其实在差不多一个世纪之前，兰德公司的科学家在研究中碰到的这个问题，已经有一名英国人约瑟夫·贾格尔以某种形式遭遇到了。他所碰到的问题叫轮盘赌问题。[7]贾格尔是约克郡一个棉花厂的工程师和机修师，因此，他对于机械的能力及缺陷有一种直觉。在 1873 年的某一天，他把自己对机械的直觉和创造性思维从棉纺车间转向了金钱。他考虑的问题是，蒙特卡洛赌场的轮盘赌到底有多完美？

根据传说，轮盘赌是帕斯卡在瞎想着永动机时发明出来的。基本上，轮盘赌就是把一个很大的碗，隔成许多形如从馅饼上切下的窄窄的扇形部分（称为槽）；当轮子转动时，一颗石弹珠先在碗沿上跳来跳去，并最终落入这些以数字 1 到 36 再加一个 0（美国的轮盘上还有一个 00）作为标记的槽中的某一个。轮盘赌存在的本身，就是所谓靠谱的灵媒根本不存在的一个极好的证据，因为在蒙特卡洛，你如果把 1 美元押在某个编号的槽上，而弹珠恰好掉到了这个槽里，那么赌场会付你 35 美元（再加上你下注的那 1 美元）。如果我们认为的那种灵媒确实存在，那么我们本该在赌场这类地方，看着他们一个个吵吵嚷嚷、手舞足蹈地推走一车又一车的钞票。但实际上，我们碰到的灵媒大都出没于网络，给自己起个“啥都知道也啥都看到的泽尔塔”之类的名字，一边提供 24 小时免费在线情感咨询，一边和大概 120 万（据谷歌）名其他网络灵媒激烈竞争。对我来说，未来有如身处浓雾之中，模糊不清，实际上，甚至连以前的事情也一天天都变成这样。但我起码知道这么一件事：如果赌欧式轮盘赌，我输钱的机会将是 36/37，而赢钱的机会只有 1/37。这就意味着我们每下 1 美元赌注，赌场就会赚（36/37 × 1 美元）－（1/37 × 35 美元）= 1/37 美元，大约 2.7 美分。当然，我可以把这 2.7 美分当成欣赏石弹珠在闪亮锃亮的大轮子上弹来蹦去的门票钱，也可以把它当成购买一次试图（以一种好的方式）被闪电击中的机会所付的价钱。至于到底是哪种看法，就取决于我当时的精神状态了。上面这种方式，就是我们所期望的轮盘赌机的行为方式。

但轮盘赌机真的就是如此行事的吗？贾格尔认为，只有当轮盘的各个部分都处于一种完美的平衡状态时，机器才能做到这一点。不过贾格尔跟机器厮混的时间太长了，因此他的观点跟莫希一致：他很愿意去赌一赌，这些轮盘赌机其实并不完美。于是他带着全部积蓄来到蒙特卡洛，雇了 6 名助手，赌场里面有 6 台轮盘赌机，这些助手每人负责盯一台。助手们每天都要观察所负责的机器，并记录下赌场开门后 12 个小时内，每次轮盘赌中获胜的数字。晚上回到旅馆后，贾格尔就对这些数字进行分析。经过 6 天的观察，有 5 台机器并没有表现出任何不均匀的数字分布，但在第 6 台机器上，有 9 个数字明显比其他数字出现得更频繁。第7天，他开赴赌场，并在这9个出现得更频繁的数字——7、8、9、17、18、19、22、28和29——上投以重注。

当晚赌场关门时，贾格尔赢了7万美元。这个胜利没有逃脱其他人的眼睛。别的赌徒围到他的桌旁，扔下钞票一同分享好运。赌场所有的巡查都紧盯着贾格尔，想要找出他如此走运的原因，当然，如果能在他出老千的时候抓个现行就更棒了。大赌4天之后，贾格尔堆起了30万美元，而赌场经理能做的只是绝望地祈求摆脱这个神秘的家伙，或者至少能够阻止他继续推进他的计划。也许你会以为赌场经理是请某个布鲁克林的壮汉来帮助达到这个目的的，不过赌场的人的做法可要聪明得多。

在第五天，贾格尔开始输钱了。他现在的失败一如之前的成功，并不是马上就能察觉到的。在赌场搞小动作的之前或之后，贾格尔一直都有输有赢，只不过现在他输多赢少，而之前输少赢多。照着赌场在每一注上赚到的那点儿小钱，如果贾格尔想把他的钱都输光，就得加倍勤勉地在赌桌上大干很多天；但4天中鲸吞了赌场金钱的贾格尔，可不想因为一点儿风声鹤唳就收手不干了。从开始转霉运到他终于收手，贾格尔输掉了一半的家产。我们不难想象他——更不用说他的跟随者们——是多么失落和难过。好好的一个计划怎么突然就不行了呢？

贾格尔终于精明地发现，他赢钱的时候曾经瞥到机器上有一条细微的划痕，但现在划痕不见了。难道赌场会好心地给机器补个漆，好让贾格尔把它搞破产的过程看起来更加有范儿？贾格尔可不觉得赌场会有这份好心。因此，他仔细地检查了其他几台机器。划痕在其中一台上。赌场经理没有猜错，贾格尔的成功，肯定跟他赌的那台机器存在某种联系。因此他们连夜调换了机器。发现这一点之后，贾格尔换到这台有划痕的机器上，钱再次流向他的钱包。没多久，他就赚到比之前更多的钱，这次有将近 50 万美元。

后来的事情对贾格尔来说就很不幸了。赌场经理终于忍无可忍，于是集中全力来对付他。为了阻止贾格尔，赌场想出一个新方法：每晚赌场关门后，他们就把轮盘槽全部转离原先的位置。这样一来，机器的不平衡性每一天都会偏爱不同的数字，而贾格尔现在可没法知道到底哪些数字才能赢钱了。于是钱又开始溜出贾格尔的钱包，而这一轮输钱，最终让贾格尔离开了赌场。贾格尔带着 32.5 万美元离开了蒙特卡洛，就此结束了他的赌徒生涯。以现值计算，这笔钱大约有 500 万美元。回到家乡后，他辞去厂里的工作，开始投资房地产。

贾格尔的方法看似稳妥可靠，实际上却并不那么简单。哪怕一个轮盘赌机达到了所谓完美的平衡性，0、1、2、3 等这些点数也不会以绝对相等的频率出现。那些出现频率较高的数字可不会出于礼貌而留步，以便让掉队的家伙们赶上来。实际上，肯定会有某些数字出现得比平均水平更频繁，而另一些则达不到平均水平。所以，即使进行了 6 天的观察，贾格尔仍然有可能出错。他发现的某些数字的更高出现频率，其实也有可能还是一个随机的结果，而并非说明这些数字的出现概率确实更高。换言之，贾格尔也需要面对本章开头的问题：对于一系列未知概率，如果我们通过由此产生的结果进行观察，那么这个观测结果与未知概率的吻合程度到底有多高呢？我们已经看到，帕斯卡的工作是在（科学）革命的新氛围中才得以完成的。同样，现在这个问题也是在一次新的革命期间才获得答案的，不过这回是一次数学革命，而这个革命就是微积分的发明。

1680 年，一颗巨大的彗星掠过我们附近的太空。它离地球非常近，因此哪怕仅凭它反射的那微不足道的阳光，就足以让它成为夜空中引人注目的主角。人们第一次发现这颗彗星时，它正处在被我们称为 11 月的那一段地球轨道中。在之后的几个月中，它成为人们充满热情、细致入微的调查对象，人们对它的运行轨迹不厌其烦地做着记录。1687 年，牛顿用这些数据作为他平方反比定律的例子。在瑞士巴塞尔这片土地上，另一个注定要成就伟大功业的人，同样在一个晴朗的夜晚注视着这颗彗星。这名年轻的神学家凝视着彗星那明亮而弥漫的光芒，突然意识到他希望为之奉献一生的，不是教会，而是数学。[8] 这个意识不仅带来了雅各布·伯努利个人职业生涯的改变，也诞生了数学史上最伟大的一棵家族树：从雅各布出生到 1800 年的一个半世纪里，伯努利家族产生了许多后人，其中约半数都颇具天分，贡献了 8 位知名的数学家，而其中 3 位（雅各布，他的弟弟约翰，以及约翰的儿子丹尼尔）更是成为历史上最伟大的数学家这一群体的成员。

当时的神学家跟普罗大众一样，都认为彗星是神愤怒的标志。按照这个说法，1680 年这颗彗星出现时，上帝肯定快被气疯了，因为它竟然占据了大半个肉眼可见的天空。一个牧师称它为“由全能而神圣之上帝书写并呈现于无力而不洁的凡人之子眼前的天国之警告”。他还写道，这颗彗星预示着国家或城市在“精神或俗事中将出现值得关注的变化”。[9] 雅各布·伯努利对此却另有看法。1681 年，他出版了一本小册子，书名是冗长的《一种新发现的方法：如何将彗星或扫帚星的路径简化为某些基本定律，并预测它的出现》。

在预测这颗彗星轨道的问题上，伯努利可比牛顿早了整整 6 年。或者我们应该说，如果他的理论没错的话，可就确确实实抢在了牛顿的前面。不过他的理论不正确。尽管如此，这个理论仍然成了一份公开的宣告，即彗星所遵循的是自然规律，而非上帝的什么奇思怪想。做这件事需要极大的勇气，特别是在一年前，也就是伽利略被宣判有罪之后差不多 50 年，巴塞尔大学的数学教授彼得·梅格林刚刚因为接受了哥白尼的科学体系，而遭到神学家的全面攻击。他因此被禁止在这所大学任教。一道无法跨越的鸿沟横亘在巴塞尔的数学家、科学家与神学家之间，而伯努利坚定地站在科学家的一方。

由于伯努利的出众天分，他很快被数学家团体接纳。当梅格林在 1686 年晚些时候去世之后，伯努利继承了他的数学教授职位。伯努利当时正在研究随机博弈的问题。在那些对他影响最大的人中，就有荷兰数学家与科学家克里斯蒂安·惠更斯。惠更斯改进了望远镜，成为了解土星光环的第一人，（基于伽利略的思路）创造了第一台摆钟，并对光的波动学说做出贡献。除此之外，他还受到帕斯卡与费马观点的启发，写了一本关于概率的初级数学读本。

惠更斯的书确实为伯努利带来了灵感，但他同样在惠更斯的理论中看到了严重的局限性。对于随机博弈而言，这个理论也许够用了，但是对于那些更具主观性的生活中的方方面面来说，这个理论的适用性又如何呢？我们应当怎样做，才能给法庭证言的可信度赋予一个确定的合理概率呢？而英格兰的查理一世和苏格兰女王玛丽，哪个才是更棒的高尔夫球手（这两个人都热衷于打高尔夫球）？伯努利相信，如果想要让理性的决策成为可能，就必须有一个可靠的数学方法来确定概率。他的这种观点实际上反映了他所处时代的文化氛围。在当时的氛围中，一个人被大家认为具备理性的一个标志，就是他能按照符合概率期望的方式行事。但在伯努利看来，主观性并非禁锢旧的随机理论的唯一因素。他也认识到，这个理论不是为无知的情况设计的，在这种情况下，虽然我们原则上能够定义每种可能结果的发生概率，但这些概率的值实际上是未知的。这就是我与莫希谈论的问题，也是贾格尔需要解决的问题：一个不完美的骰子扔出 6 点的机会有多大？你感染上瘟疫的可能性有多大？你的胸甲能挡住对手长剑一刺的可能性又有多大？在主观和不确定的情况下指望我们能掌握惠更斯书中所预设的那些先验概率，这种念头在伯努利看来，简直就是一种“精神错乱”。[10]

正如贾格尔所做的，伯努利认识到这个问题的答案就是：我们不应该依靠那些硬塞到我们手中的概率，而应该通过观测找出这些概率。作为一名数学家，他努力将这个思路精确化。假定我们对一台轮盘赌机进行了若干次观察，那么我们由此估计得到的每个槽获胜的概率，跟隐含的真实获胜概率相比，两者有多接近呢？对于这样估计得到的概率，我们对其正确性又该抱有多强的信念呢？我们将在下一章回顾这些问题，因为它们并不是伯努利能解决的问题。伯努利回答的实际上是与之紧密相关的另外一个问题：我们的观测结果能以多高的准确度，来体现造成这些结果的隐含概率？伯努利认为，随着实验次数的增加，我们显然有理由期望，实际观测到的各种结果的出现频率，应该能越来越精确地体现真实的概率。他肯定不是最早有这种念头人，不过他是把问题进行形式化处理，将思路转化为证明并利用量化的方式进行处理的第一人。他提出的问题具体一点儿说，是这样的：要通过观测结果估计概率，我们至少需要做多少次实验？对于这样得到的结果，我们对它的正确性又有多大把握？在解决这些问题的过程中，他同时认识到微积分这个新学科的重要性，并成为最早认识到这一点的人群中的一员。

事后看来，伯努利在巴塞尔被提名为教授的那一年，在数学史上具有里程碑式的意义：正是在那一年，戈特弗里德·莱布尼兹发表了一篇革命性的论文。作为 1684 年发表的关于微积分的论文的补充，在新论文中，他阐述了微积分运算的原理。而在 1687 年，牛顿在常被简称为《原理》的《自然哲学的数学原理》一书中，对同样的问题给出他自己的处理方法。这些进展将是伯努利解决之前那个随机性问题的关键。

在莱布尼兹和牛顿各自发表他们的论文时，他们都已经在微积分问题上研究了很多年。但是，由于他们的成果几乎是同时发表的，这就引起了一番争论：到底是谁最早提出这个想法的？伟大的数学家卡尔·皮尔逊（我们将在第 8 章提到他）认为，数学家"流传后世（的声望），很大程度上并不在于他们做了什么，而在于同时代的人认为他们做了什么"。[11] 牛顿和莱布尼兹应该会赞同这种观点。无论如何，这两个人都免不了一场激烈的争论，而随后发生的那场争论非常激烈，最终的结果好坏参半。德国人和瑞士人学习微积分时，用的是莱布尼兹的著作，而英国人与许多法国人读的是牛顿的书。从现代观点来看，这两种微积分之间的差别十分微小，但长期以来，人们往往更强调牛顿的贡献，因为看起来确实是他更早一点儿提出这个想法的。当牛顿在《原理》一书中建立起现代物理学的时候，他应用了这一想法。正是现代物理学的建立，使《原理》成为或许是有史以来最伟大的科学著作。不过莱布尼兹建立了一套更好的表示方法，而我们经常使用的，就是这套表示方法。

两位的著作都不容易读懂。《原理》一书除了被认为是最伟大的科学著作，同时获得了"有史以来最难理解的图书之一"[12] 的称号。

而按照雅各布·伯努利的一位传记作者的话来说，“根本没有人能看懂”莱布尼兹的著作，因为这本书不仅言语晦涩难懂，而且满是印刷错误。雅各布的弟弟约翰则称它为“谜题而非解答”。[13] 实际上，两部著作都相当晦涩难懂，因此有学者猜测这两位是不是有意而为之，以便劝退各路业余爱好者。不过这谜题一般的风格确实能够把天分的高低区分得清清楚楚，对雅各布·伯努利而言，这种风格倒不失为一个优点，因为他的智力明显高于常人。当他参透了莱布尼兹的思想时，他就拥有了一件有力的武器，而这件武器的拥有者的人数，在全世界来说是屈指可数的。有了这件武器，伯努利就能轻而易举地解决足以令他人望而却步的难题。

跟伯努利的工作一样，微积分的核心概念就是序列、级数和极限。对数学家或其他人来说，序列这个词表达的意思几乎是一样的：按顺序排列的若干元素（如点或数字）。级数则是一系列数字的和。而极限，不那么严密地说，如果某序列的组成元素似乎指向某个地方，比如某个特定的端点或数字，那么该处就被称为该序列的极限。

尽管微积分把对序列的理解提升到一个新高度，但与许多其他概念一样，古希腊人其实早已熟知。实际上，公元前 5 世纪的古希腊哲学家芝诺，就通过一个令人惊讶的序列，创造出一个至今仍然让哲学专业的大学生们争论不休的悖论，特别是当他们在几杯啤酒下肚之后。芝诺悖论的描述大体如下：设想有一个学生想朝 1 米外的门口走去（1 米只不过是为了叙述方便，但下面的说法对于 1 英里或其他任何距离而言都是一样的）。在这名学生到达门口之前，她首先必须到达这段距离的中点；而为了到达这个中点，她必须到达这一半距离的中点，也就是 1/4 距离点；如此下去，直至无穷。换句话说，为了到达目的地，她必须走过下面这个序列中的这些距离：1/2 米、1/4 米、1/8 米、1/16 米等等。芝诺因此说，由于这个序列无穷无尽，所以这个学生必须越过无穷多的有限距离，而这将耗费无穷多的时间。芝诺由此得出结论：她其实根本动弹不得。

千百年来，从亚里士多德到康德的哲学家们，都在这个困境上争来辩去。犬儒学派的创始人第欧根尼用一种经验主义的方式来解决这个问题：他不过就是起身走了几步，然后说明物体确实是在运动的。对于我们这些并非哲学专业的人而言，这个答案听起来挺不错。可是这个回答打动不了芝诺。芝诺当然清楚他的逻辑与我们感受的运动之间的矛盾，只不过跟第欧根尼不同，芝诺更相信逻辑。而且他的努力也并非毫无效果。即使第欧根尼本人大概也不得不承认，他的那个回答把我们带入另一个令人困惑（而且最终被证明是十分深刻）的问题中：如果我们的感觉是正确的，那么芝诺的逻辑错在何处？

让我们看看芝诺悖论中的这个距离序列：1/2 米、1/4 米、1/8 米、1/16 米……（距离越来越短。）这个序列有无穷多项，因此，我们无法通过直接相加得到整个序列的总和。但我们注意到，尽管这些距离的项数有无穷多，每项的值却一个比一个小。在这个序列中，无穷无尽的项数，和无休无止缩短的每项距离，这两者会不会相互抵消而给出一个有限的总和呢？序列、级数和极限等概念所解释的正是这类问题。现在我们看看具体是怎么做的。我们不再试图去实际计算芝诺那无穷多的间隔累加起来后，所给出的学生行走过的距离，而是考虑每次多加一个间隔，那么得到的结果是怎样的？下面就是经过最初几个间隔后学生走过的距离：

第一个间隔后：1/2 米

第二个间隔后：1/2 米 +1/4 米 =3/4 米

第三个间隔后：1/2 米 +1/4 米 +1/8 米 =7/8 米

第四个间隔后：1/2 米 +1/4 米 +1/8 米 +1/16 米 =15/16 米

1/2 米，3/4 米，7/8 米，15/16 米……我们可以在这些数字中发现一种模式：它们的分母是 2 的幂，而分子总比分母小 1。根据这个模式，我们可以猜出，在经过头 10 个间隔后，这名学生将走过 1 023/1 024 米的距离；而在头 20 个间隔后走过的距离是 1 048 575/1 048 576 米；等等。从这个模式可以看出，间隔越多，走过的距离越长，在这一点上，芝诺越对。不过他说因此总距离就是无穷大——错了。从上面这些数字来看，它们好像越来越接近 1，或者用数学家的话来说，1 米就是这个距离序列的极限。这么一来，一切都说得通了：尽管芝诺把学生到门之间的这段旅程剪成了无穷多个间隔，但学生终归还是只需要越过 1 米的距离。

芝诺悖论说的倒不是这段旅程的长度，而是走完这段旅程需要的时间。如果我们的学生得一步一个间隔地走，那么时间确实会成为一个问题（我们就不说她得怎样才能迈出那些比 1 毫米还要小得多的小碎步了）！但如果她可以按正常速度行走，而不必在每个芝诺想象出来的检查站停顿一下（为什么要停呢？），那么跨过每个芝诺间隔的时间，就跟间隔长度成正比了。既然现在总的距离是有限的，那么需要的总时间自然也有限。我们确实挺走运的，毕竟运动对我们而言还是可能的。

虽然现代的极限概念要到芝诺甚至伯努利过世很久之后的 19 世纪[14]才会出现，但正是这个概念，蕴涵了微积分的核心思想。雅各布·伯努利也正是用这个思想，来处理概率与观察结果之间的关系的。更具体点儿说，伯努利研究的是任意大数量的重复实验所给出的极限情况。将一枚（均匀的）硬币扔上 10 次，也许有 7 次是正面朝上；但如果这个扔硬币的次数是一个无限大的数目，那么最可能得到的正面朝上的比例将非常接近 50%。20 世纪 40 年代，南非数学家约翰·克里奇决定用实验来验证一下这个结论。他把一枚硬币扔了又扔，扔的次数肯定赶得上恒河里沙子的数量了（好吧，其实是扔了 1 万次），然后记录下每次扔出的结果。[15]你肯定会奇怪，这位克里奇老兄就没啥别的更紧要的事情好做了？不过还真没有，他当时是一名战囚，德国人在 1940 年 4 月侵入丹麦时，不走运的他正好在哥本哈根访问。根据克里奇得到的数据，在前 100 次中，得到正面朝上的比例只有 44%；但到了 1 万次的时候，得到的结果就很接近对半开了：正面的比例为 50.67%。但我们应该用什么样的定量公式来描述这个结果呢？这正是伯努利取得的成就。

按科学史学家和哲学家伊恩·哈金的话来说，伯努利的工作被"公之于众时，就夺目地预示着我们如今所知的这个理论的所有成就；它的数学深度，它无限的实际应用，它不断转换的二元视角，让我们不断从哲学层面上去思考。概率论至此完全显现出来"。伯努利自己倒是更谦虚一些，他称自己的研究被证明具有"创新性，以及……高度实用性"。他还写道，这个研究过程充满了"令人殚精竭虑的困难"。[16]他在这项研究上投入了整整 20 年。

这个耗费了 20 年努力才达到的巅峰，被雅各布·伯努利称为"黄金定理”。不过这个定理的各个（相互间仅有些微技术性差别的）现代版本有好几个名字：伯努利定理，大数定律，以及弱大数定律。正如我们已经看到的，使用大数定律这个术语，是因为伯努利定理所说明的，就是大量观测的结果是如何体现隐含概率的。不过我们在这里还是继续沿用伯努利“黄金定理”的叫法，因为我们下面的讨论，将在这条定理最原始的形式上展开。[17]

尽管伯努利对定理在实际中的应用很感兴趣，但他在举例的时候，却最喜欢用一样恐怕我们大多数人家里都找不到的东西：一个装满了各色鹅卵石的瓮。在一个例子中，他这个瓮里装了 3 000 颗白鹅卵石和 2 000 颗黑鹅卵石，也就是 60∶40 的白黑比例。然后我们蒙上眼睛，从这个瓮里“返还式地”摸出一系列鹅卵石。这里的“返还式”的含义，是指我们在取出下一枚鹅卵石之前，要把上次取出的石子放回瓮里，以保证 3∶2 的白黑比不会发生改变。这样一来，我们每次摸到白色石子的先验概率就是 3/5，或者 60%。在这个例子里，伯努利所关心的问题是：按照这种方式摸出一系列石子后，其中白色石子的数量跟这个 60% 的比例吻合的程度有多好？而发生这种吻合程度的概率又是多少？

这个瓮是个好例子，因为用来描述从瓮里摸取鹅卵石的那些数学内容，也能用来描述任何一系列具有两种可能结果的试验，只要这些结果的出现是随机的，且各次试验结果相互独立。我们现在称此类试验为伯努利试验，而一系列伯努利试验就构成了一个伯努利过程。如果一个随机试验有两种可能的结果，我们常常认为其中一个结果表示“成功”，另一个自然就表示“失败”了。当然，这样的记号并不严格表示它们的字面意义，实际上，这两种记号有时根本与这两个词的日常含义无关。以我们平时说的成功或失败为例，如果这本书让你迫不及待地想往下读，它就是成功的；如果它唯一的用处，是你在壁炉里的木柴都被烧完之后，用它来给自己和心上人取暖，这本书就失败了。不过更多地，我们扔硬币得到正面或反面朝上，投票给候选人 A 或 B，生男或生女，买或不买某件商品，病愈或未愈，甚至是死亡或生存，这些也都是伯努利试验用到的例子，我们也用“成功”和“失败”来描述这些可能的结果。哪怕一些行为有超过两种的可能结果，但如果我们针对结果提出的问题可以用“是”或“不是”来回答，那么这样的问题同样可以用伯努利试验来描述，比如“骰子是不是扔出了 4 点?”或“北极还有没有冰?”之类的问题。因此，伯努利写的虽然是石子和瓮，但他所有的例子都能原封不动地用于许多其他类似的场合。

理解了这一点之后，让我们再回到那个 60% 的鹅卵石是白色的瓮上。如果你从瓮里（返还式地）取出 100 颗鹅卵石，你也许会发现其中恰好有 60% 是白色的。不过你同样有可能只抽到 50 颗或 59 颗白色石子。那么，你取出的石子中，58% 到 62% 的石子是白色的机会有多大？如果是 59% 到 61% 呢？如果你不是取 100 颗，而是取 1 000 颗或 100 万颗鹅卵石，那么这时我们对结果的信任又能增加多少？我们当然永远没办法百分之百地确信这样做得到的结果，但是我们能不能抽取足够多的鹅卵石，从而有 99.999 9% 的把握，保证取到白色石子的比例在 59.9% 到 60.1% 之间？伯努利的黄金定理要解决的，就是诸如此类的问题。

在应用黄金定理之前，你需要首先进行两个选择。首先，你要给定一个可容忍的误差范围。大量试验的结果与真实的 60% 的比例，两者之间应该有多接近呢？你必须就此指定一个接近的范围，比如 60% ± 1% 或 2% 或 0.000 01%。其次，你必须明确你对不确定性的容忍度。你永远无法 100% 地确定试验会给出你想要的结果，但你能够有把握做到比如在 100 次试验中获得 99 次满意的结果，或者在 1 000 次试验中有 999 次是满意的。

黄金定理指出，你总能通过取出足够多的鹅卵石，保证你能几乎确定所得的白色鹅卵石比例很接近 60%，而不论几乎确定和接近的定义是何等严苛。而且，在给定了这个几乎确定和接近的具体数值后，定理还给出用来计算这个“足够”次数的数学公式。

定理的第一部分是一次理念上的胜利，也是定理中唯一能幸存到各个现代版本中的部分。而关于伯努利公式，这个定理的第二部分，重要的是我们要知道，尽管黄金定理给出一个足以满足你要求的置信度与准确度的试验次数，但这并不意味着我们不能通过更少的试验来达到同样的目标。但这并不影响定理的第一部分，因为第一部分只是说这个特定的试验次数总是有限的。伯努利希望他的公式能给出实际可行的答案，但不幸的是，在大多数实际应用中，这个公式很难实现这一点。这里有一个伯努利自己解出的数值例子，我稍微改动一下文字的先后顺序：假设巴塞尔市长在选民中的实际支持率为 60%；现在我们希望对选民进行民意调查，要使调查显示对市长的支持率在 58% 到 62% 之间（即在真实支持率的正负 2 个百分点区间内）的概率为 99.9%，那么至少需要调查多少位选民？（为了与伯努利的问题保持一致，我们假定采用返还式的采样方式随机选取被调查者。换句话说，同一名被调查者有可能被询问不止一次。）这个问题的答案是 25 550 人。这也差不多就是伯努利那个年代巴塞尔城的人口。伯努利并没有将这个不实用的结果扔到一边，因为他知道，老练的赌徒根本用不着几千次试验，就能凭直觉猜出一种新的赌博方式中获胜的概率。

伯努利的公式给出的估计值如此不理想的一个原因，是他的证明基于许多近似值。还有一个原因是，他选择的置信度标准是 99.9%，也就是说结果出错（与真实概率偏差超过 2 个百分点）的概率小于 1/1 000。这实在是一个非常苛刻的标准。伯努利称它为道德确定性，是指他认为一个理性的人在进行理性的决策时所应具有的确定性程度。我们现在已经抛弃了道德确定性这种提法，更多地使用在上一章中提到的统计显著性，这意味着你的答案在 20 次中只有不到一次出错的可能。这也许是一种衡量时代变化的方式。

统计学家利用现在的数学方法已经证明，对上面那个民意调查，我们只需要抽查区区 370 名被调查者，就能得到一个具有统计显著性的结果，其准确度在正负 5% 之间。如果调查人数上升到 1 000 人，那么调查结果落在真实答案（巴赛尔市长 60% 的真实支持度）2 个百分点的误差范围内的可能性是 90%。尽管伯努利的黄金定理存在各种局限，但是它仍然是数学史上的一座里程碑，因为它至少从原则上证明了，足够大的样本几乎能肯定地反映出被采样群体的真实构成。

在现实生活中，我们通常不会靠几千次的试验来观察人或事物的表现。因此，如果说伯努利错在把确定性标准定得过于严格了，那么在实际生活中，我们常常又会犯下相反的错误：我们假设一个样本或一系列试验的结果体现了潜在情况，但实际上它太小了，并不可靠。举例来说，如果在伯努利那个年代，我们恰好调查了 5 位巴塞尔居民，根据第 4 章中的计算，这个调查能够得到正确的结果，也就是被调查者中的 60%（或 3 人）支持市长，这种情况出现的可能性仅为 1/3。

仅仅 1/3？在对某选民样本进行调查时，市长支持者在人群中的真实比例，难道不应该是最可能的结果吗？事实上，1/3 的确是最可能的结果：调查中碰到 0 个、1 个、2 个、4 个或 5 个支持者的可能性，都比碰到 3 个支持者的可能性小。即使是这个最大的碰到 3 个支持者的可能性，也不太可能：因为有太多非代表性的可能性存在，它们的总和比得到正确结果的可能性大了两倍。所以，对 5 名选民进行调查，每 3 次中就会有 2 次得到"错误"的支持率。事实上，每 10 次这样的调查中，就差不多有 1 次会得出 5 名选民都支持或都不支持市长的结果。如果我们只关注 5 个样本，那么市长真实的支持率很可能被严重高估或低估。

小样本准确反映潜在概率的错误观念（或错误直觉）如此普遍，以至卡尼曼和特沃斯基给它专门起了个名字：小数定律。[18] 小数定律并不是一条正儿八经的定律，它只是一个带有讽刺性的名字，用来描述在数字不大的情况下，试图应用大数定律的错误做法。

如果人们只把这个（不正确的）小数定律用在那些鸡毛蒜皮的事情上，倒也没什么大不了的后果。不过我们之前已经提到过，我们生活中的许多事情都可以被看成伯努利过程，因此这个小数定律的直觉，经常让我们对我们看到的事物做出错误的解释。这也就是为什么在第一章中，当人们看到兰辛或坎顿们那屈指可数的几个成功或不够成功的年头时，会认为他们的这些表现能准确预测他们将来的表现。

现在，我们把上面的解决思路用到第 4 章提到过的一个例子上，就是两个公司之间或公司内部两个员工之间的竞争。现在让我们考察一下《财富》500 强公司的首席执行官们。我们假设，这些首席执行官每人都因其学识和能力有一定的概率获得成功（不管他 / 她的公司是如何定义成功的）。同时，为了简化问题，我们假设年终总结时这些首席执行官的成功概率，就跟瓮里的白鹅卵石或市长支持者的比例一样，也是 60%（具体的值高一点儿或低一点儿，都不影响我们论证的核心）。这是不是意味着，我们应该预期，在某个给定的 5 年内，一位首席执行官恰好会有 3 年的好时光？

并非如此。之前的分析表明，即使这些首席执行官都有一个还算过得去的 60% 的先验成功率，但在某个给定的 5 年期间，某特定的首席执行官的职场表现准确符合这一成功率的可能性，仅仅是 1/3！套用到《财富》500 强的例子里，这就意味着在过去的 5 年中，大约有 333 名首席执行官的实际表现并没有反映出他们真正的能力。我们还可以进一步指出，很可能有约 1/10 的首席执行官在这 5 年中会连赢或连输，而造成这种结果的不过是偶然因素。这个事实告诉了我们怎样的道理？它告诉我们，评价一个人更可靠的方法，应该是具体分析他具备的能力，而不是仅仅看业绩表上的分数。或者用伯努利的话来说："我们不应该以成败论英雄。"[19]

要摆脱小数定律的控制，我们需要一些特殊的能力。躺在沙发里，看着业绩表的最下一行，然后指点一番，这是任何人都能做到的。但评判一个人的真才实学，需要信心、思考、良好的判断以及勇气。开会的时候，你可不能就这么不管不顾地跳出来，对着同事一通大吼："不要解雇她！她只不过是碰巧处于伯努利序列错误的一端！"当然，如果你跳出来冲着那个志得意满、刚成为销售史上卖出最多丰田凯美瑞的家伙说"你不过就是碰到个随机波动而已"，那么这种做法也不太可能让你赢得朋友。但用后一种方式去评价他人的事情很少发生。高管们的成功总会被归功于他们的聪明才智，而且这些才智是通过深刻的后见之明得来的。而当他们失败时，我们又常常认为这些失败准确地反映了他们的天分与能力的高低。

另一个与大数定律有关的错误的思维方式，就是仅根据事情在最近的发生情况，认定它更可能或更不可能发生。认为某一事件的概率的增加或减少取决于该事件最近一段时间内的出现情况，这种错误叫作赌徒谬论。拿克里奇扔硬币的事儿来说，哪怕他在最开始的 100 次中只扔出 44 次正面朝上，这枚硬币也不会变得更偏向正面朝上，好让正面朝上的次数赶上反面朝上的次数。这个赌徒谬论，就是诸如“她的运气用光了”或“轮也该轮到他了”之类想法的根本所在，而这种事情其实根本不会发生。不管你信不信，好运连连本身并不会给你带来霉运；而一个接一个的坏消息，也并不代表转运的曙光就在前方等着你。不过被赌徒谬论有意无意影响的人，可比你想象的多得多。人们总是期待着倒霉后面会有好运紧随，或者担心顺风顺水的下一刻就是狂风巨浪。

我还记得几年前，我曾在一艘游轮上看到过一个矮胖男人，他满头大汗，充满激情，疯狂地把手中的硬币接二连三地塞到老虎机里，老虎机吞得有多快，他就塞得有多快。他的同伴发现我正盯着他们看，就简单地跟我解释了一句：“他走运的时候就快到了。”尽管我很想对他说：“不，他走运的时候可还没到。”但终于我还是没说出口就走开了。结果刚走出没几步，突然闪动的灯光，响个不停的铃声，这对儿好友发出的不小的喊叫声，以及那哗啦啦肯定响了好几分钟的硬币从老虎机流泻而出的声音，让我停下了脚步。现代的老虎机是由计算机控制的，它的输赢是由随机数生成器驱动的，而且根据法律和法规，这个随机数生成器产生的必须是名副其实真正的随机数，以保证每次搬下手柄时的结果都完全独立于之前的输出。然而……好吧，我们还能说什么呢？赌徒谬论实在是一种强大的错觉。

伯努利提出黄金定理的手稿结束得十分突兀，而在手稿的开头，他还许诺会给出定理在公众事务及经济问题等若干不同方面的应用。统计史学家斯蒂芬·施蒂格勒写道，大概是“伯努利在看到 25 550 这个数字后，就死心塌地地放弃了”。[20] 事实上，当 1705 年 8 月时年 50 岁的伯努利死于“慢性发热”时，他正在准备手稿的出版。出版商请求约翰·伯努利续完手稿，但他以事情太多为由拒绝了。这听起来可能很奇怪，不过这本来就是个奇怪的家族。如果要评选史上最不开心的数学家，你就选约翰·伯努利吧，估计不会错。许多历史文献将他描述成一个嫉妒、虚荣、敏感、固执、脾气糟糕、自卖自夸、毫无诚信的登峰造极的骗子。他在数学方面颇有成就，但下面这件事为人熟知的程度，并不亚于他的数学成就。当时他跟儿子丹尼尔都参加了一场竞赛，丹尼尔在竞赛中胜出。约翰试图窃取他的哥哥和莱布尼茨的观点，并抄袭丹尼尔《流体动力学》一书，篡改了出版日期，让他的书看起来出版时间更早，最终把丹尼尔踢出了法国科学院。

在收到续写过世兄长的手稿这个请求时，约翰刚好从荷兰的格罗宁根大学来到巴塞尔大学，获得了一个希腊语教授而非数学教授的职位。雅各布本人也觉得这个职业变动颇为可疑，特别是他觉得约翰并不懂希腊语。在写给莱布尼兹的信中，雅各布怀疑约翰来到巴塞尔大学是为了篡夺自己数学教授的位子。的确，雅各布一去世，约翰就获得了这个职位。

约翰和雅各布两人在成人之后的大部分岁月中，相处得都不算融洽。在数学著作和书信中，他们颇为常态化地相互羞辱对方，一位数学家就此事曾经写道：“他们那些愤怒又激烈的言辞，在别人那儿通常是为偷马贼保留的。"[21] 因此，编辑雅各布遗稿这个任务，就落到了更下一层雅各布的侄子尼古拉——雅各布另一位同样名叫尼古拉的兄弟的儿子——的身上。小尼古拉当时只有 18 岁，不过他也曾是雅各布的学生之一。不幸的是，他感到自己不能胜任这项任务，另外也可能有部分原因是，他清楚地知道，莱布尼兹并不赞同他伯父应用这个理论的那些想法。手稿因此又沉睡了 8 年。最终，手稿以《猜度术》为名于 1713 年出版。和帕斯卡的《思想录》一样，该书至今仍在不断被印刷出版。

雅各布・伯努利已经表明，我们可以通过数学分析，了解自然系统内部的隐含概率是如何在这些系统产生的数据中被反映出来的。至于伯努利没有回答的那个如何根据观测数据推断事件的隐含概率的问题，它的答案在几十年后才会被揭晓。

第6章

假阳性与好错误

20 世纪 70 年代，哈佛大学某位心理学教授的课堂上，来了一个外表奇特的中年学生。上过几堂课之后，学生主动找上教授，解释他选这门课的原因。[1] 在我自己的从教经历中，虽然也碰到过一些有礼貌的学生来跟我说为什么选我的课，却从来没有人把这当成一件不得不做的事情。我窃喜不已地以为大概是：“因为这门课令人着迷，而且老师你也很棒！”不过他的原因并非如此，他上这门课，是因为他需要帮助。他身上发生了一系列离奇的事情——他的妻子甚至不用他开口就知道他的心思，可现在却吵嚷着要跟他离婚；一个同事在喝酒时提了一句解雇的话，而两天后他就丢了工作。不仅如此，他说他遭遇这类倒霉的事情和各种令他不快的巧合，已经有相当长的时间了。

一开始，这些事情带给他的只有困惑；渐渐地，他建立起一个模型，能够让这些事情的发生与他所相信的万物之道协调起来，一如大多数人的做法那样。不过他最后建立的理论跟普通人的想法相去甚远：他相信自己是一个精心策划的秘密科学实验中的小白鼠。根据他的理论，一大帮阴谋家实施了这项实验，他们的头头就是著名心理学家斯金纳。他还相信，等到实验结束，他将名满天下，说不定还能得到一个政府部门的高位。而他之所以来上课，是因为他想知道怎样利用长期积累的证据，来检验这个假设是否成立。

课程结束之后的几个月，这名学生再次来找教授寻求帮助。按他这次的说法，实验还在进行。他把他的前老板告上法庭，而前老板找来一名精神病医生，想证明他有妄想症。

这位医生用来证明这个学生有妄想症的证据之一，就是他创造了一个虚构的18世纪神父，还到处宣扬这位神父的种种言论。医生更是对这个学生下面的说法大加嘲笑：学生告诉大家，这名神父是个业余数学家，他利用自己的空余时间，建立了一个十分怪异的概率理论。学生声称，这位神父的名字是托马斯·贝叶斯，而贝叶斯的理论所解决的问题，就是如何在某事件已经发生的前提下，估计另一事件发生的可能性。一个特别的学生成为实验心理学家庞大阴谋的被试对象的可能性有多大？不可否认，这个可能性不怎么大。不过如果这个学生的妻子能直接道破老公的心思，并且同事们能在觥筹交错中不经意间点破他职业生涯的前途，在这样的附加证据下，之前那个可能性又有多大呢？按照这名学生的说法，用贝叶斯的理论就能根据新出现的证据，调整某概率的初始估计值。在法庭上，他还列出一堆莫名其妙的公式和算式，而最后得出的结论是，附加证据使得他那个阴谋论的假设成立的可能性达到999 999/1 000 000。而官司的另一方，精神病医生则断言，这位神父数学家和他的理论，纯粹是这个学生精神分裂的臆造产物。

这个学生希望教授能帮他驳倒精神病医生。教授同意了。要反驳精神病医生，教授的理由十分充分，因为1702年出生于伦敦的贝叶斯，的确是坦布里奇韦尔斯的一名神父。他于1761年去世，在伦敦一个名叫本希尔菲尔兹的公园中，与他那同为神父的父亲乔舒亚葬在一起。而且，贝叶斯也确实创造了“条件概率”理论，将之前仅能处理独立事件的概率理论，扩展到存在相关性的事件之上。举例来说，随便挑一个人他是精神病的概率，或者随便挑一个人他会相信他妻子有读心术的概率，两者都非常小。但是，如果有人相信妻子会读心术，那么他同时患有精神疾病的概率要高得多。不仅如此，如果一个人是精神病患者，那么他相信妻子会读心术的概率也会高很多。那这些概率相互之间是如何联系起来的？这就是条件概率要研究的内容。

于是，教授为法庭提供了一份证言，解释了贝叶斯的存在及其理论。不过他并未支持那位前学生声称的、可以证明其神志正常的可疑计算。作为原告方的中年精神分裂者，并不是这个故事中唯一让人感到悲哀的对象，和他针锋相对的被告方的医学和法律团队其实也一样。遭受精神分裂的痛苦是很不幸，但毕竟还有药物可以对抗这种疾病。但是药物虽然可以治病，却不能治疗无知。我们马上就会看到，正是出于对贝叶斯思想的无知，许多医学诊断和法律判决出现了严重错误。但在医生和律师们接受职业训练的过程中，没有人告诉他们这个无知的存在。

在日常生活中，我们也经常使用贝叶斯推理。有这么一部电影，说的是一名律师，有着体面高薪的工作、迷人的妻子和幸福的家庭。他爱他的妻子和女儿，但仍然觉得生活中似乎缺少些什么。某晚他乘火车回家，途中无意瞥见一位美人，她若有所思地从一个舞蹈班的窗户朝外凝望着。第二天晚上，他用目光追随着这名女子。第三天晚上也是如此。他乘坐的火车每经过一次这个舞蹈班，他在爱情魔咒中的沉沦就更深一步。终于有一天，他再也抑制不住这股冲动，跳下车去舞蹈班报了名，希望能邂逅这名女子。但当那无法触及的对望变成触手可及的面对面之后，她那令人难忘的魅力却慢慢褪去了。他确实恋爱了，不过不是和那位美人，而是和舞蹈堕入了爱河。

为了对家人和同事保密，让他们不知道这份不理智的情感，他不得不寻找种种借口解释那越来越多的不回家的夜晚。终于有一天，妻子发现他并不是因为加班才搞到那么晚。在妻子看来，他因为外遇而撒谎的可能性，显然要高于其他原因而撒谎的可能性，因此答案只有一个，那就是他出轨了。我们当然知道这个答案是错的，她错的不仅仅是答案。她的整个推理过程都是错的，她搞混了丈夫有外遇时行踪鬼祟的概率，以及她丈夫行踪鬼祟时是在搞外遇的概率。

这是个常见的错误。假设老板回复你最近一封电子邮件的时间比以往要长，那么很多人会觉得这是扫把星即将降临的预兆，因为如果你的幸运星不见了，老板就可能更晚回复你的邮件。但老板之所以邮件回复慢了，可能仅仅因为他最近更忙些，或者他母亲刚好生病了。因此，当他回复邮件比较慢时你要倒霉的可能性，与你快要倒霉时他回复邮件的速度变慢的可能性相比，前者要小得多。许多阴谋论都来自对这种逻辑关系的错误理解，也就是说，当一系列事件是某个大阴谋的产物时，这些事件发生的可能性，与当一系列事件已经发生而这些事件证明存在着一个大阴谋的可能性，两者被混为一谈了。

贝叶斯理论讨论的全部内容，就是当其他事件已经发生，或者在给定其他事件已经发生的前提下，某事件发生的可能性会因此受到怎样的影响。为了看看这个影响到底是什么样的，现在我们转到与第3章中的两个女儿问题相关的另一个问题上。假设一个远房亲戚有两个孩子。在两个女儿问题中，我们知道这两个孩子中至少有一个是女孩，而我们想知道到底有几个女孩，一个，还是两个？如果一家子有两个孩子，如果其中至少有一个是女孩，那么两个都是女孩的可能性有多大？第3章并没有用上面的措辞讨论这个问题，但“如果”两字，就将问题变成一个条件概率问题了。如果没有这个如果，两个孩子都是女孩的可能性是 1/4，对应 4 种可能的出生顺序为（男孩，男孩）、（男孩，女孩）、（女孩，男孩）和（女孩，女孩）。但知道至少有一个女孩这个额外信息时，两个都是女孩的可能性就变为 1/3，这是因为，如果至少一个孩子是女孩，那么两个孩子的性别就只有 3 种可能情况——（男孩，女孩）、（女孩，男孩）和（女孩，女孩），其中一种正好对应了两个孩子都是女孩的结果。这大概就是理解贝叶斯思想最简单的方法，跟以前一样，其实这也就是个记账的事情。首先，把样本空间——也就是所有可能情况的清单——写下来，如果这些情况的可能性不等，就将其各自的概率一同记下（在分析容易让人犯糊涂的概率问题时，这的确是个好办法）。接着，把被条件（在现在的问题中，就是“至少有一个女孩”这个条件）否定的那些可能性划掉，剩下的就是条件满足时的可能情况，以及它们的相对概率。

这种方法看上去似乎理所当然。你可能会自信满满地认为，用不着亲爱的贝叶斯神父帮忙，自己也能想通这一点。说不定你现在正在考虑，等下次泡澡的时候，一定要把我的这本书扔到一边，另外再抓本其他的书来读。因此，在进一步讨论之前，我们来看看两个女儿问题的一个看上去稍微有点儿不同的变体，而这个问题的答案，大概会给你带来更多的震惊。[2]

新问题如下：有一家人，家中有两个孩子。如果两个孩子中有一个是名叫佛罗里达的女孩，那么两个孩子都是女孩的概率有多大？是的，我说的是一个名叫佛罗里达的女孩。这个名字看起来好像是随便取的，但实际并非如此。虽然这是以古巴移民、橙子以及那些为享受棕榈树和玩宾戈游戏而卖掉大房子的北方老人而出名的一个州的名字，但它同时也是一个真实的人名。实际上，在 20 世纪前 30 年里，佛罗里达是 1 000 个最常见的美国女性名字之一。我是深思熟虑之后才挑中这个名字的，因为这个题目的一部分是这样一个问题，如果佛罗里达这个名字有影响，那么会是什么影响呢？哎呀，我说得太多了！在继续之前，请大家思索一下：在这个“名叫佛罗里达的女孩”问题中，两个都是女孩的可能性，是否仍为 1/3（跟之前那个两个女儿问题的答案相同）？

我将很快证明，答案是否定的。有一个女孩名叫佛罗里达的这个事实，将我们要求的概率变成了 1/2：如果你想不通，也不必担心。不管是理解随机性问题，还是其他任何数学问题，关键并不在于能否只靠直觉马上得出答案，而在于是否掌握了求解的工具。

那些对贝叶斯是否确实存在还抱有疑虑的人，至少在一件事情上是对的：贝叶斯从未发表过哪怕一篇论文。他的生平我们几乎一无所知，不过他进行研究的目的多半出于他自己的兴趣和快乐，他可能并不觉得有什么必要去和别人交流他的研究成果。从这方面以及很多其他方面来说，他和雅各布·伯努利正好是两种相反类型的人：伯努利反对神学研究，而贝叶斯信仰虔诚；伯努利追求名誉，而贝叶斯对此毫无兴趣；最后，伯努利定理考虑的是，假如你打算用一枚均匀的硬币进行多次投掷，那么可以有较大把握得到的正面朝上的次数是多少，而贝叶斯研究的却是伯努利最初的那个目标，即当你知道了正面朝上的次数时，你能在多大程度上相信硬币并不会特别偏爱其中的某一面。

使贝叶斯留名至今的理论最早为世人所知，是在 1763 年 12 月 23 日。当时，另一位牧师兼数学家理查德·普赖斯在英国皇家学会

（英国的国家科学院）宣读了一篇论文。贝叶斯的这篇论文名为《通往机遇学说的一个问题之解决的短文》，并于 1764 年发表在英国皇家学院的《哲学会刊》上。贝叶斯在遗嘱中将这篇论文连同 100 英镑一起留给了普赖斯。贝叶斯在遗嘱中用“我想应该是纽因顿格林的一名传教士”来称呼普赖斯，而在写完遗嘱的 4 个月后，贝叶斯就离开了人世。[3]

尽管贝叶斯提到普赖斯时相当漫不经心，但后者并非一个躲在大家看不见的阴暗角落中的传教士。普赖斯是宗教自由的著名倡导者本杰明·富兰克林的朋友，他深受亚当·斯密信赖，并对《国富论》的草稿提出若干批评意见，此外他还是一位有名的数学家。他是公认的保险精算学的创建者。1765 年，一个名为公平社会的保险公司派了 3 个人向他求助，他也因此建立了这个学科领域。跟保险公司这次见面的 6 年后，普赖斯在《评继承支付》（*Observations on Reversionary Payments*）这本书中发表了他的研究成果。直到 19 世纪这本书都还是精算师们的《圣经》，不过由于一些糟糕的数据和估算方法，他好像低估了人们的预期寿命。这一低估使得人寿保险费用大为提高，而他那帮公平社会保险公司的伙伴也因此发了横财。与此相对，英国政府也是根据普赖斯的表格制定养老金支付标准的，而当这些领取养老金的人没有按预期退出历史舞台的时候，倒霉的政府因此大亏一笔。

我之前提到过，启发贝叶斯建立条件概率的，就是伯努利最开始感兴趣的那个问题：我们怎样才能根据观察推算隐含概率？如果一种药物在临床试验中只治愈了 60 名病人中的 45 名，那么根据这个数据，我们能知道多少关于这种药物在下一个病人身上有效的可能性信息？如果药物是对100万个病人中的60万人有效，那么药物的有效率落在60%附近的可能性显然很高。但对规模更小的试验来说，我们能从中得出什么结论呢？而且贝叶斯同时还考虑了另一个问题：如果在进行试验之前，我们有理由相信该药物的有效率只有50%，那么在开展试验以评价有效率时，试验所得的新数据应占多大的权重？后面这种做法，正是我们多数生活经验的来源：先观察一个相对比较小的结果集，从中获得一些信息，然后对造成这些结果的内在机理进行判断。不过这一系列推理究竟应当如何进行呢？

贝叶斯通过一个类比考虑上述问题。[4]假设我们现在有一张方桌和两个球。我们把第一个球滚到桌子上，而且我们滚动这个球的方式，是保证它可以等可能性停在桌上的任意一点。接下来，我们不看桌子和球，但是要确定这个球的水平位置。帮助我们完成这个任务的工具，就是第二个球。我们以同样的方式反复滚动第二个球，同时我们的搭档将记录第二个球是停在第一个球的左边还是右边。等试验结束后，搭档会将第二个球停在左右两边的次数告诉我们。第一个球模拟的就是我们要求的未知量，第二个球则是我们能够实际获得的数据。如果第二个球总是停在第一个球的右边，我们就可以很有把握地认为第一个球距桌子最左边很近；如果第二个球并非一贯落在右边，那么我们对于刚才这个结论的信心随之降低，而会去猜想第一个球实际停在了更靠右一些的位置。贝叶斯告诉我们的，就是如何根据第二个球的数据，确定第一个球停在水平轴上任意给定位置的准确概率，以及在给定更多新数据的情况下，如何修正初始的估计值。用贝叶斯的术语来说，初始估计被称为先验概率，而修正后的新猜测被称为后验概率。

贝叶斯设计这个游戏的原因，是生活中的许多决策过程都可以转化为相同的问题。在药物试验的例子中，第一个球的位置代表了药物的真实有效率，而第二个球提供的信息相当于在病人身上得到的试验数据。第一个球的位置还能代表一部影片的流行程度、产品质量、驾驶水平、勤奋程度、固执程度、天分高低、能力高低或任何能决定行为成败的因素。而第二个球所提供的东西，代表了我们观察或收集得到的数据。贝叶斯理论告诉我们怎样去估计未知的概率，以及如何根据新数据修正旧的结果。

如今，贝叶斯分析已被广泛应用于科学和工程的各个领域。例如在确定汽车的保费时，所用模型中就包含一个参数，它描述的是单位驾驶时间内，投保者遭遇 0 次、1 次或更多次交通事故的概率。我们在下面的讨论中设想一个简化的模型，其中每个人都将被归入两种类型之一：平均每年至少遭遇 1 次事故的高危司机，和平均每年遭遇不到 1 次事故的低危司机。如果你的驾驶记录告诉保险公司，在过去 20 年中你一次事故都没发生过，或是在过去 20 年中你发生了 37 次事故，那么保险公司可以很清楚地知道应该把你归为哪一类。但如果你是新司机，那么你应该算低危类型（遵守限速且志愿成为模范驾驶员的好孩子）还是高危类型（一边猛灌只剩一半的 2 美元一瓶的布恩农场苹果酒，一边在主干道飙车的坏孩子）？保险公司缺少你的个人驾驶数据，也就是说它对“第一个球的位置”完全一无所知。那么这时它可以按等概率把你归类，或者根据所有新司机的汇总数据，估计出你属于高危类型的初始可能性为比如 1/3。后面这种情况下，公司可以把你作为一个低危和高危的混血儿来建模，也就是 1/3 的高危加 2/3 的低危，然后根据 1/3 的高危保费加 2/3 的低危保费收钱。经过一年的观察后，相当于把贝叶斯那第二个球滚动一次后，公司将会使用新的数据重新评价给你建立的模型，调整之前所设的1/3和2/3的比例，重新计算出新的保费。如果这一年中你没有发生事故，那么低危的比例以及对应的低费用的比例会相应增加；如果你发生了两次事故，那么这些比例会相应降低。精确的调整幅度由贝叶斯定理给出。按同样的方法，保险公司今后就能定期调整评估值，以便反映你到底是不会发生事故的那类司机，还是连着两次事故都是在单行道上逆行，而且还是左手拿手机右手拿甜甜圈的家伙。保险公司之所以给“好司机”打折，就在于没有交通事故的事实，提高了司机属于低危类型的后验概率。

贝叶斯定理的许多细节显然都十分复杂。不过我在分析两个女儿问题时就说明了，解决问题的关键，在于用新信息精简样本空间以及相应地调整概率。在两个女儿问题中，初始样本空间为（男孩，男孩）、（男孩，女孩）、（女孩，男孩）和（女孩，女孩）；但如果我们得知至少有一个是女孩，样本空间就精简为（男孩，女孩）、（女孩，男孩）和（女孩，女孩），从而使两个都为女孩的可能性变为1/3。让我们继续使用这个简单的策略，看看如果家里有一个名叫佛罗里达的女孩会发生什么。

在名叫佛罗里达的女孩问题中，新信息不仅与孩子的性别有关，还与女孩的名字有关。既然初始样本空间是一张列出所有可能情况的清单，那么现在它应该是一张包含了性别与姓名的清单。我们以女孩F来表示“名叫佛罗里达的女孩”，以女孩NF来表示“名字不是佛罗里达的女孩”。于是现在的样本空间就变成了：（男孩，男孩）、（男孩，女孩F）、（男孩，女孩NF）、（女孩F，男孩）、（女孩NF，男孩）、（女孩

NF，女孩 F）、（女孩 F，女孩 NF）、（女孩 NF，女孩 NF）和（女孩 F，女孩 F）。

接着精简样本空间。既然已知两个孩子之一是名为佛罗里达的女孩，样本空间便可以缩小为（男孩，女孩 F）、（女孩 F，男孩）、（女孩 NF，女孩 F）、（女孩 F，女孩 NF）和（女孩 F，女孩 F）。到了这一步，问题就与原先两个女儿问题有所不同了。由于一个女孩名叫或不叫佛罗里达的概率并不相等，因此，这个样本空间中的元素并非等概率事件。

在 1935 年，也就是美国社会安全署提供姓名统计数据的最后一年，大约每 3 万名女孩中，就有一个叫佛罗里达。[5] 这个名字现在已经慢慢消失了，所以为了叙述方便，我们假定现在这个概率是百万分之一。这也就意味着，如果我们知道某女孩的名字不是佛罗里达，那么并不稀奇；但如果我们知道某女孩的名字是佛罗里达，就相当于买彩票中了大奖。即使不考虑父母通常都不会给孩子起重名的事实，两个女孩都叫佛罗里达的可能性也微乎其微，因此我们完全可以忽略掉两个女孩都叫佛罗里达的可能性，现在样本空间中只剩下（男孩，女孩 F）、（女孩 F，男孩）、（女孩 NF，女孩 F）和（女孩 F，女孩 NF），而它们各自发生的概率十分接近。

既然 4 个元素中有一半（2 个）对应了这一家子有两个女儿的情况，因此问题的答案就不再像两个女儿问题那样是 1/3，而变成了 1/2。这个额外增加的有关女孩姓名的信息，让答案变得不同了。

要是还有人想不通，那就用另一种方式来理解吧。设想 7 500 万个家庭在一个异常巨大的房间里聚会，每个家庭都有两个孩子且至少有一个是女孩。正如两个女儿问题告诉我们的那样，房间里大概

2 500 万个家庭两个孩子都是女孩，而其他 5 000 万个家庭则是一男一女（其中又有 2 500 万个家庭女孩是姐姐，而剩下的相同数量的家庭女孩是妹妹）。接下来我们开始精简：只留下那些有一个名叫佛罗里达的女儿的家庭。既然给女儿起名叫佛罗里达的概率是百万分之一，那么 5 000 万个有一个女孩的家庭大概 50 个家庭留了下来；至于那 2 500 万个有两个女孩的家庭，也有大约 50 个家庭会留下来，其中 25 个长女名叫佛罗里达，而另外 25 个则是次女。这就好比我们把女孩看成彩票，而名叫佛罗里达的女孩是中奖的那张。尽管有一个女孩的家庭比有两个女孩的家庭多了一倍，但这些两个女孩的家庭有两张彩票，因此在最终的中奖者中，一个女孩的家庭跟两个女孩的家庭，两者数量大致相等。

现在，我已经讲完了这个名叫佛罗里达的女孩的问题。我的描述可能有太多细节，这些细节有时甚至令人不快到让邻居把我列入派对黑名单的地步。不过我这么做可不是想让你们也获得同样的待遇，而是因为这个例子中的内在关系十分简单。相同的推理同样可以让许多实际场景变得清晰明了。下面，我们就来说几个这样的事情。

我与贝叶斯神父最值得铭记的相遇，是在 1989 年某星期五的下午。医生打了个电话给我，说我会有 99.9% 的可能性活不过 10 年。他还加了一句："我真的十分抱歉。"就好像他对某些病人说的抱歉并不是真心诚意的。在回答了我问的几个有关病情发展的问题后，他挂断了电话，很可能是向别的病人送惊喜去了。我很难说出甚至回忆起我到底是怎样度过那个周末的，不过那个周末我肯定没有去迪士尼乐园。可为什么被下了这个死亡判决后，我今天还能好好儿地在这里写书来说这件事呢？

这个令人心惊肉跳的事情，起因于我和妻子申请办理人寿保险。这个申请需要进行血检。过了一两个星期，我们的申请被拒绝了。这个向来节俭的保险公司，这次竟然不惜血本地用两封内容几乎相同的信件，告诉了我们这个消息。给我妻子的信中，不过就是把我的那封信中“由于你的血检结果”而否决了保险申请的措辞，改为了“由于你丈夫的血检结果”。这唯一多出来的“丈夫”一词，显然是好心的保险公司愿意提供的关于我们投保被拒的唯一线索。我带着不祥的预感去看了医生，做了一次 HIV（人类免疫缺陷病毒）检查。检查结果是阳性。尽管开始时，我因为这五雷轰顶的消息都忘了问问这个结果是否真的可靠，但是根据后来的了解，我知道了医生是如何得出那个 0.1% 的健康概率的：在 1 000 个没有艾滋病病毒的血液样本中，会有一个 HIV 阳性结果。这听起来好像没什么不同，但事实并非如此。医生将“如果我没有感染 HIV 而检查结果呈阳性”的概率和“如果我的检查结果呈阳性而我并没有感染 HIV”的概率搞混了。

为了理解医生所犯的错误，让我们来使用贝叶斯方法。首先定义样本空间。我们可以把所有曾接受过 HIV 检查的人都包括进来，但如果能有更多和我自身状况有关的附加信息，那么对我而言结果将会更准确一些。因此我们只考虑所有曾接受过 HIV 检查、不滥用静脉注射吸毒的异性恋美国白人男性（我们会看到，这个附加信息将给出多么不同的结果）。

现在我们已经知道哪些人应该被归入样本空间。接下来，我们将这些人分为几类。现在我们问题中的类型不再是男孩或女孩，而是检查呈阳性且确实为 HIV 感染者的人（真阳性）、检查呈阳性但没有感染 HIV 的人（假阳性）、检查呈阴性且没有感染 HIV 的人（真阴性）以及检查呈阴性但实际感染了 HIV 的人（假阴性）。

最后，我们来看一看每种类型的人数。考虑一个 1 万人的初始人群。根据美国疾病控制与预防中心的统计数据，我们可以估计在 1989 年，大约每 1 万名接受检查的不滥用毒品静脉注射的异性恋美国白人男性中，会有 1 名感染了 HIV。[6] 假设假阴性率非常接近 0，这就意味着，大约每 1 万人中有 1 人会因为真实感染而被检测出阳性。此外，由于假阳性率是医生所说的 1/1 000，因此，大概另有 10 人虽然没有感染 HIV，但还是被查出呈阳性。而样本空间中剩下的那 9 989 人，检查结果是阴性。

现在精简样本空间，使之仅包含那些检查结果为阳性的人，也就是 10 个假阳性和 1 个真阳性。换句话说，在 11 个被查出为阳性的人中，只有 1 个是真的 HIV 感染者。医生告诉我检查结果出错，就是我实际上没患病的可能性是 1/1 000。不过他更准确的表达应该是：“别担心，你没有感染 HIV 的机会不小于 10/11。”对我来说，这个筛查显然被我血液中的某种标记物给欺骗了，要查的病毒其实并不存在。

了解假阳性率对于任何检查结果的评价都十分重要。举例来说，假设一个检查能查出 99% 的恶性肿瘤，这个诊断率听起来令人印象深刻，但我可以很容易就设计出一个能 100% 查出肿瘤的方法：我可以让所有被检者的结果都是阳性。我的方法和真正有用的方法之间的差别，在于我的检查方法假阳性率很高。但我的遭遇说明，只知道假阳性率还不足以确定检查的实用性，我们还需要比较假阳性率与疾病的真实流行情况。如果疾病十分罕见，那么就算假阳性率很低，阳性结果也不表示就一定患病了；但如果是常见疾病，阳性的检查结果就更有意义。如果我是同性恋又被查出阳性，那么这时疾病的流行度会如何影响阳性结果的诊断意义呢？假定在 1989 年的男同性恋中，进行 HIV 检查的人的感染率为 1% 左右。也就是在 1 万个检查结果中，真阳性的数量不是之前的 1 个，而是 100 个，此外还有 10 个假阳性。那这时，阳性结果的被检查者确实被感染的概率，就变为 10/11。这也就是为什么使用检查结果时，确定被检查者是否属于高危人群对于诊断结果十分有帮助。

贝叶斯理论告诉我们，*B* 发生时 *A* 也发生的概率，一般不同于 *A* 发生时 *B* 也发生的概率。[7] 医生们常犯的错误，就是因为没有清楚地认识到这一点。在德国和美国进行的几项研究中，研究者告诉参加实验的医生，乳腺 X 射线检查有 7% 的假阳性率，然后请这些医生估计一下，一名无症状的 40 ~ 50 岁且乳腺 X 射线检查结果为阳性的妇女，她真正患乳腺癌的可能性有多大。[8] 此外，他们还告诉这些医生实际的乳腺癌发病率约为 0.8%，而假阴性率约为 10%。把这些数据凑到一块，就能用贝叶斯方法得出，真正因患乳腺癌而得到的乳腺 X 射线检查呈阳性的比例，仅为 9% 左右。但在德国医生组中，有 1/3 的医生认为这个概率为 90%，所有受试者给出的估计值中值则是 70%。在美国医生组中，100 名医生中就有 95 名估计这个概率应该在 75% 左右。

在体育运动员的药检中也出现了类似问题。假阳性率这个实际上与问题没有多少直接关系的数据，又一次被拎出来。运动员违反禁令的真实情况被假阳性率扭曲了。例如世界级的田径运动员，1983 年的 1 500 米和 3 000 米世界冠军获得者史兰尼 1996 年在亚特兰大参加美国奥运会选拔赛，希望能够就此回到田径场上。不过药检结果显示她服用了睾酮类药物。在慎重讨论后，IAAF（国际田径联合会，2001 年起国际田联的官方名称）仍然确认史兰尼“违反了药物禁令”，并事实上终结了她的职业生涯。在史兰尼的这个案子里，有很多证据表明，她所接受的尿检的假阳性率高达1%。这个数字让许多人对于史兰尼所受的处罚感到心安理得，因为她确实服用了禁药的可能性应该就是99%。但我们已经看到，这个结论并不正确。假设有1 000名运动员接受了检查，而他们服用禁药的真实比例是每10人中有1个。假设检查能以50%的概率发现确实服了禁药的运动员。那么，每1 000名受检的运动员中，会有100名确实违规，而其中50名会被尿检查出。同时，剩下的那900名清白的运动员中，也有差不多9个人的结果呈阳性。因此，尿检阳性并不意味着史兰尼罪有应得的可能性是99%，而是50/59 = 84.7%。史兰尼确实违规的可能性，跟扔骰子没扔出1点的可能性差不多。而这个大小的可能性，显然给质疑这个判决的合理性留下了足够的空间。更重要的是，这个例子表明，如果药检规模很大（每年有9万名运动员接受尿检），那么之前那种推理过程会使许多无辜者蒙冤。[9]

与上面那个错误恰好相反的，则是法律圈中被称为“检控者的谬误”的情况。之所以得此名，是因为检方常常用这种靠不住的论断，诱导陪审团仅凭单薄的证据就对犯罪嫌疑人定罪。我们来看看发生在英国的莎莉·克拉克案。[10]克拉克的第一个孩子出生后11周死亡。当时得到的死因是SIDS（婴儿猝死综合征），而这是尸检无法查出意外死亡的婴儿死因时做出的诊断。后来克拉克再次怀孕生子，而这次孩子出生才8周又不幸死亡，死因仍是SIDS。第二个孩子死后，克拉克被警方逮捕，并被指控将两个孩子窒息致死。在法庭上，检方传唤了老资历的儿科医生罗伊·梅多爵士。爵士证明，SIDS本身是很罕见的，因此两名婴儿都死于 SIDS 的可能性只有 1/7 300 万。但除此之外，检方拿不出任何不利于被告的实质性证据。这个概率够不够用来定克拉克的罪呢？陪审团觉得够了。因此，1999 年 11 月，克拉克太太入狱服刑。

梅多爵士是这样来估计上面那个概率的。首先，他估计一名婴儿死于 SIDS 的机会是 1/8 543。所以两个孩子都死于 SIDS 的概率，就是把上面这个数字跟自己再乘一次，即 1/7 300 万。不过这个计算中隐含了一个假设，那就是两起死亡事件是相互独立的，或者即使哥哥或姐姐因 SIDS 而夭折，也没有任何环境或遗传因素会增加第二个孩子的死亡风险。但实际上，审判结束几周后出版的那一期《英国医学杂志》的编者按中，给出两名兄弟姐妹都死于 SIDS 概率的估计值为 1/275 万。[11] 当然，这个概率还是很小。

理解克拉克是蒙冤入狱的关键，在于搞清楚我们现在所面临的错误：我们真正要找的，并不是两个孩子都死于 SIDS 的概率，而是两个孩子的死因都是 SIDS 的概率。克拉克入狱两年后，英国皇家统计学会发布了一份新闻稿，从而加入这个话题的讨论。这份新闻稿指出，陪审团的决定是基于"一个严重的、被称为检控者的谬误的逻辑错误。陪审团应当衡量的，是对婴儿死因的两种相互对立的解释：SIDS 或谋杀。两起死亡由 SIDS 或谋杀造成的可能性都十分小，但在本案中，其中之一显然已经发生。在案子中真正重要的，是两种死因的相对大小……而不仅仅是（死于 SIDS 的情况）到底有多么不可能……"[12] 一名数学家后来估计了因为 SIDS 或谋杀而失去两个孩子的相对可能性。根据能够得到的统计数据，他得出的结论是两名婴儿死于 SIDS 的可能性 9 倍于谋杀。[13]

克拉克家提起了上诉，并请这位数学家作为专家证人。上诉以败诉告终，但他们并没有放弃寻找孩子的死因。在这个过程中，他们发现了一个被隐藏的情况：检方的病理学家隐瞒了第二名婴儿在死前被病菌感染的事实，而这个感染有致死的可能。这个新发现让法官最终撤销了有罪判决。在坐了差不多三年半的牢房后，克拉克被释放。

著名律师、哈佛大学法学院教授艾伦·德肖维茨在辛普森谋杀前妻妮可·布朗·辛普森及其男友一案中，同样成功地运用了检控者的谬误来为辛普森辩护。辛普森这名前橄榄球明星的案子，是 1994 年到 1995 年媒体的一大热点。警方掌握的对辛普森不利的证据分量相当足：他们在其住所发现了一只染血的手套，而且与在谋杀现场发现的那只似乎正好是一对儿；在两只手套上、辛普森的白色福特 Bronco 中、卧室中的一双袜子上以及车道和房屋中，都发现了与妮可血型相符的血迹；而且在罪案现场提取到的血样 DNA，也与辛普森的 DNA 吻合。辩方除了以种族主义（辛普森是一名非洲裔）指责洛杉矶警察局，并质疑警方的可靠性和证据的权威性之外，大概能够帮上的忙也不多了。

检方决定在案子开审时，将焦点集中在辛普森对妮可的暴力倾向上。检察官将开庭后的头十天，花在了出示被告虐待妻子的证据上。检方称，哪怕只考虑这些证据，就足以怀疑被告谋杀了被害人。按他们的话来说："扇耳光就是杀人的前奏。"[14] 辩方律师则利用检方的这一策略，指责检方缺少诚信。他们辩称，检方花了两周的时间，目的不过是试图误导陪审团。辛普森之前暴打妮可的这些证据，根本说明不了什么问题。下面就是德肖维茨的推理过程：在美国，每年有 400 万妇女遭到丈夫或男友的殴打，而在 1992 年，根据 FBI（美国联邦调查局）犯罪报告汇编，共有 1 432 名，也就是 2 500 名被殴打者中就有

1 名妇女确实被丈夫或男友杀害。[15] 因此辩方称，那些扇伴侣耳光或殴打伴侣的男人，其实并没有几个真正发展到谋杀的地步。这对不对呢？对。确信无疑？是。与本案有关？无关。与本案有关的数字，不是一个殴打妻子的男人会杀害她的概率（1/2 500），而是一名遭殴打并被谋杀的妻子，凶手是她的施虐者的概率。根据 1993 年美国本土及海外的犯罪报告汇编，德肖维茨（或检方）应当提供的概率是下面这个：1993 年，所有被谋杀的曾遭受家庭暴力的美国妻子，差不多有 90% 是被施虐者杀害的。这个统计数字却没有出现在法庭上。

在最后的判决时刻，美国长途电话的通话量掉了一半，纽约股票交易所的交易量则下降了 40%。据估计，大概有 1 亿人打开电视或收音机来收听法庭的最终判决：无罪。德肖维茨大概对他有意误导陪审团的行为问心无愧，因为按他的话说："我们在法庭宣誓所说的'仅陈述事实及事实之全部'这句话，只适用于证人。辩护律师、检察官和法官都不用进行这个宣誓……事实上，我们可以很公平地说，美国司法系统就是建立在不说出事实之全部的基础上的。"[16]

条件概率的出现，是认识随机性方面的一场革命。不过贝叶斯本人却跟革命一点儿都扯不上关系。他的成果虽然于 1764 年发表在享有盛誉的《哲学汇刊》上，却在无人理睬中渐渐被淡忘。让科学家重新注意到贝叶斯的思想，并最终告诉人们怎样才能根据观察结果推算出隐藏的真实概率的重任，就落在了法国科学家与数学家拉普拉斯的肩上。

读者们大概还记得，在我们真的把硬币抛出去之前，我们可以根据伯努利的黄金定理估计出现某特定结果的可能性——如果硬币没有被做手脚的话。你可能也还记得，这个定理并没有告诉我们，在具体完成了一系列抛掷后，我们实际得到的结果表明硬币没有被动手脚的可能性有多大。与此类似，如果我们知道一名 85 岁的老人能活到 90 岁的可能性为 50 比 50，那么黄金定理能告诉我们，1 000 名 85 岁的老人中一半在接下来的 5 年中过世的概率有多大。但如果现在某群体中一半的人在 85 岁到 90 岁的年龄段去世，黄金定理就不能告诉我们，这个群体中单个个体的生存率为 50% 的可能性有多高。再举个例子。假设福特公司已经知道,它生产的每 100 辆汽车中就有 1 辆存在传动故障，那么黄金定理将告诉福特，每 1 000 辆汽车中就会有 10 辆或更多辆存在传动问题。但如果福特在一个 1 000 辆汽车的样本中，发现了 10 辆存在传动问题的汽车，黄金定理却不能说出这批汽车中存在传动问题的可能性为 1% 的可靠性有多高。在这些例子中，后面的那个概率常常更加有用：除了博弈游戏，我们一般都没有关于所需概率的理论知识，因而必须通过一系列观测进行估计。科学家的处境也一样，他们一般不是在已知某物理量的值之后，再来确定对该量进行测量时得到不同测量结果的可能性，而是在给定观测结果后，设法确定这个物理量的真实值。

我着重强调了这两类问题的区别，因为这一点非常重要。这个区别定义了概率和统计这两个学科之间最根本的不同：前者关心的是根据确定概率进行预测，而后者考虑的是根据观测数据计算那些概率。

拉普拉斯阐明的就是后一类问题。他并不知道贝叶斯理论的存在，因此为了解决后面这类问题，他只能亲自动手重建这个理论。他的理论框架中所考虑的问题如下：给定一系列观测值后，被观测量的真实值的最佳估计是多少？这个最佳估计落在真实值“附近”（不管我们对这个附近的定义如何苛刻）的机会有多大？

拉普拉斯的研究工作开始于 1774 年的一篇论文，但这项研究持续了 40 多年。尽管拉普拉斯才智超群，而且有时也相当慷慨，但他也时不时借用他人的成果，却没有对他人的成果表示任何的认可或致谢。拉普拉斯对于自吹自擂也是乐此不疲的。最重要的是，拉普拉斯还是根墙头草，他总是根据政治风向确定自己的政治立场。正是由于这种性格，他才得以不间断地钻研自己的研究课题，几乎没有被当时动荡的时局干扰。在法国大革命前，拉普拉斯获得了一个油水颇丰的皇家炮兵考官的职位。在这个职位上，他幸运地主持了一个名叫拿破仑·波拿巴的前途光明的 16 岁考生的考试。1789 年法国大革命开始后，他曾在短期内被怀疑是个反革命分子。但和很多人不同的是，他毫发无伤，全身而退。他公开表明了“对王权无法磨灭的痛恨”，并从共和国获得了新的荣誉。到 1804 年，当他的老熟人拿破仑自行加冕为帝时，他又立刻放弃了共和主义，并于 1806 年受封伯爵爵位。波旁王朝复辟后，拉普拉斯在他的著作《概率论的解析理论》1814 年版中对拿破仑大加抨击：“对于一个企图统治世界的帝国，精通概率计算的人都能知道它灭亡的概率是非常高的。”[17] 而更早一点儿的 1812 年版则被他献给了“伟大的拿破仑皇帝”。

拉普拉斯的政治灵活性对数学的发展而言是件幸事，因为他的研究最终带来了比贝叶斯的成果更为丰富和完整的理论。有了拉普拉斯打下的基础，我们将在下一章离开概率论的领域，进入统计学的地盘。将两者联系在一起的，就是所有数学和科学学科中最重要的曲线之一——钟形曲线，它又被称为正态分布。这条曲线，以及随之而来的新的测量理论，构成了下一章的主题。

第7章

测量与误差定律

不久前，我的儿子阿列克谢回到家中，向我通报了他最近一次作文的成绩——93分。我一般会祝贺他得了个A，然后鼓励他争取下次得到更高的分数。所以我往往会再多句嘴，告诫他再努力一点点，但这次的情况有点儿不同。这个93分相较于文章的质量,实在是太低了。这个说法是不是让你觉得我是在维护自己的文章，而不是阿列克谢的作文？啊，你可说到点子上了：实际上，前面这段话的确完全是在说我自己，因为那篇作文是我写的……

对对对，我的做法真是可耻。不过我还是要为自己辩护一下，我一般不会帮阿列克谢写作文，我也不会到他的武术课用自己的脸替他挨那一脚。不过那天的情况有点儿不同。阿列克谢照例又是在交作业的头天深夜来找我，希望我点评一下他的作品。我答应帮他看看。最开始我只是在一两个地方做了一点儿小小的改动，但接着，我发现自己渐渐深陷无情的改写之中：这里的文字调一下顺序，那一段干脆重新写。等到修改完成后，儿子早已上床睡觉了，于是他的作文成了我自己的作品。第二天早上，我睡眼惺忪地承认，忘了把他原来的文章另存一份，所以我让他把我修改后的那版直接交上去。

他把成绩单递给了我。成绩单上写着几句鼓励的话语。“还不算糟，”他告诉我，“93分确实更接近A-而不是A，不过那天也确实是挺晚了。我相信，如果那天你更清醒一点儿，肯定会写得更好。”这些安慰的话可一点儿没让我更加高兴。首先，一个 15 岁的孩子把本该是你的台词甩到你的脸上，这种情况实在无法让人舒心，更何况我在他的话里听不出一星半点的真诚。另外，我，一个至少在我妈妈看来是个职业作家的人写的作文，怎么可能在高中英语课上拿不到高分？显然，在这个问题上我并不孤单。后来我听说另一个有着类似经历的作家的故事，不过他的女儿拿的可是个 B。很明显，这位拥有英语博士学位的作家，他的文笔好得至少能够满足《滚石》、《时尚先生》和《纽约时报》的要求，却对付不了英语 101 网络电台。阿列克谢还试着用另一个故事来安慰我：他有两个朋友，有一次把完全相同的两篇作文一起交了上去。他觉得这两个家伙很蠢，而且觉得他们肯定会被抓抄袭。但操劳过度的老师不仅没有注意到这两篇文章完全雷同，而且给其中一个打了 90 分（A），给另一个打了 79 分（C）。（听起来很怪，不过你如果跟我一样，要熬通宵给高高一摞卷子打分，而排遣这个枯燥无聊的工作的，只有旁边重播的《星际迷航》，你就会明白了。）

数字似乎总是自带权威性。人们几乎总是，或者至少是下意识地认为，如果老师按百分制打分，那么即使 1 分、2 分的微小差别，也一定意味着某种真实的差距。但如果连续 10 个出版商都相信第一部《哈利·波特》的手稿不值得出版的话，那么可怜的芬尼根太太（可不是我儿子英语老师的真名啊）怎么可能如此精确地区分两篇作文的好坏，给一篇打 92 分而另一篇打 93 分呢？即使我们接受作文质量可以在一定程度上被定义的观点，我们也应该认识到，分数并不是对作文质量的描述，更大程度上是对作文质量的测量。而随机性对测量的影响，正是它影响我们的最重要的方式之一。在作文的这个例子中，测量装置是教师，正如任何测量值一样，教师给出的分数很容易受随机变化和误差的影响。

投票也是一种测量。投票所测量的，并不是每位候选人在投票那天得到了多少人的支持，而是有多少人在乎这个选举，还不嫌麻烦地跑去投票。有些合法选民也许会发现，登记选民名册中并没有他们的名字；另外一些人则可能误将选票投给了他们并不支持的人。当然计票也有误差。有些选票不该被接受却被收下，有些选票不该被拒收却被拒之门外，还有些选票干脆凭空消失了。在大多数选举中，这些因素累积起来的总后果并不足以影响选举结果。但如果候选人得票数相差不大，这个后果就可能产生实质影响。这时，我们常常进行一次或多次的重新计票，就好像第二次或第三次计票，受到的随机影响会比第一次更少。

在 2004 年的华盛顿州州长竞选中，尽管最初的计票结果表明，共和党候选人靠着总数约 300 万张选票中多出的 261 张获胜，但最终获胜的却是民主党候选人。[1] 由于第一次的得票数很接近，根据该州法律，这时要进行重新计票。第二次计票仍然是共和党获胜，但领先差距缩小到 42 票。两次计票的这 219 票的差别，已经是新的领先票数的好几倍了。结果是不是让什么人产生了不祥的预感，我们不得而知。但头两次计票的结果，带来了第三次纯“手工”计票。这个 42 票的优势，相当于在每 7 万张选票中领先 1 票，因此，手工计票的作用，实际上可以被比拟为让 42 个人从 1 数到 7 万，并希望平均数错的次数为每人 1 次。所以并不令人吃惊的是，选举结果再次变化，民主党人反赢了 10 票。当新发现的 700 张“丢失选票”被加进来之后，这个优势变成了 129 票。

上面的计票和投票过程并非尽善尽美。比如，如果邮局犯错，每 100 个原本打算投票的选民，就有 1 个未能收到通知投票地点的邮件，因而没有去参加投票，那么在华盛顿州的这场选举中，仅这一项错误就能产生 300 名有投票意愿却因政府的过失而没有参加的选民。与所有的测量一样，选举并非精确无误，重新计票也是如此。因此，当选举结果极其接近时，也许我们更应该接受这个事实，或者干脆就靠扔硬币决定胜负，而不是把选票数了又数。

测量的不精确性是 18 世纪中叶学术界讨论的一个主要问题。那时，天体物理和数学领域的研究者的首要任务，就是让牛顿定律与所观测到的月球与行星的运行轨迹相吻合。如果对同一个量有若干彼此不同的观测值，而现在要利用这些不同值产生一个单一的值，那么方法之一是对这些观测值求平均，或者取它们的均值。现在我们认为是年轻的牛顿在做光学研究的时候，最早将这个算平均的方法用在了刚才所讲的那个问题上。[2] 但如同牛顿在许多其他事情上的做法一样，这种求平均的处理方式在当时可是个另类。从牛顿的时代到其后一个世纪的时间里，大多数科学家都不使用均值产生多个观测结果对应的最终结果，他们的做法是从这些观测结果中挑出一个“黄金数”，也就是他们的第六感认为最可靠的那个结果。他们之所以这么做，是因为同一个量的多次测量值的变化并未被他们看作测量过程中不可避免的副产品，而是被他们视为失败的象征，有时甚至还会给他们带来道德问题。实际上，他们很少公开同一个量的多个测量结果，因为如果这么做了，就等于承认他们对结果进行了修补，而这会给他们带来信任危机。但到了 18 世纪中期，情况有所变化。今天，计算天体的完整运行轨迹（一系列接近圆形的椭圆）是一件十分简单的事情，天赋高一点儿的高中生甚至可以一边戴着耳机听音乐，一边就把它给解决了。但是如果要更精细地描述行星的运动，不仅需要考虑太阳引力，还需要考虑其他行星的引力，以及行星和月球的形状与完美球体之间的偏差。时至今日，这仍是一个巨大的难题。为了完成这个任务，人们不得不将复杂的近似数学公式与不完美的观测结果加以调和。

18 世纪晚期出现的这个对于测量的数学理论的需求，还另有一个原因：18 世纪 80 年代，法国兴起一种新的、严密的实验物理学。[3] 在此之前，物理学包括两种相互分离的实践方式。一方面，数学家研究牛顿的运动和重力理论的精确推论；另一方面，一群有时被称为实验哲学家的人，采用经验主义的方式来研究电、磁、光和热。这些实验哲学家常常是一些业余爱好者，相较于关注数学的研究者，他们不那么看重严密的科学方法论。因此，一场对实验物理学进行改革并将其数学化的运动就此展开。而拉普拉斯再次扮演了主角。

拉普拉斯之所以对物理学产生兴趣，是由于被尊为现代化学之父的他的同胞安托万－洛朗·拉瓦锡的研究工作。[4] 拉普拉斯和拉瓦锡共事多年，但在幸免政治动乱这方面，拉瓦锡却不像拉普拉斯那样成功。为了赚钱支持自己的科学实验，拉瓦锡成为受国家保护的收税官这个享有特权的法国国王私人组织中的一员。这个职位的工作，本来也不可能让你的公民同胞们突然迸发出热情，并邀请你去他家享用美味可口的姜饼配咖啡。而等法国大革命到来时，它更有可能成为一项足以带来非常严重的后果的铁证。1794 年，拉瓦锡与组织的其他成员一同被捕，并很快被判处死刑。一直以来都是一名专注的科学家的拉瓦锡，请求法官再给他一点儿时间，以便他能把手头的几项研究完成，好留给后人。对他的这个请求，主审法官给出一个著名的答复：“共和国不需要科学家。”现代化学之父很快被处斩，尸体被扔进一个合葬墓。按传说所言，他在临刑前还指示他的助手要数一数，看他的头颅被砍下来之后还能说出几个字。

拉普拉斯、拉瓦锡和其他一些人，特别是进行电磁实验的法国物理学家查利 - 奥古斯丁 · 库仑的成果，改变了实验物理学的面貌。而在 18 世纪 90 年代，他们还对一种新的、合理的单位制的建立做出了贡献。这个新的单位制——国际单位制——的目的，是替代那些各自为政、阻碍科学发展还经常导致贸易纠纷的多个现有的单位制。国际单位制是由法国国王路易十六指派的一个小组建立的，在路易十六被推翻后被革命政府采用。具有讽刺意味的是，拉瓦锡就曾是这个小组的成员之一。

天文学和实验物理学方面的需求，意味着在 18 世纪晚期到 19 世纪早期，很大一部分数学家的任务，就是去理解和量化随机误差。他们的研究工作催生了一个新领域：数学统计学。这个分支学科提供了一整套工具，用于解释观测值和实验数据。统计学家有时认为，现代科学就是围绕着测量理论的建立成长起来的。统计学同样为解决诸如药物有效性或政治家受欢迎程度等现实问题提供了工具。正确地理解统计推理，不仅对科学研究十分有帮助，而且对我们在日常生活中碰到的很多问题作用很大。

尽管测量总是伴随着不确定性，但在给出测量结果时，测量中的不确定性很少被提及。这本身就是生活中众多的自相矛盾之一。如果一个挑剔的交警告诉法官，她的雷达枪测出你在限速 35 英里 / 小时的路段开到了 39 英里的时速，那么你一般是无法逃过被开超速罚单的命运的，尽管雷达枪的读数常常会发生多达数英里的变化。[5] 对许多学生（及其家长）

而言，只要能让 SAT 数学考试成绩从 598 分提高到 625 分，就是让他们跳楼都没问题。不过却没有几位教育者告诉他们，有研究表明，你只需要多考几次，就有很大把握多拿 30 分。[6] 有时候，一些毫无意义的差别甚至能变成新闻。最近的某个 8 月，美国劳工统计局的就业统计数据显示失业率为 4.7%，而在 7 月，这个比例是 4.8%。这一改变马上就上了头条，比如《纽约时报》上的这个“上月的职位与薪水温和增长”。[7] 但用《巴伦周刊》经济版编辑吉恩·爱泼斯坦的话来说：“单纯的数字变化，并不意味着事情本身真的发生了变化。比如，失业率在任何时候都可能发生 0.1 个百分点的变化……这个变化如此之小，以至我们无法确定改变是否确实发生了。”[8] 换句话说，如果美国劳工统计局在 8 月统计了失业率，并在一小时后重新统计一次，那么仅仅由于随机误差，就很有可能使两次结果相差至少 0.1 个百分点。如果是这样的话，《纽约时报》的头条是不是该换成“下午两点的职位与薪水温和增长”？

当测量对象是一个如阿列克谢的英语课作文质量那样的主观量时，测量中的不确定性造成的问题就更大了。宾夕法尼亚州克莱瑞恩大学的一群研究者收集了 120 个学期的试卷，并对它们进行了非常仔细的审查。可以确定的是，我们自家孩子的作业永远享受不到如此细致程度的评价：每张试卷都由 8 名教师独立按 A 到 F 的七级分数制打分。对于同一张试卷，这 8 位教师给出的分数有时会相差 2 个甚至更多等级。而平均来说，不同教师给出的这个评分差别，差不多是 1 个等级。[9] 由于学生的前途常常取决于这类评价，因此，评分中存在的这个不精确性是十分不幸的。但我们应该知道，不论从方法上或理念上来看，任何一所大学中都有着从卡尔·马克思式到格劳乔·马克斯式的各式教授。如此一来，分数上的差别也就可以理解了。不过让我们再来考虑一下，如果我们在一定程度上控制这些影响打分的因素，比如固定打分的教师，并让他们按某固定的打分依据阅卷，结果又会如何呢？艾奥瓦州立大学的一名研究者，交给一群主修修辞与专业沟通的博士生大约 100 名学生的作文，并事先按评分标准对他们进行了高强度训练。[10] 每篇作文由两名独立评分者打分，等级为 1 等到 4 等。当比较他们的分数时，仅仅在大约一半的试卷上，两名打分者的意见相互一致。得克萨斯大学在本校的入学作文考试分数上也发现了类似的结果。[11] 即使是可敬的美国大学理事会，它所期望的评分稳定程度也不过是，当由两位打分者进行评判时，“在按 6 分制打分的 SAT 作文考试中，92% 的作文所得的两个分数分差在 ±1 分之内”。[12]

另一个被赋予超出其合理可信程度的主观性测量，就是葡萄酒的评分。回溯 20 世纪 70 年代，当时的葡萄酒业还是个死气沉沉的行业，虽然有增长，但这个增长主要来自廉价的低等佐餐酒的销售。1978 年发生了一件通常被认为是葡萄酒业迅猛发展的事件：罗伯特·帕克这位律师出身的自封的酒评师，决定在文字的评语之外，再用 0 到 100 的数字给葡萄酒打分。之后，大多数其他酒类出版物都沿用这套体系。如今，美国的葡萄酒年销售额超过 200 亿美元，而那些数以百万计的葡萄酒迷，在没有看酒的评分之前，是绝不会把钱放到柜台上的。因此，比如那次《葡萄酒观察家》杂志给 2004 年份瓦伦丁比安奇酒庄的阿根廷赤霞珠打了 90 分而非 89 分时，这多出来的一分，就带来了瓦伦丁比安奇酒庄销售额上的巨大增长。[13] 实际上，如果你去看看你当地的葡萄酒店，那些因吸引力不够而常常沦为促销品和低价货的葡萄酒，得分一般都在 80 多分不到 90 分这一档。但如果我们过一个小时给那个 90 分的 2004 年份瓦伦丁比安奇酒庄的阿根廷赤霞珠重新打一次分，那么这个新分数是 89 分的可能性有多大呢?

威廉·詹姆斯在 1890 年出版的《心理学原理》中认为，品酒专家能将品酒能力发挥到如此的程度，他们甚至可以判断出某杯马德拉白葡萄酒是来自上半瓶还是下半瓶。[14] 我在这么多年来参加过的品酒会上也注意到，如果我左边那个长着大胡子的家伙嘟囔了一声“大酒香味”（这酒闻起来挺香），那么其他人肯定也会发出赞同的共鸣。但如果以各自独立品酒、不能相互讨论的方式各打各的分数，那么我们经常能看到，那个大胡子写的是“大酒香味”，另一个刚剃过头的家伙则草草写了个“没有酒香”，而这个烫发的金发美女写的却是“有意思的酒香，似乎有一丝欧芹和刚晒过的皮革的味道”。

根据理论观点，我们有许多理由质疑葡萄酒评分的统计显著性。首先，我们对味道的感知，依赖于味觉和嗅觉刺激复杂的相互作用。严格来说，味觉来自舌头上的 5 种感知细胞：咸、甜、酸、苦和鲜味感知细胞。最后一种细胞会对某些氨基酸成分（例如普遍存在于酱油中的某些成分）产发生反应。但如果这就是味觉的全部，我们就可以用食盐、蔗糖、醋、奎宁和味精，模仿你最爱的牛排、烤土豆、苹果派大餐，或美味的意大利肉酱面等任何东西。幸运的是，仅仅这些味道还不足以让我们胃口大开，还需要嗅觉发挥作用。饮用两杯浓度完全相同的糖水时，如果我们在其中一杯加入一些（无糖的）草莓香精，那么你会觉得这杯水更甜。这种情况可以通过嗅觉来解释。[15] 我们所感知的葡萄酒味道，是 600 ~ 800 种可挥发性的有机化合物构成的大杂烩，它们同时在舌头上和鼻子中产生混合效果。[16] 有研究证明，即使是受过品味训练的专业人员，也很少能够分辨出一种混合物中 3 到 4 种以上的组成成分。[17] 在这种情况下，要分辨产生葡萄酒味的大杂烩，可真是一个问题了。

我们对于味道的预期，同样能影响我们对味道的感知。1963 年，3 名研究者偷偷地在白葡萄酒中加入了一点儿红色食用色素，把酒弄成了玫瑰红色。然后，他们请一群专家给染了色的酒的甜度打分，再把这个分数和未加色素的酒进行比较。这些专家都觉得红葡萄酒应该比白葡萄酒更甜，因此他们打出的分数也都表明假的玫瑰红葡萄酒比白葡萄酒更甜。另一组研究者把两杯葡萄酒样品提供给一群品酒学专业的学生。这两杯样品是相同的白葡萄酒，但其中一杯加入了无味的葡萄花青素，看上去像红葡萄酒。同样，由于对不同品种的酒的味道抱有预期，这些学生觉得红葡萄酒和白葡萄酒在味道上存在差别。[18] 在 2008 年的一项研究中，研究者让受试者给 5 瓶酒打分。他们给标价 90 美元的酒打出的分数，要高于另一瓶标价 10 美元的酒，但实际上，狡猾的研究者在两个瓶子里灌的是完全相同的酒。研究者还在实验中对受试者的大脑活动进行了磁共振成像。结果表明，当受试者品尝他们相信是更贵的酒时，那个普遍被认为对快感产生响应的大脑区域，确实处于更加兴奋的状态。[19] 但如果我们现在想对这些品酒行家指指点点的话，就让我们再来看看下面这个例子吧。一位研究者首先询问了 30 个人各自对可乐的偏好，看他们是更喜欢可口可乐还是百事可乐。然后，这些人品尝了并排放着的两个牌子的可乐，看看他们对这些可乐口味的评价，是不是与他们事先的偏好吻合。品鉴结束后，有 21 个人都说试喝更加确认了他们的选择。可实际上，这个鬼祟的研究者把瓶子里的内容对调了：百事可乐瓶子里装的是可口可乐，而百事可乐则倒进了可口可乐的瓶子里。[20] 在进行评价或测量时，我们的大脑并非单纯依赖于直接的感知输入，而是额外结合了其他的信息源——比如我们抱有的期望。

期望偏误的反面则是我们因为缺乏相关背景知识，对结果无法做出准确预估，品酒师也经常被这种期望偏误的另一面欺骗。你不大可能把一大块放在你的鼻子下面的山葵跟一瓣大蒜搞混；当然，你基本上也不会把大蒜的味道和你运动鞋里的味道搞混（仅仅是打个比方）。但如果现在你面对的是一杯清澈的液体，那么试图分辨它的气味，根本就是徒劳的。在缺乏其他相关因素时，你把气味搞混的可能性相当大。至少当两名研究者让专家们判断一系列随机的16种气味时，情况就是如此：大概每4种气味中，这些专家就会认错1种。[21]

这些情况足以令人对品酒这件事起疑，因此受此推动，科学家设计了多种方式，直接测量品酒专家对味道的分辨力。一种方法是酒味三角。它并不是什么真正的三角形，而是个比拟：每位专家都得到3杯酒，其中2杯完全相同，他们的任务是找出那杯不同的。1990年的一项研究表明，专家能正确识别这个不同样品的比例仅为2/3，也就是说，差不多每3次中就会有1次，这些品酒界的宗师级人物，会在品酒挑战中区别不出比如有着“野草莓、甜黑莓和覆盆子的馥郁醇香”的黑皮诺，和有着“干李子、黄樱桃和丝滑黑醋栗的独特气味”的黑皮诺。[22]同样，在这项研究中有若干专家被要求在包括酒精含量、是否含鞣酸、甜度和果味度等12个评分指标上，给若干种酒打分。专家们的意见在9个指标上存在明显差异。最后，在一项根据其他专家的描述指出相应的酒的测试中，受试者的正确率仅仅为70%。

酒评家们其实很清楚上面这些困难。“从许多层面而言……（这个给酒评分的体系）是毫无意义的。”《葡萄酒与烈酒杂志》的编辑就这样说过。[23]而按《葡萄酒爱好者》杂志某前编辑的话来说：“你对它了解越深，越能了解这个东西是多么被人误导又在误导别人。”[24]但评分体系仍然蓬勃发展。为什么会这样呢？酒评家们发现，当他们用星级制或简单的好、坏、糟透了这样的词语描述酒的质量时，消费者对他们的意见并不十分信服；但如果他们给出的是数值的评定结果，那么购买者表现出的态度简直可以用崇拜来形容。数字评级尽管十分可疑，却能让购买者相信，他们从不同种类、不同酿酒商和不同年份的葡萄酒的大海中捞到了那枚金针（或银针，这就要看他们的预算了）。

如果一种葡萄酒或一篇文章的质量确实可以用一个数字来衡量，那么测量理论必须解决两个关键问题：如何根据一系列不同的测量值求出这个最后的数？给定一组有限的测量值时，如何评估这个所得的数就是正确答案的概率？我们现在就来看看这两个问题，无论问题中的测量值是通过主观还是客观方式获得的，对这两个问题的回答，都是测量理论希望达到的目标。

要理解测量，关键在于理解随机误差造成的数据变化的性质。我们可以把几种酒提供给 15 个酒评家，或者在不同时间重复提供给某位酒评家，或者把这两种方式结合使用，我们接着可以把每种酒所得的多个得分求平均值或取均值，这样就可以简单明了地得到酒评家对这些酒的总看法。但重要的不仅仅是均值：某种酒在所有 15 次酒评中都得到 90 分，这传达的是一种信息；而如果它的 15 个分数是 80、81、82、87、89、89、90、90、90、91、91、94、97、99 和 100，这传达的又是另一种信息。这两组数据的均值相同，但数据偏离均值的程度不同。数据点的分布方式非常重要，因此数学家创造了一个数值量度描述数据中的波动。这个数值被称为样本标准差。数学家有时还会使用这个值的平方，即样本方差。

样本标准差描述了一组数据与其均值的接近程度，或者实际上，描述了数据不确定性程度的高低。样本标准差较小时，数据都落在均值附近。例如那组所有酒评分都是90分的数据，其样本标准差为0，而这个样本标准差就告诉我们，所有数据都与均值相同。但当样本标准差较大时，数据就没有密集地分布在均值附近。那个取值在80分到100分的酒评分数集，其样本标准差为6。利用这个样本标准差，我们可以通过一个经验性规则，判断有超过半数的评分，它们与均值的差落在6分之内。在这种情况下，你真正能说的，是这种葡萄酒的分数可能在84分到96分之间。

18世纪和19世纪的科学家在试图解读测量数据的真实意义时，也面临着持怀疑态度的酒评家所面临的相同问题。如果现在有一群研究人员对同一个量进行了一系列观测，那么他们得到的测量结果几乎总是不同的。一个天文学家可能碰到了不适合进行观测的气象条件；另一个人的望远镜有可能被微风给吹动了；而第三个人说不定刚与威廉·詹姆斯品完马德拉葡萄酒之后才到家。1838年，数学家与天文学家贝塞尔就总结出每一次望远镜观测过程中可能会出现的11类随机误差。即使是同一名天文学家进行重复测量，诸如视力不佳或温度对测量仪器的影响之类的变数，也会导致测量结果发生改变。因此，天文学家必须知道，在给定了一系列不完全相同的测量结果时，如何才能确定天体的真实位置。尽管酒评家和科学家面对的问题是一样的，我们却不能仅凭这一点就认为解决方法也是相同的。那么我们能不能识别随机误差的一般特征？还是说随机误差的特征取决于环境？

雅各布·伯努利的侄子丹尼尔是最早认识到不同类型的测量方法具有共同特征的人之一。1777年，他将天文观测中的随机误差，与弓箭手射箭时的偏差进行了类比。他推断，在两种情况下，目标（被测量的真实值或箭靶靶心）应该落在中心附近的某个位置，而观测结果应该围绕着它，而且，离目标较近的观测结果应该比远离目标的更多。他用来描述这个分布的定律并不正确，但重要的是他洞察了如下事实，即描述弓箭手误差的分布，也能用来描述天文观测误差。

测量理论的基本原理，就是误差分布遵循某种普遍规律，这个规律有时被称为误差定律。神奇的是，由它还可以得出如下推论，即当数据满足某些十分常见的条件时，通过单一的数学分析，就能根据测量值确定任意类型的真值。根据这一普遍规律，由天文学家的观测数据确定某天体真实位置的问题，跟仅知道箭支落点的位置确定靶心位置的问题，或是根据一系列评酒分数确定葡萄酒“品质”的问题，就是等价的。数学统计之所以是一个连贯体系的学科，并非在于它仅仅是一堆技巧，而在于，无论我们现在的测量对象是圣诞节凌晨 4 点时木星的位置，还是某条生产线生产的提子面包的重量，重复测量所得的结果中，误差的分布都是一样的。

这并不是说只有随机误差会影响测量结果。如果一群酒评家中的一半只爱红葡萄酒，而另一半对白葡萄酒情有独钟，但是除此之外他们的观点完全一致，那么一种特定葡萄酒所得的分数，其分布将不会遵循误差定律，而是会形成两个高峰，其中一个对应着红葡萄酒爱好者所给的分数，另一个则对应着白葡萄酒爱好者所给的分数。即使在一些定律的适用性不那么明显的场合，例如职业足球比赛中获胜方领先的分数[25]，或是 IQ（智商）得分，误差定律也适用。多年以前，我曾经掌握了某软件几千名用户的注册数据。这个软件是一位朋友为 8 岁和 9 岁的孩子设计的，但软件的销售情况不如预期。到底是什么人购买了这个软件呢？我根据注册数据制作了一些表格，发现最大的购买人群是 7 岁的孩子。这个期望目标人群和实际目标人群之间的错位当然令人不快，却也并非完全出乎意料。真正令我震惊的是，当我绘制条形图想看看购买者数量随着年龄逐渐偏离 7 岁这个均值时的趋势时，我发现，画出来的条形图看上去十分眼熟——它就是误差定律中的那条曲线。

能够质疑弓箭手和天文学家、化学家和市场销售经理遵从的是同一条误差定律是一回事，能找出定律的具体形式却是另一回事。在天文数据分析这个需求的驱动下，18 世纪晚期，丹尼尔·伯努利和拉普拉斯这样的科学家，提出了一系列假设。事实证明，正确描述误差定律的数学函数即钟形曲线，其实一直就在他们的眼皮子底下。而在几十年前，在一个不同的场合，它就已经在伦敦被发现了。

揭示钟形曲线重要性的有三个人，但被认为贡献最小的人，恰好就是钟形曲线的发现者。亚伯拉罕·棣莫弗是在 1733 年取得这个突破的，当时他 65 岁左右。但这个突破要为人所知，还得等到 5 年后他的《机会的学说》第二版的出版。之前我们把帕斯卡三角形在第 10 行就拦腰斩断了，如果这个三角形继续向下延伸，直到数百行甚至数千行，这时帕斯卡三角形区域的近似值是多少呢？这就是棣莫弗探索的东西。正是这个探索，让他发现了钟形曲线。雅各布·伯努利在证明自己的大数定律时，也必须研究这些数列的某些性质。这些数字可以非常大，例如，在帕斯卡三角形第 200 行中的一个系数，有 59 个数字！在伯努利那个时代，这样巨大的数字的计算显然异常困难。实际上，直到计算机出现之前，这都是一个无比艰巨的任务。我前面提到过，伯努利在证明他的大数定律的过程中使用了近似，而正是这些近似削弱了他的结果的实用性。但他之所以这样做，是因为他需要处理这些巨大的帕斯卡三角形的系数。不过，棣莫弗利用他发现的曲线，进行了更好的近似计算，从而极大地改进了伯努利的估计。

如果按照我在那个软件用户注册数据上的做法，把帕斯卡三角形中某行的数字，以条形图绘制出来，那么棣莫弗推导出的近似就是显而易见的。例如，帕斯卡三角形第 3 行中的 3 个数字分别是 1、2、1。绘制成条形图的话，第一个条形高 1 个单位；第二个条形的高度是第一个的一倍；而第三个条形的高度又变为 1 个单位。现在来看第 5 行中的 5 个数字：1、4、6、4、1。图中将有 5 个条形，且同样由最矮的条形开始，在中间上升到顶点，然后又对称地降下来。那些很靠下的行中的系数会形成有非常多条形的条形图，但这些条形的高矮变化方式是一样的。帕斯卡三角形的第 10 行、第 100 行和第 1 000 行所对应的条形图见图 7–1。

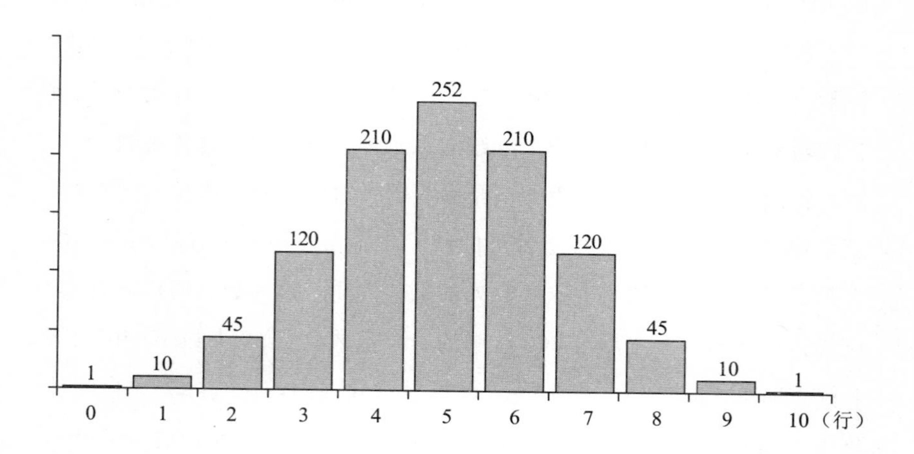

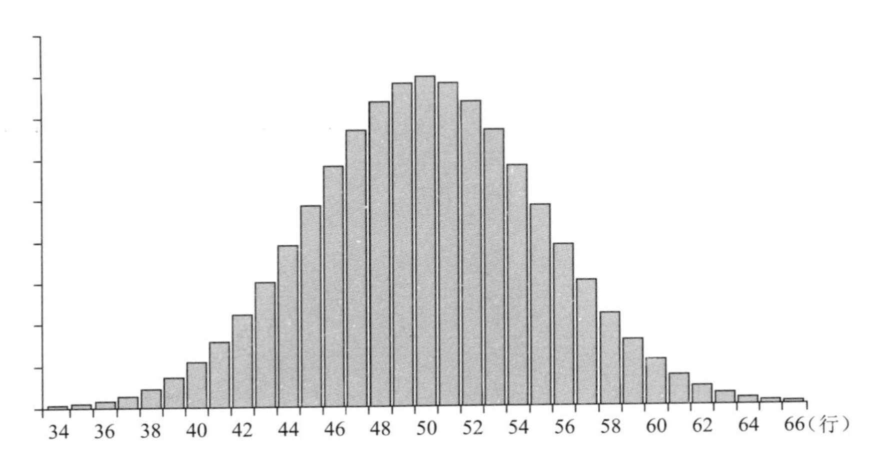

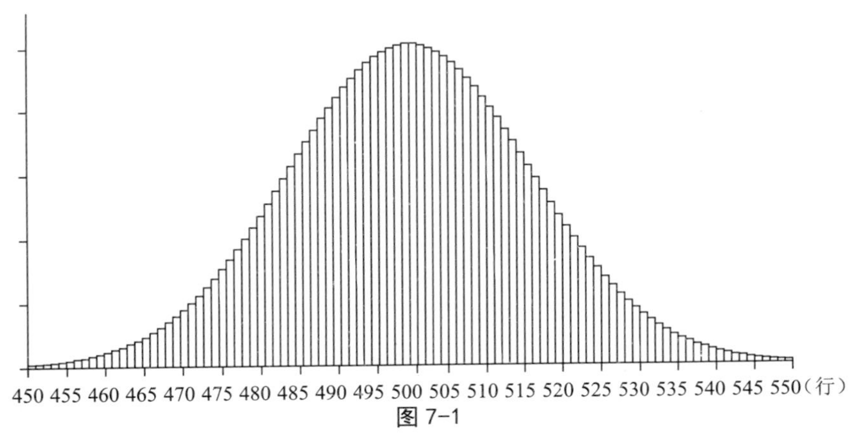

图 7-1

注：以上图中的条形高度代表帕斯卡三角形（见图 4-1）中第 10、第 100 和第 1 000 行中各系数的相对幅值。横轴上的数字代表对应系数的序号。按照惯例，这些序号从 0 而不是 1 开始。（中图和下图的横轴被截断了，省略了那些条形高度可以忽略的系数。）

如果用一条曲线将这些条形的顶部连起来，就会出现一个很有特征的形状，一个近似钟形的形状。如果把曲线再弄平滑些，你就可以写出它所对应的数学表达式。这条平滑的钟形曲线不仅仅是对帕斯卡三角系数的可视化描述，它更提供了一种既精确又易于使用的估计方法，让我们可以估计帕斯卡三角中那些较大行数中的系数。这就是棣莫弗的发现。

钟形曲线如今常被称为正态分布，有时也被称为高斯分布（我们将在后面看到这个名称的由来）。正态分布实际上并不是一条固定的曲线，而是一系列曲线，其具体位置与形状由两个参数来确定。第一个参数确定了曲线峰值出现的位置，图 7-1 中分别为 5、50 和 500。第二个参数则确定了曲线的延展程度。这个延展程度的现代名称——标准差——要到 1894 年才会出现，它也是我们早先提到的样本标准差这个概念的理论对应物。大体而言，在曲线最大高度的 60% 处，它是曲线宽度的一半。如今，正态分布的重要性已远远超出它作为帕斯卡三角形中数字的近似值的用途。实际上，它是我们发现的最常见的数据分布方式之一。

钟形曲线能描述数据分布这一点表明，在多次重复观测后，大多数结果将落在均值附近。曲线中的波峰就表明了这一点。不仅如此，当曲线对称地朝两边逐渐降低时，它同时也给出那些大于或小于均值的特定观测结果出现的频次逐渐减小的规律。在遵循正态分布的数据中，大约 68%（差不多 2/3）的观测值将落在均值 1 个标准差的范围内，大约 95% 落在 2 个标准差的范围内，而 3 个标准差的范围则囊括了 99.7% 的观测值。

我们用图 7-2 进行说明。我们扔了 10 次硬币，并让 300 名学生猜测每次的结果，图中的正方形标出的就是猜测的结果。[26] 水平轴上的数字代表在 10 次扔硬币中猜对的次数，分别是从 0 次到 10 次。垂直方向绘制的则是猜对的学生的数量。曲线的形状像一口钟，中心落在了猜中 5 次的位置上，这个位置的曲线高度对应了 75 名学生。在其左侧，差不多是 3 次到 4 次中间的地方，曲线高度约为 51 名学生，即大致为最高值的 2/3；而在右侧，这个高度所对应的点落在了 6 次与 7 次中间。对于猜测扔硬币的结果而言，具有这种标准差大小的钟形曲线，是典型的随机过程。

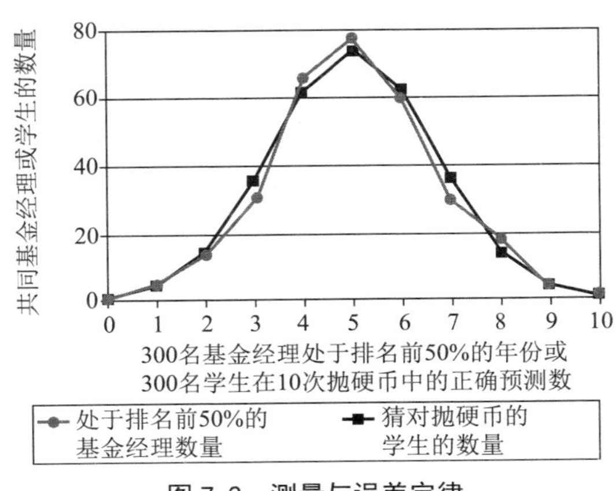

图 7-2 测量与误差定律

在同一张图上，我们还用圆圈标出了另一组数据。这是 300 名共同基金经理的业绩数据。此时，水平轴表示的不是 10 次扔硬币中猜对的次数，而是 10 年中某经理的表现高于这个群体平均水平的年份的数量。注意两条曲线之间的相似性！在第 9 章中，我们将回到这个问题上来。

要更直观地认识正态分布与随机误差的关系，一个好例子是民意调查或抽样的过程。读者也许还能记起第 5 章那个巴塞尔市长支持度的调查。有确定的一部分选民支持市长，也有确定的另一部分不支持他。为了简单起见，假设这两种人各占 50%。我们已经知道，被调查人群可能无法正好反映这种对半分的情况。实际上，如果询问 N 名选民，他们之中支持市长的人数为某个给定数量的可能性，就正比于帕斯卡三角第 N 行中对应的系数。因此棣莫弗的成果告诉我们，如果调查者对大量选民进行调查，那么各种调查结果的出现概率，就可以用正态分布来描述。换言之，在民意调查中观察到的 95% 的支持率会落在 50% 这个真实支持率 2 个标准差的范围内。民意调查方用误差幅度来表示这一不确定性。如果调查者对媒体说某次调查的误差幅度是正负 5%，他们的意思是指，如果将同样的调查重复多次，那么在 20 次中有 19 次（95%），所得结果会在正确结果的 5% 的误差范围内（尽管调查者很少明说，但实际上这句话也意味着，每 20 次调查中大概就有 1 次的结果错得离谱）。根据经验，样本容量为 100 时的误差幅度，对大多数调查目的而言都太大了；而样本容量为 1 000 时的误差幅度大约是 3%，在大多数情况下就已足够了。

不管是什么类型的调查或民意测验，我们在对调查结果进行评价时，一个关键在于我们必须认识到，如果这个调查或测验重新来过的话，调查结果将会毫无意外地发生变化。举个例子，如果已登记选民对于总统的真实认可率为 40%，那么对选民进行的 6 次独立调查，更可能给出诸如 37%、39%、39%、40%、42% 和 42% 这样的结果，而不会是所有这 6 次调查得到的认可率都是 40%（前面这 6 个数字，实际上就是 2006 年 9 月的头两周，对总统任职情况认可率进行的 6 次独立调查的结果）。[27] 这也就是我们应该忽略所有那些没有超出误差幅度的差异的原因，这同样是一条经验性的规则。但是，《纽约时报》虽然没有登出“下午两点的职位与薪水温和增长”这样的头条，但在报道政治方面的民意调查时，类似的头条却随处可见。例如在 2004 年美国共和党全国代表大会之后，CNN（美国有线电视新闻网）的头条是“布什的支持度明显温和反弹”。[28]CNN 的专家们接着解释道：“布什在大会上的支持率看来反弹了约 2 个百分点……潜在选民中表示要选他为总统的比例，从大会前的 50% 立刻上升到之后的 52%。”只是到了后面，报道者才指出，调查的误差幅度为正负 3.5 个百分点，实际上这等于宣告了上述新闻根本毫无意义。很明显，“明显”这个词在 CNN 评论节目中的真正含义是“明显没有”。

对于许多调查而言，大于 5% 的误差幅度都属于不可接受的范围。但在日常生活中，我们进行判断所依据的数据量往往远少于必需。人们不可能打 100 年的职业棒球，或投资 100 幢公寓楼，或办 100 家巧克力曲奇饼公司。因此，如果要评价别人在这些方面取得的成就，我们的判断依据就仅仅是少数几个数据点。橄榄球队是否应该大手笔甩出 5 000 万美元，引诱那个上赛季刚刚取得了创纪录成绩的家伙呢？那个想要你掏钱投资的股票经纪人，她之前的成功能够复现的可能性有多高？而那个富有的发明者在“海猴子”①这个发明上取得的成功，是不是意味着他那些“隐身金鱼”和“即活蛙”的新点子的成功率也挺大呢？（据考，他的这些新点子并不成功。[29]）一次成功或失败，只是我们观察到的一个数据点，或者钟形曲线上的一个采样，它仅仅代

① “海猴子”是美国人哈罗德·冯·布朗哈特发明的一种即活生物。海猴子实际上是一种咸水虾，可以被晒干，当被放入水中时就会活过来。

表一直存在着的许多可能性中的一个。对于这一单独的观测值，我们无法知道它只是代表着均值，还是某“异常值”；也无法知道这个观测所对应的，到底是我们有把握赌一把的事情，还是某个不大可能再次出现的罕见情况。但是我们至少应该了解，一个采样点就是一个采样点，相较于简单地视其为真实值，我们更应该在产生该采样点的分布标准差或离散程度这个语境中看待它。一瓶葡萄酒的得分是 91 分，但如果没有足够的信息估计这种酒被多次评分或由多人评分时得分的波动，91 这个数字就毫无意义。下面的例子也许能帮助我们理解这一点：几年前，《企鹅版澳大利亚优质葡萄酒指南》（*The Penguin Good Australian Wine Guide*）以及《葡萄酒》（*Wine*）杂志的《澳大利亚葡萄酒年鉴》（*Australian Wine Annual*），都对 1999 年份米其顿黑森林公园雷司令酒进行了点评。“企鹅版指南”按五星制评分给了该酒五星，并称其为“企鹅版”年度最佳葡萄酒；而《葡萄酒》杂志则将其列在所有参评酒的末位，并确信这是十年来最差的酒。[30] 正态分布不仅可以帮助我们理解这样的矛盾，而且使无数的统计应用成为现实，而这些统计应用广泛出现在科学和商业领域，比如制药公司评判临床试验结果的显著性，或者制造商评判部件的一个抽样检测是否准确反映了不合格产品的比例，或者市场经销商是否应该接受一项研究调查的结果并据此对其行动做出决策，等等。

认识到正态分布描述了测量误差的分布，则是棣莫弗发现钟形曲线之后数十年的事了。发现这一点的人是德国数学家卡尔·弗里德里希·高斯，人们常常将他的名字与钟形曲线联系在一起。高斯在解决行星运动问题时开始认识到正态分布的这个性质，至少是认识到天文测量中的误差可以通过正态分布来描述。但高斯的“证明”是有问题的，他自己后来也承认了这一点。[31]而且，他也未能发现正态分布的许多更加深刻的推论。因此，他将这条定律毫不起眼地插在了《天体运动论》结尾部分的一个小节中。该定律本来很可能就此被埋没，并最终成为那些数量不断增多的被摈弃的误差定律之一。

将正态分布从这个阴暗的角落中拉出来的人是拉普拉斯。他在 1810 年读到了高斯的著作，而此前不久，他刚刚在法兰西科学院宣读了一份备忘，证明了一条被称为中心极限的定理。该定理指出，大数量独立随机因素总和的值为任意给定值的概率，遵循正态分布。比如，你准备烤 100 条 1 千克重的面包，每条面包你都严格按照配方来做，但由于随机性，你有时可能会多加一点儿或少加一点儿面粉或牛奶，或者在烘烤时多烤掉一点儿或少烤掉一点儿水分。这些各种各样的因素，最终会让你烤出来的每条面包跟 1 千克的期望重量相比，都多几克或少几克。但中心极限定理告诉我们，这些面包的重量将遵循正态分布。读了高斯的著作后，拉普拉斯立刻意识到，他可以用正态分布改进自己的工作，并可以给出一个比高斯更好的论证，来说明正态分布的确就是人们孜孜以求的误差定律。拉普拉斯忙不迭地给备忘加了个小尾巴，而中心极限定理和大数定律现在也成为随机性理论中最负盛名的两个结论。

要理解中心极限定理是怎样说明正态分布就是正确的误差定律的，让我们再来看看丹尼尔・伯努利的弓箭手例子。我就曾扮演过这个弓箭手的角色。那是在一个晚上，在令人欣欣然的葡萄美酒与有大人们参与的幕间节目之后，小儿子尼古拉递给我一张弓和一支箭，问我敢不敢试试射落他头上放着的苹果。箭头是用柔软的泡沫塑料做成的，但如果先来分析一下我可能出现的失误和概率，应该也不可谓不合理。

出于大家显然都能理解的原因，我主要考虑垂直方向的误差。我对这个误差建立了如下的简单模型：每个随机因素，比如瞄准的偏差、气流的影响等等，都会使我射出的箭在垂直方向上偏离目标，或者高些或者低些，两者出现的可能性相等。如果我走运的话，这些影响因素中大概有一半将使箭的落点偏高，而另一半使之偏低，总的来说，结果就是箭能准确命中目标。但如果我不走运（或者更准确点儿说，我儿子不走运）的话，所有这些误差都会使箭朝同一个方向偏离，从而使箭或高或低地远离目标。现在的问题是，当所有引起偏差的因素被综合起来后，误差正好相互抵消，或者正好都朝一个方向累加并形成最大误差，或者最终的总和落在前两者中间的任意一点时，各自的可能性有多大？这些影响因素构成了一个伯努利过程，因此上面的问题就等同于问，在扔多次硬币时得到特定次数的正面朝上的可能性有多大。帕斯卡三角形给出了问题的答案，或者当试验次数很多时，正态分布给出了答案。这也是中心极限定理所说的内容。（至于那次射箭挑战，最后我既没有射中苹果，也没有射中我的儿子，却射翻了一杯上好的红葡萄酒。）

19 世纪 30 年代，大多数科学家已经开始相信，每个测量值都是一个复合的产物，受到众多误差源的影响，并因此遵循误差定律。从此以后，利用误差定律和中心极限定理，我们便获得了对数据及其与物理现实之间的关系的崭新且更为深刻的理解。在紧接而来的下一个世纪中，研究兴趣放在人类社会本身的那些学者也掌握了这个观念，并惊奇地发现，个人的性格与行为的变化，也常常表现出跟测量误差一样的模式。因此，他们试图将误差定律的应用，从物理科学拓展到与人类本身的事务有关的一门新科学之中。

第8章

混沌中的秩序

20世纪60年代中期，一名90多岁高龄的法国妇女让娜·卡尔梅，因急需生活费而跟一个47岁的律师做了笔交易：她将自己的公寓低价卖给律师，律师则按月给她提供生活费，直到她过世。等到了那一天，她横着出去，律师竖着进来。[1]律师肯定知道卡尔梅女士的寿命已超出法国人期望寿命达10年之多。不过看来他大概并不了解贝叶斯定理，所以也不知道他所了解的这位女士在超过预期寿命的10年中去世的概率其实跟这笔买卖没啥关系，而真正跟买卖有关的，是在这位女士已经活到90岁的前提下，她的期望寿命大概还有6年。[2]不过即便如此，律师也觉得这笔买卖不必担心会亏本。因为他相信，不管是哪个女人，如果她十来岁时就已经在父亲的店中遇见过文森特·凡高，那么他完全有理由相信，她跟凡高的再次会面一定用不了多长时间。（据说该女士认为我们的大艺术家"邋里邋遢，穿衣没品，惹人讨厌"。）

果不其然，在10年后，律师不得不另找一处住所栖身，而让娜则用自己良好的健康状况庆祝了她的第100个生日。尽管这时她的期望寿命只有差不多2年，但靠着律师的奉养，她又度过了110岁的生日，而律师已经67岁了。再过10年，律师漫长的等待终于到了头，却是他没有猜中的结局。1995年，律师去世了，让娜还活着。她自己的那一日最终于1997年8月4日到来了，这时她已是122岁高龄，比律师的寿命多了整整45个年头。

单个个体的期望寿命以及命运是无法被预计的。但如果从大群体采集数据，并在大规模数据上进行总体分析，具有规律性的模型就会浮现出来。假设你已经20年没有出过交通事故了。然后在那个命中注定的下午，你跟妻子和她的娘家人一道在魁北克度假，你的岳母突然大叫一声："当心驼鹿!"你一打方向盘，直接撞向了写着同样内容的警示牌。对你来说，这一定是一起你不打算重现的特殊事件。但是，警示牌存在本身，反映的就是一种客观需要。在那些数以千计的驾驶员中，肯定有一定比例的人会碰上驼鹿。实际上，随机行动的个人所构成的统计集合，常常表现出自洽且可以预测的行为，就好像这是一群有意识地追求某个共同目标的人。或者如哲学家康德在1784年所写："每个个人，按照自己的喜好，追逐着自己的目标，并常与他人的目标相左；但每个个人或民族，都通向一个自然的但对他们而言都属未知的目标，就好像追随着某条引领之线；所有人都为这个目标做着努力，哪怕当他们知道目标的存在却对它不加重视时，也一样在努力。"[3]

根据美国联邦公路总署的资料，美国大约有2亿名司机。[4]美国国家公路交通安全管理局的数据显示，在最近的某一年中，这些司机共行驶了约2.86万亿英里的里程[5]，差不多是每人1.43万英里。现在，假设美国人民想搞个好玩的事情，就是让司机们在下一年中跑出同样的总里程数。那我们来比较两种方法，它们都可以达到这个目的。方法一是由政府在国家自然科学基金会的一个超级计算中心，建立一个定量配给系统，将每人的目标行驶里程分配下去，以便在满足这2亿名司机各自需要的同时，还保持前一年那1.43万英里的平均里程。而在方法二中，我们告诉司机，不要有任何压力，你爱开多远就开多远，不用去管前一年到底跑了多少里程。如果从来都是步行去酒铺上班的比利·鲍勃叔叔，这次决定要当个霰弹枪推销员，到西得克萨斯跑上10 万英里，没问题；住在曼哈顿的简表妹总是把大部分里程花在在道路清洁日围着她住的街区团团乱转找车位上，但现在她结了婚并搬到了新泽西，那么我们也不用担心她的里程数是否因此而改变。那么在这两种方法中，哪个能更准确地达到 1.43 万英里这个人均年里程数目标呢？我们没法对方法一进行实验，不过，根据以往在一段有限的时间内实施汽油配给政策的经验来看，这个方法大概不会很奏效；另一方面，方法二其实就是我们在实际中采用的方法：在下一年中，司机们高兴开多远就开多远，根本没想过要去达到什么配额之类的问题。那他们的表现如何呢？根据美国国家公路交通安全管理局的数据，在接下来的一年中，美国司机开了 2.88 万亿英里，或者每人 1.44 万英里，不过比目标多了 100 英里而已。而且，这 2 亿名司机出现了几乎同样多的交通死亡人数（42 815 人对 42 643 人），与上一年相比相差不到200 人。

我们总是将随机性与无序联系在一起。尽管 2 亿名司机的生活总是在发生着无法预知的变化，我们却很难证明，他们作为一个整体的行为，能够比上面描述的行为更为有序。我们如果去看看诸如投票、买股票、结婚、人口失踪、信件写错地址，或者在去一个原本不打算参加的会议途中碰到堵车之类的情况，或者我们在测量人们腿的长度、脚的尺码、臀部的宽度或啤酒肚的厚度时，我们就能发现类似的规律性。当 19 世纪的科学家一头扎进前不久才开始能够获取的社会学数据时，他们发现不管在什么类型的数据中，生活中的混沌似乎总是会形成可以被量化描述也可以被预测的模式。但这些规律性并非唯一令人震惊的地方，同样令人惊讶的还有这些数据变化的性质，因为科学家发现，社会学中的数据也常常遵循正态分布。

人类的特征与行为的差异，以及弓箭手瞄准的误差，这两者竟然具有相似的分布情况，这个事实促使19世纪的一些科学家开始思索，如果将我们人类本身的存在比喻为一支箭，那么这支箭瞄准的目标到底是什么？而比找到这个目标更加重要的，是了解到底有哪些社会和自然方面的因素，使得这个目标有时会发生改变。因此，数学统计学这个为帮助科学家分析数据而发展起来的学科，在一个大相径庭的领域中蓬勃发展起来，这个领域就是对社会运行规律的本质的研究。

统计学家对日常生活中的数据进行分析的做法，出现时间至迟不会晚于11世纪。当时，威廉一世派人进行了事实上的史上首次全英格兰普查。威廉的统治始于1035年，时年7岁的他继承了父亲诺曼底公爵之位。正如其绰号“征服者威廉”所示，威廉一世喜欢征服，并在1066年入侵了英格兰。圣诞节那天他送给自己的礼物，就是英格兰的王冠。这种迅速的胜利给他留下了一点儿小问题：这些被他征服的到底是什么人？而更重要的问题是，他能从这些新臣民身上收多少税？为了获得这些问题的答案，他派人调查英格兰的每个角落，记录每一块土地的大小，土地的所有者，以及土地上有哪些资源。[6]为了确保结果的正确性，在第一批巡察员的工作结束后，他又派出第二批巡察员。当时的税并不是按人头来收取的，收税的依据是土地的面积及用途。因此，巡察员付出了称得上勇气可嘉的努力，清点了公牛、奶牛和猪的数量，不过关于为它们清理排泄物的人，却没有什么记录被留下来。不过就算当时的税收和人口数据有关，就算想在中世纪对与人有关的最重要的寿命和疾病数据进行调查，也会被认为与基督教传统的死亡观念相悖。根据基督教教义，将死亡作为理性思考的对象本身就是错误的，而试图寻找掌管死亡规律的行为，简直就是亵渎神灵。不管人们是死于肺部感染、胃痛，还是石头的冲击力超过了头骨的承受力，他或她的真正死因，都被简单地认为是上帝的意旨。需要经过许多个世纪，这种宿命的态度才会慢慢退出历史舞台，而接替它的是相反的观点。根据新观点，研究自然和社会的规律性并非挑战上帝的权威，而是试图理解上帝的行事方式。

这个观念转变过程在 16 世纪迈出了一大步。当时的伦敦市长下令编撰每周一期的“死亡表”，以归总教区教士所记录的洗礼和葬礼。编撰工作在数十年中偶尔进行着，但在 1603 年这个瘟疫最为猖獗的年份之一，伦敦创立了周记制度。欧洲大陆的神学家们对这些满页都是数据的死亡表不屑一顾，这被视为典型的英国做派，几乎毫无用处。但是，对店主约翰·格朗特这个英国人来说，表中的数据却叙述了一个引人入胜的故事。[7]

格朗特和朋友威廉·配第被称为统计学的奠基人。纯数学领域的研究者有时会觉得这个领域十分浅薄，因为它关注的是凡夫俗子的实用问题。从这个意义来说，让格朗特作为这个领域的创建者，其身份跟这个领域给人留下的印象尤其相配。与建立概率论的业余爱好者如医生卡尔达诺、法官费马或神父贝叶斯这些人不同，格朗特是个买卖纽扣、针线之类家居小饰品的商人。但格朗特不仅仅是纽扣商，他还是个有钱的纽扣商。财富使他有足够的闲暇，这让他可以去追求一些跟如何扣衣服毫无关系的兴趣与爱好。财富还使他和一些当代最伟大的知识分子成为朋友，其中就包括配第。

格朗特从死亡表中得出的推论之一，是关于饿死的人数。1665 年，这个数字据称是 45 人，大概只是被处决人数的一倍；相比之下，有 4 808 人死于肺病，1 929 人死于斑点热和紫癜，2 614 人死于牙病和寄生虫病，68 596 人死于瘟疫。那是什么原因使得伦敦在“乞丐成堆”的时候，却只有这么几个人是饿死的？格朗特认为，这肯定是因为普通民众乐于施舍食物，才使得乞丐们免于饿死。他因此提出，国家应该给缺衣少食的穷人提供食物，这样一来，一方面社会大众不必付出太多，另一方面 17 世纪伦敦的街道也不至于被与之相称的乞丐和擦车仔们给堵个满满当当。格朗特还参加了瘟疫传播方式的两种理论的争论。一种理论认为这种疾病是通过污浊的空气传播的，而另一种则认为传播是通过人与人的接触完成的。格朗特观察了一周又一周的死亡记录，最后认为，因瘟疫致死人数的数据，其变动幅度太大，令人无法相信这种变动是完全随机的。根据他的观点，人与人之间接触的模式基本上是恒定的，因此人传人的理论如果是正确的，那么死亡人数的波动应该表现出随机性。而另一方面，每周的天气变化都可能相当大，超出一般的随机波动范围，所以他觉得，这些波动的数据与污浊空气理论更为一致。当然，后来的事情表明，伦敦并没有为开设粥场做好准备，而伦敦市民如果远离丑陋的老鼠而不是污浊的空气，那么他们也会活得更好些。但是格朗特的伟大发现并不在于得出某个具体问题的结论，而在于他认识到，我们可以通过统计数据，更好地洞察产生这些数据的那个体系。

配第被一些人认为是古典经济学的先驱。[8]配第相信，国家的力量有赖于臣民的数量和性格，并最终通过臣民的数量和性格得以体现。因此，他运用统计推理的方法分析国家大事。他的分析通常都是从统治者的视角出发，而将社会成员当作可随意摆布的物品。他指出，为了对付瘟疫，应该把钱花在预防上，因为拯救生命就等于省下一笔抚养费，而国家通过拯救更多的生命可以省出数量可观的金钱。而且这种做法的回报，即使相较于最有利可图的其他投资方式，也有过之而无不及。不过配第对爱尔兰人可就没那么仁慈了。例如，他认为一个英格兰人的性命，其经济价值要大于一个爱尔兰人的性命，因此，如果除了留几个人在爱尔兰放牛，把其余爱尔兰人都强迁到英格兰，那么王国的财富可以随之增加。实事求是地说，配第自己的财富就得益于这些爱尔兰人：作为 17 世纪 50 年代入侵爱尔兰英军的随军医生，他被指派了一项任务，就是对战争造成的损失进行评估。经过仔细评估他得出的结论是，他可以从中大捞一笔，而且能安然脱身。而他也正是这样做的。[9]

如果一如配第认为的那样，人口及其增长反映了政府的优劣，那么在缺少一个测量人口的好方法的情况下，对政府优劣的评价就会变得十分困难。正是在这个问题上，格朗特进行了他最为著名的计算，特别是对伦敦人口的计算。格朗特从死亡表中获取了出生人口的数据。结合对出生率的粗略估计，他进一步推算出育龄女性的大概数量，然后估计出家庭数量，再通过他自己观察到的伦敦家庭成员的平均人数，就能估计出全城人口。他的计算结果是 38.4 万，而之前人们都觉得这个数应该有 200 万。格朗特还证明，伦敦人口增长的主要贡献，来自从边远地区过来的移民，而非更为缓慢的人口繁衍；此外，尽管瘟疫仍然会造成恐慌，但即使是最严重的疫病所导致的人口减少，也会在两年之内有所缓和。这一结论颇为令人吃惊。此外，人们相信正是格朗特发布了历史上首份“寿命表”。时至今日，这个以系统的方式排列预期寿命数据的做法，仍被从人寿保险公司到世界卫生组织等对人们的寿命感兴趣的机构或团体使用着。表 8-1 显示了在每 100 人中能活到任意指定寿命的人数。在格朗特所列的数据（下表中标着“伦敦，1662”这一列）之外，我额外增加了某些国家现在的数据。[10]

表 8-1　格朗特寿命表扩展版

年龄	伦敦，1662	阿富汗	莫桑比克	中国	巴西	英国	德国	美国	法国	日本
0	100	100	100	100	100	100	100	100	100	100
6	74	85	97	97	99	100	99	100	100	100
16	40	71	82	96	96	99	99	99	99	100
26	25	67	79	96	95	99	99	98	99	99
36	16	60	67	95	93	98	98	97	98	99
46	10	52	50	93	90	97	97	95	97	98
56	6	43	39	88	84	94	94	92	93	95
66	3	31	29	78	72	87	87	83	86	89
76	1	16	17	55	51	69	71	66	72	77
86	—	4	5	21	23	37	40	38	46	52
96	—	0	0	2	3	8	8	9	11	17

1662 年，格朗特在《死亡表的……自然与政治观察》（*Natural and Political Observations ... upon the Bills of Mortality*）中发表了他的分析。该书获得了广泛赞誉。一年后，格朗特入选英国皇家学会。但在 1666 年，伦敦发生了大火。城市的很大一部分被全部烧毁，格朗特的生意也毁于一旦。为了在他的伤口上再撒一把羞辱的盐，有人指控他在大火发生前下令停止供水，所以他是火灾的帮凶。实际上，直到火灾发生之后，他才与供水公司有过联系。不管怎样，在这段插曲之后，格

朗特的名字从英国皇家学会名册上消失了。几年后，格朗特死于黄疸。

很大程度上，正是由于格朗特的成果，法国才在 1667 年与英国站到了同一条战线上，修订法律给诸如死亡表这样的统计调查放行。其他欧洲国家紧随其后。到了 19 世纪，整个欧洲的统计学家，都深深地陷在诸如普查数据这样的政府记录之中，这简直就是“一场数字的大雪崩”。[11] 格朗特的贡献在于，他证明了我们可以通过仔细分析数据的有限样本，推理得出关于人群总体的结论。尽管格朗特与其他人付出了卓绝的努力，以求能够利用简单的逻辑了解数据中蕴含的信息，但要解释这些数据所隐藏的大部分秘密，还有待高斯、拉普拉斯和其他 19 世纪及 20 世纪早期的科学家所建立的工具。

“统计”一词源自德语单词 Statistik，是由《比尔菲尔德初等普及教育》（*Bielfield's Elementary Universal Education*）一书 1770 年的翻译版引入英语的。书中写道：“被称为统计的这门学科告诉我们，在已知世界中的现代国家，其政治组成是怎样的。”[12] 到 1828 年，统计学科已经发生了变化，此时诺亚·韦伯斯特的《美国英语词典》（今简称《韦氏大词典》）所定义的统计学是：“有关社会状态，民族或国家中人们的情况，他们的健康状况、寿命、国内经济、艺术、财产与政治影响力以及国家的状态等事实的集合。”[13] 拉普拉斯一直都在探索，如何将他的数学分析方法的应用对象，从行星与恒星等天体扩展到日常生活，在韦伯斯特定义统计学的含义时，统计学已经将拉普拉斯的方法包含在内了。

正态分布描述了许多系统中，系统的表现围绕某中心值发生改变的行为方式，这个中心值就代表了系统最可能的输出值。在《概率的哲学导论》（*Essai philosophique sur les probabilités*）一书中，拉普拉斯声称这个新的数学分支，能用于评判法庭证言、预测结婚率、计算保险费等问题。但当该书最后一版问世时，拉普拉斯已是六十多岁了，因此继承和发扬其构想的重任，就落到了 1796 年 2 月 22 日出生于佛兰德根特的阿道夫·凯特勒[14]这名年轻人的身上。

凯特勒的研究工作并非肇因于对社会运转方式的兴趣。1819 年为他赢得根特大学颁发的第一个数学博士学位的论文，是与圆锥曲线理论有关的一个几何学课题。然后，他的兴趣转向天文学。1820 年左右，他积极运作，以寻求在他当时任职的布鲁塞尔建立一个新天文台。在充满野心的凯特勒看来，这个天文台显然是建立一个科学帝国的第一步。他的这一步走得颇为莽撞，因为他对天文学所知不多，而对天文台运作更是几乎一无所知。但他说服别人的能力肯定相当不错，因为不仅天文台的建设得到资助，他个人也获得一笔基金，从而能够用几个月的时间到巴黎去弥补知识上的不足。结果表明，这笔投资收益显著，因为凯特勒的比利时皇家天文台直到今天仍然存在。

在巴黎，凯特勒以其独有的方式，受到了生活之无常的影响，并被命运带到一个完全不同的方向。他与统计学的罗曼史，始于与几位伟大的法国数学家的结识，其中包括拉普拉斯和约瑟夫·傅立叶。他师从傅立叶，学习了统计与概率。尽管这时他已经学会如何运作天文台，但凯特勒陷入对另一个目标的热烈追求之中，这个目标就是运用天文学中的数学工具处理社会数据。

凯特勒回到布鲁塞尔后，开始收集和分析人口统计数据，并很快将注意力集中在法国政府于1827年开始发布的犯罪活动记录上。在《论人类及其能力之发展》（*Sur l'homme et le développement de ses facultés*）

这部发表于 1835 年的两卷本著作中，凯特勒印上了一张 1826 年至 1831 年所报道的法国各年谋杀案数量的表格。他注意到，谋杀案的数量是相对恒定的，不仅如此，每年用火枪、剑、小刀、木棒、石头、其他砍刺器具、拳脚、绳勒、溺毙和火烧等方式进行的谋杀案，它们的比例也相对恒定。[15] 凯特勒还按年龄、地域、季节、职业以及是否在医院和监狱里等因素，对死亡率进行分析。他还对酗酒、精神病和犯罪进行了统计学研究。此外，他在巴黎自缢者人数以及比利时 60 多岁老妪配 20 多岁小伙子的婚姻数量上，也发现了各自的统计规律。

统计学家之前就进行过类似的研究，但凯特勒比他们做得更多：他不仅观察了数据的平均值，还仔细研究了它们与平均值之间的偏离情况。不管研究对象是什么样的，凯特勒都遇到了正态分布：在犯罪、结婚和自杀的倾向上，在美洲原住民的身高上，乃至在苏格兰士兵的胸围测量值上（从《爱丁堡医学和外科杂志》的一篇旧文中，他得到 5 738 个胸围测量数据的样本），正态分布无处不在。在为该书草稿所准备的 10 万名年轻法国人的身高中，他还发现一种现象，那就是一组数据的分布与正态分布之间的偏离，本身可能意味着一些不为人知的信息。在这些数据中，当把准备应征入伍的士兵的数量与他们的身高进行对比时，所得的钟形曲线是扭曲的：身高刚刚超过 5 英尺 2 英寸 ① 的人数比钟形曲线所预测的数量要少很多，而恰好小于这个身高的人数又太多了，就好像后者的出现是为了补偿前者的不足。凯特勒论述

---

① 1 英寸 =2.54 厘米。——编者注

道，这个多出来的约 2 200 个“矮子”的差异，应该是造假或善意的捏造造成的，因为身高不到 5 英尺 2 英寸的人可以免服兵役。

几十年后，伟大的法国数学家亨利·庞加莱，用凯特勒的方法逮到一个欺骗顾客的面包师。庞加莱每天都要买一条面包，买回来后，他会给面包称一下重量，结果发现这些面包的平均重量大约为 950 克，而非广告中所称的 1 000 克。他向管理部门投诉了此事。之后，他买到的面包变大了些。可他还是觉得有什么地方不太对劲。凭着只有著名学者或至少是获得了终身教职的人才有的耐心，他在接下来的一年中，每天都仔细地称量面包。尽管这些面包现在的平均重量十分接近 1 000 克，但如果这个面包师的确是老老实实地随机挑出一条面包卖给他，那么比这个平均重量更重些或更轻些的面包，其数量应如第 7 章所说的那样，按误差定律的钟形曲线逐渐减少。可庞加莱发现，他的面包里偏轻的比例太少，而偏重的相应过多。庞加莱由此得出结论，那个面包师其实并没有停止制作缺斤少两的面包，只不过总是拿手头最大的一条面包打发他罢了。警察再次造访了骗人的面包师，据报道所言，他表现出可想而知的震惊，并不出所料地同意改正自己的行为。[16]

凯特勒无意中得到一个有用的发现：随机性的模式非常值得我们信赖，因此如果我们在某些社会学数据中发现它们的分布与钟形曲线不匹配，我们甚至可以把它作为证据来使用。如今，这种分析被用于凯特勒的时代不可能处理的大量数据。实际上，在近几年中，类似的统计侦察术逐渐流行，并创造了一个被称为法律经济学的新领域。在这个领域最著名的案例中，统计学研究证明，一些公司将其优先认股权的获准时间谎报为更早的时刻。这种做法的目的很简单：公司会以优先认股权（事后以认股权获准时的价格购买股票的权利）的方式激励管理人员努力推动公司股价上涨。如果认股权获准时间提前到某股价特别低的时刻，管理人员的利润就会大涨。这个点子很机灵，但是如果秘密地采取这种做法，就违反了证券法。同时，这种做法也留下了统计学意义上的“指纹”，最终导致司法部门对10多家大公司展开了调查。[17]在另一个不那么出名的例子里，沃顿商学院的经济学家贾斯廷·沃尔弗斯在大约7万场大学篮球比赛中发现了打假球的证据。[18]

沃尔弗斯是在比较拉斯韦加斯赌球的分差与球赛真实结果时，注意到这个不正常的地方的。对于大家看好的球队，赌球庄家会给出一个分差，引导人们以差不多对半开的比例对两支队伍下注。比如，假设大家都认为加州理工学院篮球队比加州大学洛杉矶分校篮球队要强（对于大学篮球赛的球迷们来说，是的，在20世纪50年代时的确如此），那么为了避免赌球双方获胜的机会不等，庄家只会在加州理工学院胜出加州大学洛杉矶分校13分以上的时候，才会付钱给那些押宝在加州理工学院的人。通过这个分差，赌博双方的输赢机会大致均等。

尽管这个分差是由庄家设定的，但实际上，它最后还是由广大赌徒确定，因为庄家会根据赌徒下注的情况调整分差，从而达到双方需求上的平衡。（庄家是从下注的钱中抽取抽头获利的，因此他们追求的就是双方所下赌注的相等，这样一来，不管比赛结果怎样，庄家都稳赚不赔。）经济学家用一个被称为预测误差的值，来衡量赌徒们对两支球队评估的准确程度，它等于被看好一方的真实胜出分差与赌博市场所设定的分差之间的差值。作为一种误差，预测误差的分布毫不令人惊讶地遵循正态分布。沃尔弗斯发现，预测误差的均值为0，即分差既不倾向于过高评价球队，也不倾向于过低评价它们；其标准差为10.9分，也就是说，在大约2/3的比赛中，赌场设置的分差与真实比分，相差不会超过 10.9 分（在一项针对职业橄榄球赛的研究中，研究者也发现类似的结果，其均值为 0，标准差为 13.9 分）。[19]

然后，沃尔弗斯考察了对阵双方强弱悬殊的那些比赛，他发现了一个令人吃惊的情况：在这些比赛中，强队胜出的比分恰恰超过庄家设置的分差的场次过分地少，而恰恰不到这个分差的场次又无法解释地多了许多。这又是一个凯特勒异常。与凯特勒和庞加莱一样，沃尔弗斯给出的结论是有人打假球。他的分析如下：即使是顶尖的球员，要保证球队胜出的分数比分差更多，也是十分困难的；但如果一支队伍明显强于对手，那么球员便可以在不危及球队获胜的前提下，很容易通过马虎的比赛表现，确保球队不会赢得太差的比分。因此，如果有些缺德的赌徒想要改变赌博的结果，又不想要求球员故意输掉比赛，那么结果正好是沃尔弗斯发现的这个偏离情况。那么，沃尔弗斯的结果能否证明，在一定比例的大学篮球赛中，球员们会因受贿而故意压低得分？他倒没有这么说。但沃尔弗斯也说过："我们不能认为法庭上发生的事情，就是拉斯韦加斯发生的事情的一个如实反映。"有意思的是，在一次由美国大学体育联盟进行的调查中，1.5% 的运动员承认知道有队友"因为收了钱而故意发挥得差些"。[20]

凯特勒并不打算把他的想法用到法庭上。他有个更宏伟的计划：利用正态分布说明人与社会的本原。他写道，如果给一尊雕像做 1 000 个复制品，那么由于测量和手艺的误差，这些复制品将各有不同，而这些不同将遵循误差定律。由此推断，如果人们的物质特性遵循同样的定律，那么必然是因为我们同样是某原型的不完美复制品。凯特勒称这个原型为"平均人"。他还觉得，对人类行为而言，同样存在着一个模板。一家大百货公司的经理可能无法知道，那个好像吸毒后飘飘欲仙的出纳，会不会把他正在嗅着的那瓶半盎司[①]香奈儿 Allure 香水揣到自己兜里。但下面这个预测是靠得住的：在零售业中，库存商品的年损失率相当稳定地维持在 1.6% 左右，而同样稳定的是，45% ~ 48% 的损失是员工盗窃造成的。[21] 犯罪就“像一笔以令人毛骨悚然的规律性来支付的预算”，凯特勒这样写道。[22]

凯特勒认识到，不同文化下的“平均人”也会不同，而且这个“平均人”会随着社会环境的改变而改变。实际上，研究“平均人”的改变及改变的原因，才是凯特勒最大的野心。“人遵循特定的定律出生、成长和死亡”，他这样写道，而这些定律“从未得到过研究”。[23] 牛顿认识了一套宇宙定律，并将其公式化，从而成为现代物理学之父。以牛顿为榜样的凯特勒，则希望创造一门新的“社会物理学”，以描述人类行为的定律。正如一个物体在不受干扰时会保持其运动状态一样，在凯特勒的类比中，人类群体的行为在社会环境中保持不变时，同样保持恒定状态。而且，正如牛顿描述了物理力如何使物体偏离其直线路径一样，凯特勒期望找到人类行为的定律，以描述社会力量是如何改变社会特性的。举例来说，凯特勒认为财富的巨大悬殊以及价格的巨大波动，对犯罪和社会的不稳定负有责任，而一个稳定的犯罪率水平则体现了一种平衡状态，当造成这个平衡状态的那些影响因素发生改变时，平衡状态随之改变。2001 年 9 · 11 恐怖袭击事件发生后的几个月，涌现出很多社会平衡发生变化的生动例子。当时，出行者由于害怕搭乘

① 1 盎司 ≈ 28.35 克。——编者注

飞机而纷纷转为驾车出行。正是9·11恐怖袭击事件带来的人们不敢搭乘飞机的恐慌，造成了比前一年增加了约1 000名车祸丧生者的事实，这就是9·11恐怖袭击事件造成的隐形伤亡。[24]

但是，相信这样一门社会物理学的存在是一回事，真正建立起这门学科则是另一回事。凯特勒认识到，我们可以将大量的人置于实验环境中并测量其行为，然后据此检视一门真正的科学中的理论。由于这个方法实际上并不可行，所以他相信社会科学更像天文学而非物理学，也就是对社会科学理论的理解，需要通过被动的观测来获得。因此，为了发现社会物理学的定律，他对"平均人"随时间和文化的变化而变化的现象进行了研究。

人们普遍接受了凯特勒的观点，法国和英国尤其如此。一名生理学家甚至从一个不同国籍的人频繁光顾的火车站洗手间中收集尿液，以确定"平均欧洲人尿液"的性质。[25]凯特勒在英国最热情的信徒，是名叫亨利·托马斯·巴克尔的富有的棋手和历史学家，他最为人所知的，就是他野心勃勃的多卷本著作《英国文明史》。不幸的是，1861年巴克尔40岁的那年，他在大马士革旅行期间患上了斑疹伤寒。一名当地医生前来为他治病，他拒绝了，因为这个医生是个法国人，他因此病故。巴克尔未能完成他的著作，不过他还是完成了前两卷，在第一卷中，他通过统计观点阐述历史。这部分内容基于凯特勒的成果，并立刻大获成功。整个欧洲都在阅读这本书。它被译成法文、德文和俄文。达尔文读过它，阿尔弗雷德·拉塞尔·华莱士读过它，陀思妥耶夫斯基更是读了两遍。[26]

尽管该书大受欢迎，历史却证明，凯特勒的数学成就比他的社会物理学成就更高。一方面，并非所有的社会事件都遵循正态分布，在金融领域中这一点特别明显。比如，如果电影票房遵循正态分布，那么大多数电影赚到的钱都应该落在某平均值附近，而有 2/3 的电影票房，将落在这个平均值周围一个标准差的范围内。但在电影行业中，20% 的电影带来了 80% 的票房收入。这类由热点驱动的产业，尽管完全无法预测，却遵循了一个完全不同的分布，其中均值和标准差的概念毫无意义，因为根本就没有什么“典型”的票房表现，而那些类似百万票房的例外，在一般的行当中可能几个世纪才出现一次，在电影行业中却隔几年就会发生一次。[27]

相较于凯特勒忽略了其他类型的概率分布这个缺点，更重要的是，他未能在寻找希望的定律和驱动力的道路上前进多远。因此，他对社会物理学的直接影响是有限的。不过，他的遗产却是不可否认且意义深远的。他的遗产并不在社会科学，而在“硬”科学上。正是在这些“硬”科学中，以大量随机事件理解其中秩序的思路，启发了众多学者，产生了革命性成果，并改变了生物学和物理学的思维方式。

将统计学思想引入生物学的，是达尔文的表弟，弗朗西斯·高尔顿，他是一个闲适的人。他在 1840 年进入剑桥大学三一学院[28]，先是学习医学，随后接受了达尔文的建议改学数学。当他父亲去世时，22 岁的他继承了一笔可观的财产。由于不需要靠工作来糊口，他成了一名业余科学家。他着迷于测量，他测量人们头颅的大小、鼻子的大小、四肢的长短；他测量人们在听课时坐立不安的次数；他测量那些在路上看到的女孩的吸引力（伦敦姑娘得分最高，而阿伯丁的女孩垫了底）；他测量人们指纹的特征，并最终使伦敦警察厅于 1901 年采纳了指纹识别；他甚至还测量君主和教士的寿命，结果发现他们与其他职业人群的寿命差不多，因此他得出结论，祈祷其实并没带来什么好处。

高尔顿在1869年《遗传的天才》一书中写道：任何身高落在给定范围内的人数占总人口的比例，应保持恒定而不随时间的改变而改变，而且身高与所有其他物理特征——头颅周长、大脑大小、灰质重量、大脑纤维数量等等——都遵循正态分布。他相信人的性格也由遗传决定，并如同生理特征一样，以某种方式遵循正态分布。因此，按高尔顿的话说，人"作为社会之基本单元"，并不"在投票及其他方面的能力上具有相同的价值"。[29] 相反，他断言每100万男人中，约有250人继承了某方面的特殊才能，并因此在该领域出类拔萃（在他那个年代，妇女一般不参加工作，因此他没有对妇女进行类似的分析）。高尔顿根据这些想法创建了一门新的研究领域，即优生学。优生学一词来自希腊词eu（好）和genos（出生）。对于后来很长时间内各种不同的人来说，优生学的含义大不相同。纳粹后来也采纳了这个术语和观点，但我们并没有证据证明高尔顿赞同德国人的杀人计划。相反，他希望能找到一种途径，通过选择性繁殖改善人类的状况。

高尔顿关于成功所给出的简单因果解释很有诱惑性，本书第9章的大部分内容就是为了解释其缘由。但在第10章我们将看到，对于任何一项可以被称为复杂内容的任务，它的实现过程都充满了无数可预见的和不可预见的障碍，因此，能力和成就之间的联系，远不如高尔顿解释的那样直接。实际上，心理学家近年来发现，对于取得成功而言，在面对困难时毫不退缩的品质，至少与天分同等重要。[30] 这也就是专家们常常提及的"10年规则"，也就是对于多数行为而言，要想把它做得相当成功，至少需要10年的刻苦、练习和奋斗。勤奋与机遇跟天分同等重要，这也许令人沮丧，但我觉得我们更应该因此而振奋，因为我们虽然不能控制自身的基因组成，但努力的程度完全取决于自己。我们也能在一定程度上控制机遇的影响：只要反复尝试，就能提高成功的机会。

无论优生学是好是坏，高尔顿在遗传方面进行的研究，都引导我们发现了现代统计学的两个核心数学概念。这两个概念一个出现于1875年，当时高尔顿把几包甜豌豆荚分给了7个朋友，他们每人都收到统一大小和重量的种子，他们要做的是将种出的下一代种子还给高尔顿。高尔顿对这些种子进行测量后注意到，大个头种子产生的后代，其直径的中值比父代种子小，而小个头种子产生的后代比父代更大。后来，从在伦敦所建的实验室获得的数据中，他发现人类父母和子女身高上也存在同样的情况。他将这种现象称为回归，即在相关联的测量中，如果一个测量值远离均值，那么另一个测量值将会更接近均值。

高尔顿很快意识到，如果一个过程没有这样的回归行为，那么这个过程将不可避免地失控。举例来说，假设高个子爸爸的儿子，平均而言与父亲一样高。既然身高各有不同，那么某些儿子就会比爸爸更高。到了下一代，假定这些更高的儿子，他们的儿子，即开始那群人的孙子，平均而言也跟他们的父亲一样高，其中又有某些人同样会高过他们的父亲。一代又一代之后，人类中最高的人将变得越来越高。但由于回归的存在，这种情况并没有发生。同样的论述也可用于与生俱来的智力、艺术才能或打高尔夫球的技术等方面。因此，个头很高的父母不应该指望孩子长得同样高，非常聪明的父母不应该指望孩子同样聪明，而毕加索们和泰格·伍兹们也不应该指望自己的孩子取得跟他们一样的成就。另一方面，非常矮的父母却可以期待后代会更高些，而我们这些并不聪明或不善于画画的人，也有理由期待这些方面的无能将被下一代改变。

高尔顿用广告为实验室招徕受试者，然后对他们进行一系列身高、体重乃至特定骨骼尺寸的测量。他希望发现一种根据父母的测量值预测孩子对应的测量值的方法。为了找到这种方法，高尔顿绘制了各种图形，其中之一就是以父母的身高为孩子的身高作图。打个比方，如果父母和孩子的身高总是相等，就应该得到一条呈 45 度的直线。如果这种关系平均来说是成立的，但个别数据点可能有变化，该图就会表现出某些点落在这条直线上方，而另一些落在下方。用这种方式，高尔顿的图不但显示了父母和子女身高之间的一般关系，而且显示了这种关系存在的程度。这就是高尔顿对统计学所做的另一大贡献：他定义了一种数学指标，用来描述类似关系的质量。该指标被称为相关系数。

相关系数是取值在 -1 到 1 之间的一个数。如果相关系数很接近 1 或 -1，就表明两个变量很好地遵循线性关系；相关系数为 0 则表示两者不相关。打个比方，如果数据显示每周吃一次麦当劳最新推出的 1 000 卡路里[①]的套餐，一年下来体重会增加 10 磅；如果吃两次，就会增加 20 磅，以此类推，那么这时的相关系数为 1。如果由于某种原因，吃这个套餐的人不是增重，而是减掉同样的体重，那么相关系数为 -1。如果增加和减少的体重的值五花八门，并不依赖于吃了几次套餐，那么相关系数为 0。今天，相关系数已经成为统计学中使用最广泛的概念之一。人们用它评估诸如吸烟量和癌症的发生、恒星距地球的距离和它们远离我们的速度、学生在标准化考试中所得分数和他们的家庭收

① 1 卡路里 ≈ 4.19 焦耳。——编者注

入等的关系。

高尔顿的成果十分重要，其重要性不仅体现在它的直接应用上，而且体现在它促成了随后几十年统计学所取得的进展上。正是在这段时期内，统计学迅速发展成为一门成熟的学科，而其中最重要的进展之一，是由高尔顿的信徒皮尔逊完成的。在本章早些时候，我曾给出许多遵循正态分布的数据类型。但对于容量有限的数据集而言，数据的分布不可能与正态分布曲线完美匹配。在统计学的早期，科学家们简单地将数据绘制成图，然后观察所得曲线的形状，以此判断这些数据是否遵循正态分布。但这个曲线匹配的精确程度我们该如何量化呢？皮尔逊发明了一种被称为 χ^2 检验的方法，它可以确定一个数据集是否确实遵循我们所认为的那个分布。1892 年 7 月，他在蒙特卡洛演示了这个检验方法。他的测试可以被看作贾格尔当年事迹的照搬。[31] 正如贾格尔那时碰到的情形一样，在皮尔逊的测试中，轮盘赌开出的数字并不遵循他所希望的分布，即轮盘产生的结果确实是随机时所应遵循的分布。在另一次测试中，皮尔逊观察了 12 枚骰子的 26 306 次投掷，并统计了每把扔出 5 点与 6 点的数量。他发现这个分布同样不满足使用完美骰子进行公平赌赛时应该得到的分布——在公平的情况下，一枚骰子扔出 5 点或 6 点的概率是 1/3，或 0.333 3；但实际的分布却表明，这个概率似乎是 0.337 7。换言之，骰子有问题。对于轮盘赌而言，这可能是有人暗中操纵的结果，但骰子的问题很可能出在制造过程中，正如我的朋友莫希强调的那样，这种不完美性总是存在着。

今天，χ^2 检验得到广泛运用。假设现在我们检验的不是骰子，而是消费者对三种麦片的喜好程度。如果消费者没有特殊的偏好，那么可以期望，每盒麦片都会被近 1/3 的消费者选购。正如我们已经看到的，真实结果很难如此均匀地分布。这时我们就可以使用 χ^2 检验来确定，那盒得票最多的麦片，确实是因为消费者的喜爱而非凑巧胜出的可能性有多大。与此类似，如果一家制药公司的研究人员想要测试两种用于防治急性器官移植排斥反应的治疗方法，就可以通过 χ^2 检验确定两者是否存在显著性差异。再或者，在一个新的租车店开张之前，租车公司的首席财务官会认为有 25% 的顾客想租用微型汽车，50% 的想租小型汽车，还分别有 12.5% 的需要中型或其他类型的汽车。那么等到租赁数据逐渐累积起来之后，χ^2 检验就能帮助这位首席财务官迅速判断之前的假设是否正确。如果新店是个偏离典型情况的例外，那么公司最好把这个店不同的车型做一下调整。

凯特勒的成果由高尔顿引入生物科学。但凯特勒同样对物理科学中一次革命性的发展做出了贡献：统计物理学创建者中的两位，詹姆斯·克拉克·麦克斯韦和路德维希·玻尔兹曼，他们都从凯特勒的理论中获得过灵感（跟达尔文和陀思妥耶夫斯基一样，他们是在巴克尔的书中读到这些内容的）。不管怎样，如果 5 738 名苏格兰士兵的胸围能很好地按正态曲线分布，而 2 亿名司机每年驾驶里程之间的差距可以小到 100 英里，那么在想到一升气体中那 10^{24} 左右的分子会表现出某些有趣的规律性这一点上，就不需要一个爱因斯坦的大脑了。但为了让科学界最终接受这个物理学新方法的必要性，我们还是需要一位爱因斯坦。阿尔伯特·爱因斯坦完成这个任务是在 1905 年，也就是他发表第一篇关于相对论论文的那一年。尽管主流媒体对此知之甚少，但爱因斯坦 1905 年的那篇关于统计物理学的文章，跟他的相对论论文一样具有革命性意义。实际上，它是他在科学界被引用次数最多的论文。[32]

爱因斯坦1905年关于统计物理学的论文，其写作目的是希望解释一种被称为布朗运动的现象。该过程以罗伯特·布朗的名字命名。布朗是一名植物学家，是使用显微镜的世界级专家，而且被认为是第一个对细胞核做出清晰描述的人。布朗孜孜不倦地追求着他的生活目标，那就是通过观察发现生命力的来源。在当时，人们相信这个所谓生命力是一种神秘的作用力，那些有生命者具有的那种性质，就是由这个生命力赋予的。在这一追求中，布朗注定要失败，但在1827年6月的一天，他认为自己成功了。

透过镜头，布朗注意到，他所观察的花粉颗粒内部的微粒似乎在动。[33] 尽管花粉是一种生命之源，但它本身不是什么有生命的物体。不过不管布朗盯上多久，这些微粒的运动都不曾停止，就好像它们拥有某种神秘的能量。这个运动似乎没有特定的目的地，实际上，运动看起来完全是随机的。无比激动的布朗马上得出结论，他已经找到他孜孜以求的东西，因为除了驱动生命本身的能量，这还能是什么别的东西吗？

在接下来的一个月里，布朗勤勉有加地进行了一系列实验，并发现所有他能搞到手的各色有机小颗粒在悬浮于水中或杜松子酒中时，都有着同样的运动，这些小颗粒包括经过分解的小牛肉纤维，“被伦敦的灰尘染黑的”蜘蛛网，甚至他自己的黏液，等等。接着，他一意孤行的解释遭到致命一击：当他用石棉、铜、铋、锑和锰之类的无机小颗粒进行实验时，也观察到同样的运动。这让他认识到，他看到的运动根本与生命无关。后来的进展证明，布朗运动产生的真实原因，并非某个实在的物理力，而是由随机模式产生的虚拟力。它与那个凯特勒注意到的强迫人类行为有规律性的力是相同的。不幸的是，当布朗运动的正确解释出现时，布朗已经不在人世了。

在布朗发现布朗运动之后的数十年间，玻尔兹曼、麦克斯韦与其他学者打下了理解布朗运动的基础。他们受到凯特勒观点的启发，建立了统计物理学这个新领域，用概率与统计的数学思想，解释构成流体的（当时仍然是假想的）原子的运动是如何造就流体性质的。但在之后的几十年中，这些想法并未取得什么进展。某些科学家对该理论所使用的数学工具心存疑虑；其他人则因为从未见过或根本不相信有人能见到这个所谓的原子而反对该理论。但大多数物理学家都是实用主义者，对于这种原则性的东西倒不是那么在意。可以说，该理论未被接受，最主要的原因就是它虽然能推导出若干已知的流体定律，却没有给出可验证的预言。事情就这么被拖到了 1905 年，这时麦克斯韦过世已久，而沮丧的玻尔兹曼也离自杀不远了。爱因斯坦使用这个新生的理论，通过详尽的数学公式，解释了布朗运动的准确机制。[34] 从此以后，不再有人对在物理学中使用统计学方法的必要性存有疑问，而物质是由原子和分子组成的观点，将成为大多数现代技术的基础，同时也成为物理学史上最为重要的思想之一。

正如我们将在第 10 章见到的那样，流体中分子的随机运动，可以成为我们自己的生命之路的一个类比。因此，爱因斯坦的工作值得我们多花点儿时间仔细看看。在原子论描绘的图景中，水分子的基本运动是完全杂乱无章的。分子先是沿着这条路径运动，然后沿着另一条路径飞走。它将保持直线运动，直到与另一个分子相撞改变自己的前进方向。本书前言已经提到过，这种路径——在不同的时间和方向上是随机变化的——常常被称为醉汉的脚步。那些喝了太多马提尼酒的人，都能非常清楚地理解这个名字的由来（不过头脑更冷静的数学家和科学家有时称其为“随机漫步”)。按原子理论的预测，如果悬浮于液体中的颗粒不断地被液体分子随机轰击，那么可以预计，颗粒将因为这些碰撞，一会儿朝这儿一会儿朝那儿动来动去。但布朗运动的这种解释存在两个问题：首先，相较于可见的悬浮颗粒，分子实在太小了，无法推动颗粒移动；其次，分子的碰撞远比所观察到的颗粒晃动要来得频繁。爱因斯坦的天才想法部分在于，他认识到这两者其实会相互抵消：尽管碰撞发生得非常频繁，但由于分子如此之轻，以至这些频繁而独立的碰撞不会产生明显的影响。只有在某些时候，纯粹的运气使得某方向上的撞击更占优势，才会发生足以使人注意的晃动，就好像分子世界中的马里斯创纪录之年一样。爱因斯坦通过计算发现，尽管在分子层面上看来是一片混沌，但在分子的参数（大小、数量和速度等）和可观察的颗粒晃动的频率与幅度之间，存在着可预测的数学关系。于是有史以来头一遭，新的可观测的结果与统计物理学被爱因斯坦联系在一起。虽然我这里说得好像这个成就不过是一些纯粹的技术性问题，但实际恰恰相反，爱因斯坦的这项成果是一个伟大原则的胜利：在众多我们能感知的自然界秩序的掩饰之下，其实都是不可见的无序，只有通过随机性的法则，我们才能理解这些表面上的秩序。正如爱因斯坦所言：“能认识到那些看上去与直接可见的真理相去甚远的现象，其实具有统一性，这种感觉无比美好。”[35]

在爱因斯坦的数学推导中，正态分布再次扮演了核心角色，并达到它在科学史上新的辉煌地位。醉汉的脚步就此确立了它的地位，即成为最具基础性并很快得到最多研究的自然过程之一。等到各领域的科学家承认了统计学方法的正统地位后，在几乎所有的领域，他们都发现了醉汉的脚步存在的证据，如在清理非洲丛林以消灭蚊虫的研究中，在制造尼龙的化学反应中，在塑料的形成过程中，在自由量子粒子的运动中，在股票价格的变化中，甚至在千古以来的智力进化中，都是如此。在第 10 章，我们将一起来看一看，随机性对我们自身的生命之路造成了哪些影响。正如我们将要看到的那样，尽管随机变化中存在着有规律的模式，但并非所有模式都是有意义的。当模式中存在意义时，我们应该去发现它。同样重要的是，当模式实际上并无意义时，我们就不该试图去抽取什么“意义”。要避免对随机模式产生“有意义”的错觉，可不是件容易的事情，而这构成了本书下一章的主题。

第9章

模式的错觉与错觉的模式

1848年，两个十来岁的小女孩玛格丽特和凯特·福克斯，听到了一种无法解释的声音。这声音听起来像有人在敲打或移动家具。而更凑巧的是，她们的住处原本就背着鬼屋的名头。之后[1]，凯特向那个声音的来源发起了挑战。她屈着自己的手指关节发出噼啪声，然后让那个声音照着重复一遍，接着又突然让那个怪声说出她的名字。那个奇怪的声音接受了挑战并做出回应。在随后的几天里，在母亲和几个邻居的帮助下，两姐妹找到了一种"密码"与这个敲击者（我可不是故意语带双关）沟通。姐妹俩最终的结论是，这敲击声是一个小贩的鬼魂发出来的，这个小贩几年前在她们现在住的屋子里被人谋杀了。相信死者能与生者沟通交流的现代招魂术伴随着这个故事诞生了。到19世纪50年代初，被称为"敲桌子"的这种与灵魂接触的方法，以及技出同门的"移桌子"和"翻桌子"在欧美风靡一时。这些通灵方法需要由一群人参与，参与者围坐在桌旁，手放在桌上，然后就是等待。在"敲桌子"方法中，经过一段时间的等待，参与者就会听到一声敲打声；而在"移桌子"和"翻桌子"方法中，桌子会移动或翘起，有时甚至连桌旁的人都一起被拽着跑。有人还画下了当时的场景，在画中，那些表情严肃、穿着下摆拖到大腿中部的夹克的大胡子男人，以及穿着带裙撑的长裙的女性爱好者，当他们的手随着桌子移来移去时，他们的眼睛因惊奇而瞪得老大。

“移桌子”方法一度非常流行，科学家们在 1853 年夏天时，开始觉得有必要对这个通灵方法进行研究。一群医生注意到，在参与者静静坐着的时间里，有一种无意识的共识好像在逐渐成形，最终决定着桌子移动的方向。[2] 他们发现，如果通过分散在座者的注意力阻止这个共识形成，桌子就不会移动。在另一项实验中，他们成功地制造出这样一种情况，让一半参与者希望桌子往左移，而另一半参与者希望它往右移，桌子也因而保持静止。他们得出的结论是：“桌子移动的原因是肌肉反应，且主要是通过无意识训练形成的反应。”最终给通灵术这个问题画上句号的，是电磁理论的创始人之一，电机的发明者，历史上最伟大的实验科学家之一，物理学家迈克尔·法拉第的研究。[3] 法拉第首先发现，哪怕桌旁只坐了一个人，桌子移动的现象也会发生。然后，在招募了“道德高尚”且事业有成的“移桌者”后，他进行了一系列复杂而富有创造性的实验，证明参与者双手的移动发生在桌子移动之前。他进而设计了一个指示器，一旦出现上述双手移动的情况，指示器就立刻向受试者发出警报。他发现，“一旦（指示器）……放到甚至是最认真的（受试者）之前……（这种错觉的）力量就消失了。这一情况产生的原因只能是，所有参与者都被迫意识到他们真正在做些什么”。[4]

和那些医生一样，法拉第的结论是，桌子是被这些坐着的参与者无意识地拉动或推动的。这种运动也许是由于不耐烦而随机发生的，然后在某一时刻，参与者们随机运动中感知到某种模式，当参与者的手跟随桌子的这个想象中的移动而移动时，该模式便成为某种自我实现的期望。法拉第继续写道，他设置的那些指示器的价值，就在于“它能够纠正这些移桌者的意识”。[5] 法拉第认识到，人类的感知并不是客观实在造成的直接结果，而是人类对这些活动进行想象的产物。[6]

感知需要想象，因为生活中的数据从来都是不完整且模棱两可的。大部分人都会认为亲眼所见的东西比其他证据更可靠，而在法庭上，没有什么比目击者的证言更受尊重的了。但如果在法庭上展示一段视频，视频的成像质量跟我们人类视网膜形成的未经处理的影像数据完全一样，那么法官可能会想，这个家伙是在玩拖延战术吗？因为在这段视频中，首先会有一个盲点，即视觉神经与视网膜的连接点；其次，在整个视野中，唯一具有足够高分辨率的区域，不过是围绕视网膜中心大约 1 度视角的范围，这个范围大致相当于将手臂伸直时我们看到的自己大拇指所对应的宽度。在这个区域之外，分辨率急剧下降。为了补偿这种成像质量下降的缺点，我们需要不停地移动眼球，让那个高成像分辨率区域能扫过我们希望观察的场景。因此总的来说，送往我们大脑的原始视觉数据，是一幅幅晃来晃去、让人头昏脑涨的图像，而且图像里面还有一个洞。幸运的是，大脑会对这些数据进行处理，将双眼传来的输入数据加以组合，并假设相邻位置具有相似的视觉特征，然后用内插值的方法填充图像中的空隙。[7] 大脑的这些辛劳带给我们的最终结果，就是一个开开心心的人会盲目地确信他 / 她的视觉既敏锐又清晰，至少在年老、受伤、疾病或过量的 mai tais 鸡尾酒造成严重的视力损伤之前是如此。但这不过是一种错觉。

我们还投机取巧地通过想象填补了非视觉数据模式中的空白。如同视觉输入一样，我们依据不确定和不完整的信息得出结论和做出判断，而当我们对那些数据中的模式进行全完分析之后，就能得到一个我们所见的“画面”清晰又准确的结论。但事实果真如此吗？

其实科学家在帮助我们预防发现虚假模式的方向上已经前进了一步。他们建立了统计分析方法，用来判断一组观测值是否可以对某个假设提供足够的支持，还是它们那看起来的支持完全是偶然因素造成的。例如，当物理学家希望确定超级对撞机所得数据的显著性时，他们并不是把所得到的曲线翻来覆去地看了又看，以试图找到从噪声中冒出的波峰，而是使用数学技巧进行判断。显著性检验就是这样一种统计分析方法，它是由 20 世纪最伟大的统计学家之一——费歇尔于 20 世纪 20 年代建立的。（费歇尔还因他那无法控制的火暴脾气而著称，他与同道的统计学先驱皮尔逊长期不和，甚至在 1936 年皮尔逊死后很久，还对这个死对头进行攻击。）

为了说明费歇尔的思路，现在我们来设想一项超感官知觉的研究。在这个研究里，我们让一名学生预测扔硬币的结果。我们发现如果她几乎每次都能正确地预测结果，我们就有理由假设她确实有这方面的超能力，比如她可以通过意念力预测结果。另一方面，如果她只能正确预测差不多一半的结果，这个数据所能支持的假设就是她只不过是在瞎猜。但如果结果落在两者之间，或者根本就没有足够多的数据，那么结论又该如何呢？在接受与拒绝这两个对立的假设时，我们决策的分界线应该画在哪儿呢？这就是显著性检验所做的事情：它是一个形式化的计算方法，能够计算出当所检验的假设为真时，我们观测到实际所得的数据的概率。如果这个概率小，我们就拒绝假设，反之就接受假设。

举例来说，假定我们都是怀疑论者，并且这名学生不能完全准确地预测出扔硬币的结果。我们进一步假设在某次实验中，她正确预测了若干次扔硬币的结果。那么利用第 4 章给出的分析方法，我们可以算出她仅凭运气就能达到这个预测水平的概率是多少。如果她频繁地猜出准确结果，并且我们算出她纯靠运气做到这一点的可能性仅为 3%，我们就应当拒绝她完全是在瞎猜的假设。用显著性检验的术语来说，拒绝该假设的显著性水平为 3%，即由于纯粹偶然性而得出错误判断的可能性最多为 3%。3% 的显著性水平应该算是相当令人印象深刻了，因此媒体以此作为精神力存在的证据，而对学生的这个表现大加报道。但不相信有精神力的人则可能继续持保留态度。

这个例子说明了一个重要的问题：即使数据的显著性达到类似 3% 这样的水平，如果我们对 100 名不具有精神力的人进行精神力测试，或者对 100 种无效药物进行有效性测试，我们也应该预计到，总会有那么几个人表现得好像确实具有精神力，或者总有那么几种无效药物表现得好像确实有效。这就是为什么政治方面的民意调查或医学领域的研究结果，有时会与之前的结果相矛盾，尤其是在数据量较小时。尽管如此，显著性检验与其他统计方法还是为科学家提供了良好的帮助，特别是在大规模的受控研究中。不过，我们平时并不会进行这样的研究，也做不到下意识地用统计分析加以处理。我们进行判断时依靠的是本能。如果我的维京牌炉子有些毛病，而凑巧一个熟人告诉我她也有同样的经历，那么我会告诫朋友们不要再买这个牌子的炉子；如果在乘坐联合航空的班机时，有那么几次，跟我同机的乘客表现得似乎总比最近坐过的其他公司航班的乘客更为乖戾，我就会避免继续乘坐联合航空的班机。在这些情况中，数据量都不大，但我们内在的本能找到了某种模式。

这些模式有时有意义，有时没有。不论是哪种情况，事实都是我们对生活中各种模式的感知既有很强的说服力，又有高度的主观性。这一事实有着深远的影响。它实际上隐含了某种相对性。正如法拉第发现的那样，在某些情况下，现实只存在于相信它存在的人的眼中。比如，2006年《新英格兰医学期刊》发表了一项耗资1 250万美元、对膝关节炎登记患者开展的研究。研究表明，过量的葡萄糖胺与软骨素组成的复合营养成分，在减轻关节炎疼痛方面并不比安慰剂更有效。尽管如此，某位著名医生还是难以舍弃这些营养成分确实有效的感觉。因此，他在一个全国性广播节目中重申了该疗法的潜在好处，而且不再对上面那项研究进行讨论。他说的是："我妻子的一位医生养了只猫，她说如果这只猫不吃一点儿葡萄糖胺加软骨素硫酸盐的话，早上连站都站不起来。"[8]

更仔细些观察我们就能发现，现代社会中的许多假设，就像"移桌子"一样，建立在共享的错觉之上。在第8章中，我们关注了随机事件所展现的令人吃惊的规律性。而接下来的内容，我们将从相反的方面进行叙述，即那些似乎具有确定原因的事件模式，其实有可能纯粹是偶然因素的产物。

寻找模式并赋予其意义是人类的天性。卡尼曼和特沃斯基对许多简化方法进行了分析，而我们在评价数据模式以及在不确定性的环境中进行决策时，常常会用到这些简化方法。他们称这些简化方法为"启发式方法"。一般来说，启发式方法十分有用，但正如我们的视觉信息处理方式有时会带来视觉错觉一样，启发式方法有时也会导致系统性错误。卡尼曼和特沃斯基称这种错误为"偏误"。我们都在使用启发式方法，也都受到偏误的影响。不过，在我们的日常体验中，尽管视觉错觉并不常见，但认知偏误在我们的决策中却扮演着重要的角色。因此，20世纪晚期兴起一股热潮，研究人类思维究竟是如何认知随机性的。研究者的结论是，"人们对于随机性基本没什么概念：他们对随机性视而不见，而当他们想要制造随机性时，也无法做到"。[9] 更糟的是，我们总是习惯性地误判机遇在生活中的角色，并总是做出与我们的最大利益并不相符的决定。[10]

设想存在一个事件序列，这些事件可以是季度的盈利，或是通过互联网约会服务获得的一串或好或糟的约会。但不管是什么样的事件，序列的长度越长，或者观察的序列数量越多，越有可能发现任何一种很容易想象到的模式，但这些“模式”完全是碰巧的结果，根本就不需要有什么“原因”带来那一连串盈利或好或糟的季度，或者或好或糟的约会。数学家斯潘塞－布朗向我们充分展示了这一点。他指出，在 $10^{1\,000\,007}$ 个 0 或 1 构成的随机序列中，我们有超过五成的把握，在里面找到至少 10 个互不重叠的、由 100 万个连续的 0 构成的子序列。[11] 假设有个可怜的家伙恰巧就掉进这样一个子序列中，那么当他想在科学研究中使用这个随机数序列所产生的随机数时，就会发现程序先是连续蹦出 5 个 0，然后是 10 个，然后是 20 个、1 000 个、1 万个、10 万个、50 万个。那么这时他是不是有合理的理由把这个程序退货呢？如果某科学家打开一本新买的关于随机数表的书，却发现所有的数字都是 0，那么他会有怎样的反应呢？斯潘塞－布朗这个例子的关键点在于，一个过程本身是随机的，并不等同于这个过程产生的结果也是随机的。苹果公司最初的 iPod（音乐播放器软件），在随机播放歌曲时就碰到这个问题：真正的随机性有时会造成重复，但使用者如果连着听到同一首歌或同一个人唱的歌，他们就会认为这个歌曲的随机排列实际上并不是随机的。因此，公司修改了软件，让它变得“不那么随机，让人觉得它更加随机”（苹果公司创始人史蒂夫·乔布斯语）。[12]

针对随机模式感知问题最早期的思索之一，出自哲学家汉斯·赖欣巴哈。他在 1934 年写道，未受过概率论训练的人们很难识别出随机事件序列。[13] 看看下面这个连扔 200 次硬币得到的结果序列，其中 X 表示反面朝上，而 O 表示正面朝上：

OOOOXXXXOOOXXXOOOOXXOOXOOOXXXOOXXOOOXXX
XOOOXOOXOXOOOOOXOOXOOOOOXXOOXXXOXXOXOXXXXO
OOXXOOXXOXOOXXXOOXOOXOXOXXOXOOOXOXOOOOXXXX
OOOXXOOXOXXOOOXOOOXXOXOOXXOOOOXOOXXXXOOOOX
XXOOOXOOOXXXXXXOOXXXOOXOOXOOOOOXXXX。

我们可以很容易找到数据中的模式，比如一开始跟在 4 个 X 后面的 4 个 O，以及快结束时出现的连续 6 个 X。数学计算告诉我们，这类模式出现在 200 次扔硬币的结果序列中的可能性是很高的，但仍有许多人对这种结果感到吃惊。如果这些 X 和 O 的字符串代表的不是扔硬币的结果，而是会对我们产生实际影响的事情，那么人们会希望为它们找到一个有意义的解释。如果 X 代表股市下跌的日子，那么一连串的 X 会让人们相信那些认为股市即将崩溃的观点；如果一连串的 O 代表的是你最喜爱的运动明星连续获得的好成绩，对这位运动员的“稳定表现”大加赞扬的评论听起来就十分令人信服；而如果像我们之前的例子那样，这些 X 或 O 代表的是派拉蒙或哥伦比亚电影公司的失败作品，电影行业的小报所宣称的某人能够或不能够把握全世界电影观众脉搏的言论就足以让每个人点头称是。

学者和作家们投入了大量精力，研究金融市场中的随机成功案例中的模式。比如，许多证据都表明，股票的表现是随机的，或者它如此接近随机，如果没有内幕消息，或者股票交易或账户管理要收取费用，那么人们根本无法从股票价格的随机波动中得到任何获利。[14] 尽管如此，华尔街长期以来却对股票分析大师有着一种不成文的信仰。20 世纪 90

年代末，这些分析师的平均年薪约为 300 万美元。[15] 他们做得怎样呢？1995 年的一项研究发现，《巴伦周刊》每年都会邀请 8 ~ 12 名薪金最高的“华尔街超级明星”到一个圆桌会议上推荐股票。但实际上这些股票的收益，仅仅和市场的平均回报率相当。[16]1987 年和 1997 年进行的研究表明，预言家们在《华尔街一周》这个电视节目上推荐的股票，表现甚至还要差更多：它们远远落后于市场平均盈利水平。[17] 哈佛经济研究所的一名研究人员对 153 条时事通讯进行了分析，发现“并没有显著证据证明分析师们确实具有挑选绩优股的能力”。[18]

哪怕纯粹靠运气，也会有某些分析师或基金能表现出令人印象深刻的成功模式。许多研究都表明，这些市场中以往的成功事例，并不能作为未来继续成功的一个良好指标，也就是说，这些成功很大程度上不过是走运而已。尽管如此，大多数人还是觉得，他们的股票经纪人或基金运营专家提供的建议是值得他们的要价的。包括那些足够聪明的投资者在内的许多人，都因此购买了管理费过高的基金。实际上，有一项实验，实验者给一群来自沃顿商学院的聪明的学生每人提供了 1 万美元的虚拟资金，以及反映了标准普尔 500 指数的 4 只指数型基金的汇总报告。绝大多数学生都未能以最低成本选择基金。[19] 由于哪怕仅仅是多付 1% 的年费，也可能让你多年后的退休基金缩减 1/3 甚至 1/2，因此这些聪明学生的表现可一点儿都算不上聪明。

当然，斯潘塞 - 布朗的例子已经表明，如果我们观察足够长的时间，就肯定会碰到某个家伙，仅仅靠好运也能做出令人称奇的成功预测。相比于包含 $10^{1\,000\,007}$ 个随机数字的数学问题，如果我们更喜欢现实世界中的例子，就来看看专栏作家伦纳德 · 科佩特吧。[20]1978 年，科佩特公开了一个股市涨跌的预测体系。按他本人的话来说，这种预测方法能够在每年1月底确定当年股市的涨跌，对之前的11个年头，该方法都正确地给出了当年股市涨跌的结果。[21] 当然，事后对股市涨跌进行“预测”，对于股票选择系统而言是很容易的。所以真正的考验在于，这种方法能否预测股市未来的发展。科佩特的这套东西同样通过了后一个考验：以道琼斯指数来衡量，该系统从1979年到1989年，连续11年都做出了正确的预测；1990年的预测失败了，但从1991年到1998年，方法再次连续给出正确答案。虽然科佩特在19年的预测中命中了18次，但我可以很有把握地说，方法的这个稳定表现与什么能力之类的东西根本无关，不管是什么能力。为什么呢？因为科佩特是《体育新闻》的一名专栏作家，而他的方法不过是根据超级碗（职业橄榄球大联盟的年度冠军赛）的比赛结果进行预测。如果在比赛中获胜的是（前）美国国家橄榄球联合会的球队，他就预测股市上涨；而如果获胜的是（前）美国橄榄球联合会的球队，他就预测股市下跌。要是人们知道这个方法是怎么回事，估计没几个人会说科佩特的成绩不是靠运气得来的。但如果他换个身份，而且不公开他的方法，恐怕人们就会向他欢呼致敬，称他是自查尔斯·道以来最聪明的分析师了。

相较于科佩特的故事，现在来看看比尔·米勒这个确实有着正确身份的家伙的故事。不同于科佩特的成就，米勒可是在许多年里一直保持着连胜，这个连胜完全可以与乔·迪马吉奥连续56场比赛击球成功，或者肯·詹宁斯在智力问答节目《危险边缘！》（*Jeopardy!*）中74次连胜的纪录相媲美。不过这也不是非常贴切的对比：米勒在他那些连胜的年头里，一年赚的钱比后两位先生一辈子赚的钱还要多。因为米勒是美盛价值信托基金唯一的投资组合经理，在他15年连续成功的投资中，他的基金的表现每年都好过标准普尔 500 指数的股票证券投资组合。

米勒因这个成就被《金钱》杂志誉为“20 世纪 90 年代最伟大的基金经理”，而晨星网则称他为“年代基金经理”，《精明理财》杂志也在 2001 年、2003 年、2004 年、2005 年和 2006 年把他选为对投资最有影响力的 30 人之一。[22] 在米勒连胜的第 14 年中，美国有线电视新闻网财经频道曾引用某位分析师的话，称纯粹靠运气获得连续 14 年成功的机会是 1/372 529（后面我们会对这个值多说几句）。[23]

这种认为随机序列中出现的重复是某种超优异表现的错误认识，被学术界称为“热手谬误”。大多数针对热手谬误的研究都集中于体育运动领域，因为在体育运动中，我们可以很容易定义和衡量运动员的表现；同时，体育比赛的规则清晰而确定，数据充足而公开，我们感兴趣的重复情况能一再出现，更不用说这类课题还能让这些学者一边观看比赛一边假装工作。

学术界是在 1985 年前后开始对热手谬误产生兴趣的。更具体点儿说，这个领域的研究始于特沃斯基与同事发表在《认知心理学》上的一篇论文。[24] 在名为“篮球运动中的热手：论对随机序列的错误感知”的文章中，特沃斯基和同事们研究了大量的篮球比赛统计数据。当然，每名球员的天赋都不同：有的投篮命中率为 50%，有的更多些，有的则更少些；每名球员也都有过一段时间手热或手冷的经历。文章作者考虑的问题是，假设每一次投篮的投中与不中是随机的，那么我们通过随机序列能观察到的手热或手冷时期的次数和长度，跟实际中的次数及长度相比会怎样？也就是说，如果球员们并不是去投篮，而是扔一枚能够反映其命中率的不完美硬币，所得的结果会怎样？研究者发现，尽管存在着连续命中或连续投失的情况，在费城 76 人队的投篮，波士顿凯尔特人队的罚篮，以及受控实验中康奈尔大学男子和女子篮球队的投篮中，我们都找不到任何证据说明这些情况不能由随机序列的行为解释。

对运动员表现“稳定性”的一个具体而直接的衡量标准，就是在上一次投篮成功（即投中一球）的前提下，本次投篮也成功的条件概率。我们认为的这种发挥稳定的球员，他 / 她的这个条件概率应该比他 / 她的总成功率要高。但论文作者发现，对于每名球员，紧跟在一次成功之后的成功，与紧跟在一次失败（即投篮不中）之后的成功，两者的可能性相等。

特沃斯基的论文发表几年后，诺贝尔奖得主、物理学家珀塞尔决定也来研究一下棒球运动中稳定发挥的本质。[25] 而他的发现如果用他在哈佛的同事古尔德的话来说，就是除了迪马吉奥连续 56 场都能击中球的这个例外，“在棒球运动中，从来都没有什么事情的发生频率，会超出由扔硬币模型所预测得到的结果”。甚至美国职业棒球大联盟的巴尔的摩金莺队在 1988 赛季一开始时遭遇的 21 连败，也在预测的频率内。相较于更好的球员和球队，更差一些的球员和球队会出现持续时间更久的连续失败，而且出现连败的频率更高；而相较于弱一些的对手，好的球员和球队会出现更长时间的连胜，同时出现连胜的频率也更高。但这是由于他们平均的败率或胜率要高一些。这个平均比率越高，随机产生的连败或连胜就越长且越频繁。我们只需要搞清楚在扔硬币时发生了什么，就能够理解上面的情况。

可是米勒的那个连续 15 年胜过标准普尔的成功又是怎么回事呢？如果我们知道了另外几个统计数字，那么对于米勒的稳定表现仍然是某随机过程产物的这一事实，可能就不会那样震惊了。比如在 2004 年，米勒的基金盈利差一点儿不到 12%，而标准普尔中的股票平均盈利为 15% 多一点儿。[26] 这么听起来，在这一年他应该输给了标准普尔。不过实际上，2004 年仍然被归入米勒“获胜”的一栏，因为标准普尔 500 指数不是股票价格的简单平均，而是按各公司资本额对股票加权后的均值。米勒的基金比标准普尔股票的简单平均要差，却比加权平均要好。事实上，在米勒连续成功的那些年中，有 30 多个“连续 12 个月时间段”，他做得还不如标准普尔 500 指数的加权平均好，但这些时间段都不是一个完整的日历年，也就是从 1 月 1 日到 12 月 31 日的区间，而他的连续成功是按日历年计算的。[27] 从某种意义上说，他的连续成功从一开始就有虚假的味道，因为这个成功的定义方式正好对他奏效。

但我们的这些新发现，与米勒要获得他的连胜所面对的那个 1/372 529 的不利概率，是怎样互不矛盾的呢？在谈论米勒在 2003 年的表现时，为《融会贯通的观察者》（*The Consilient Observer*）内部通讯（由瑞士信贷第一波士顿出版）撰稿的作家们称，“在过去 40 年中，没有其他任何一只基金的表现，能连续 12 年优于市场”。他们在文中提出一个问题：纯靠运气做到这一点的概率是多少？接着，他们给出三个估计值（这一年是 2003 年，而他们考虑的，是一只基金在区区 12 年中连续击败市场的概率）：1/4 096，1/477 000，以及二十二亿分之一。[28] 按爱因斯坦的话来说，如果他们的估计是正确的，只要一个值就够了。所以真正的概率是多少呢？差不多是 3/4，或者 75%。嗯，这个差别实在是有些悬殊，看来我最好解释一下。

那些非常之低的概率值给出的，是在某个意义之下的正确答案：如果你在 1991 年开始时正好挑出了米勒这么个人，而完全出于偶然，这个你挑选的人不多也不少地在接下来的 15 年中表现得比市场更好，那么这个可能性的分母的确是个天文数字。这个概率也等于在 15 年中每年扔一次硬币且每次都扔出正面朝上的概率。但正如我们对马里斯的本垒打进行的分析那样，这个概率并不是与我们现在的问题真正有关的概率，因为除了米勒，还有几千名基金经理（目前有 6 000 多名），同时，也有许多个连续 15 年的时间段可以用来完成这一丰功伟业。因此，我们真正要问的问题是，如果现在有几千人，每人每年都扔一次硬币，并且一直这样做了好几十年，那么其中会出现某个人，在这段时间中的某个连续的 15 年内，能够全部扔出正面朝上，这个概率是多少？而这时候的值远大于单纯地连续扔出 15 次正面朝上的概率。

我们解释得更形象点儿。假设有 1 000 名（这个数字肯定低估了）基金经理，从 1991 年（米勒开始连胜的那一年）开始，每年都扔一次硬币。第一年，这些人中大约一半会扔出正面朝上；两年后，大概有 1/4 的人会扔出两次正面朝上；三年后，大概有 1/8 的人扔出三次正面朝上，依此类推。那些扔出反面朝上的人逐渐退出了游戏。这并不影响我们的分析，因为他们已经失败了。在 15 年后，某特定的扔硬币者一直扔出正面朝上的概率为 1/32 768。但是，从 1991 年开始扔硬币的 1 000 人中的某个人能一直扔出正面朝上的概率则大得多，大约为 3%。最后，我们没有理由只考虑那些从 1991 年才开始扔硬币的人，因为这些经理可以从 1990 年或 1970 年或现代基金时代的任意一年起开始扔硬币。既然《融会贯通的观察者》的撰稿人用的是 40 年这个值，我们就来算一算，在过去 40 年中，某个经理能在某个 15 年的时间段内，每年都击败市场的概率。那这个可能性就增加到了之前所给的值，也就是差不多3/4。因此，与其说我对米勒的连胜感到惊讶，倒不如说要是没有人能够做到这一点，我们就大可以有理有据地嘲笑那些拿着高薪的经理，因为他们的表现实在比瞎碰运气还要糟糕！

到目前为止，我引用的都是体育和金融领域中热手谬误的例子。但是，在生活中的方方面面，我们其实都能碰到连续的成功或失败，或其他特定的成功与失败交织的模式。有时成功是主流，有时失败更多些。但不管碰到的是哪种模式，生活中重要的是我们要将眼光放长远，并理解不管是连续的成功或失败，还是其他看似不随机的模式，其实可能只是纯粹的运气。而在评价他人时同样重要的是，我们应该认识到对一大群人而言，如果没有人经历过长时期的连续成功或失败，就真是一件很奇怪的事了。

没有人会相信科佩特的成功，也没有人会相信一个靠扔硬币来出主意的家伙。但的确有许多人相信米勒。在这个个案中，尽管那些观察家似乎都忘了我的这类分析，但对于从学术角度研究华尔街的人来说，我说的那些根本不是什么新闻。比如，诺贝尔奖获得者、经济学家默顿·米勒（跟比尔·米勒没啥关系）写道："如果有1万个人观察股票市场，并试图挑出最赚钱的那些股票，那么这1万人中总有一个能成功，而他所靠的仅仅是运气。所发生的事情不过如此。这只是场游戏，一个随机的操作。人们以为他们是在有目的地做着些什么，但实际并非如此。"[29] 每个人都必须根据所处的环境得出自己的结论，但如果你理解了随机性的运作方式，至少你得到的结论不会太过单纯和天真。

之前我们讨论，那些在一段时间内产生的随机序列的模式是如何愚弄我们的。不过空间中的随机模式同样具有误导性。科学家们知道，要揭示数据隐含的意义，最清晰明了的方式被之一，就是将其绘制成某种图像或图形。当数据用这种方式被呈现出来时，那些很可能被忽略的有意义的关系将会变得更明显。但这个做法的代价是，有时我们也会感知到一些实际上没有意义的模式。我们大脑的构造，就是为这种吸收数据、填补空隙、寻找模式的行事方式设计出来的。让我们看看图 9-1 中灰色方块的排列。

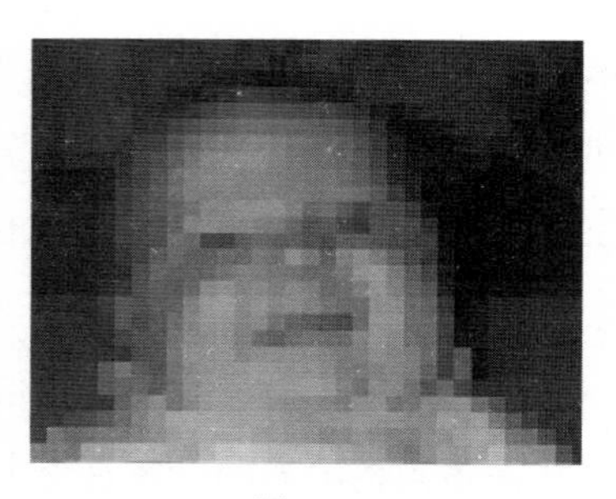

图 9-1

注：照片引自 **Frank H. Durgin, “The Tinkerbell Effect”,** ***Journal of Consciousness Studies*****, 9, nos. 5-6**（**May to June 2002**）。

这张图看上去并不像一个真实的人，但我们可以从这个模式中得到足够的信息，根据这些信息，当我们看到图像中那个婴儿本人时，我们很可能认出他来。如果你拿起书，伸直手臂，从旁边一点儿的角度斜看过去，甚至有可能察觉不到图像中的不完美之处。现在，让我们看看下面的 X 和 O 组成的模式：

OOOOXXXXOOOXXXOOOOXXOOXOOOXXXOOXXOOO**XXXX**

OOOXOOXOXOOOOOXOOXOOOOOXXOOXXXOXXOXO**XXXX**

OOOXXOOXXOXOOXXXOOXOOXOXOXXOX**OOO**XOXOOOOX

XXXOOOXXOOXOXXOOOXOOOXXOXOOXX**OOO**OXOO**XXXX**

OOOOXXXOOOXOOOXXXXXXOOXXXOOXOOXOOOOO**XXXX**

其中可以看到一些矩形的相同字符的集合，特别是在角落上。我将它们加粗了。如果这些 X 和 O 代表着我们感兴趣的事件，那么我们可能会思考这些矩形是不是有什么特殊的含义。但给它们赋予的任何意义，都将是对这些数据的一种误读，因为这些数据与早先那 200 个随机的 X 和 O 的序列完全相同，只不过现在按 5 行 40 列排列出来，并选出了某些部分加粗显示而已。

这个空间模式的问题在二战即将结束时，曾引发了许多关注。当时，德军的 V2 火箭开始轰炸伦敦城。这些火箭非常可怕，飞行速度达到了 5 倍音速，因此当人们听到它们飞过来的声音时，火箭其实早已落地。很快，报纸就公布了火箭落点的分布图，在这些图中，人们似乎可以看到并非随机而像是有特定目的的成簇落点。在一些观察人士看来，这一簇簇落点，就是火箭飞行轨迹控制精度的一种体现。由于火箭的飞行距离很长，因此这些簇模式似乎表明，德国人的科技水平已经达到一个大家做梦都想不到的先进程度。公众怀疑那些躲过了 V2 攻击的区域，就是有德国间谍的地方。而军方高层担心德国人会把关键的军事地点作为目标，从而造成毁灭性的后果。

1946 年，《精算师学会杂志》（*Journal of the Institute of Actuaries*）发表了对上述轰炸数据的数学分析结果。作者克拉克将研究区域分为边长为 0.5 公里的 576 个正方形小格子。这些格子中有 229 个从未遭到轰击，而另一方面，尽管格子的面积很小，却有 8 个格子遭到了 4 ~ 5 次轰击。不过，克拉克的分析表明，跟之前那个扔硬币的数据一样，这些落点数据的总体分布模式，仍然符合随机分布。[30]

在有关癌症集中高发区的报告中，我们也经常会发现类似问题。如果将任何一个城市或国家分成很多小格，然后让癌症病例在这些小格中随机分布，那么有些格子中的病例数将低于平均值，有些则高于平均值。实际上，根据加利福尼亚州职业安全和健康管理局主管雷蒙德·里查德·诺伊特拉的说法，根据记录几十种不同癌症本地发病率的常见癌症等级数据库，我们有超过 50% 的把握，在加利福尼亚州 5 000 个普查区域的 2 750 个区域中发现具有统计显著性却是随机结果的某种癌症的高发区。[31] 如果对足够多的格子进行观察，我们就能发现，有些区域的癌症发病率，甚至比正常水平高出很多倍。

如果将癌症病例分配好再来画格子，得到的图景会让人感觉更糟。这种做法造成的结果被称为神枪手效应，它得名于一个造假的家伙。这个家伙的枪法比别人的都要好，因为他先朝着一张白纸开枪，然后在纸上画出靶子。不幸的是，这种事情在现实中经常发生：某些市民首先注意到一些邻居得了癌症，然后确定他们认为的癌症高发区域的边界。现在的互联网能够为我们提供广泛且可获取的数据，因此最近就有一些人在美国境内寻找这样的团簇。这些团簇毫不意外一个接一个被找到。但癌症的发生需要细胞不断变异，因此需要长时间暴露在致癌物质中和 / 或存在着高浓度的致癌物。如果这些高发区团簇的确是由环境因素引发的，而且其效果在这些受害者搬离这一地区之前就能够显现出来，那么还真需要一些运气。根据诺伊特拉的说法，人们需要暴露在通常仅能在接收化疗的病人体内或某些特定的工作环境中才能见到的高浓度致癌物质中，才能产生这种程度的、需要流行病学家进行调查的癌症高发区，而实际上所需的这种致癌物质的浓度，远比人们在受污染的住所周围或学校中接触到的浓度要高得多。但人们仍然不愿接受这些团簇是随机形成的这一解释，因此，加利福尼亚州健康部门每年都会收到数以千计的居民点癌症集中发作的报告，也因此生产了数百份巨细无遗的分析报告，但没有一份报告能令人信服地给出那个隐藏着的致癌环境因素。明尼苏达州健康部流行病学家艾伦·本德说，这些研究“是对纳税人金钱绝对、完全、彻底的浪费”。[32]

我们现在已经考查了随机模式愚弄我们的几种方式。不过心理学家并不满足于仅仅对这些误解进行研究与分类，他们还希望了解人们被这些误解愚弄的原因。那么就让我们来看看这些原因的其中几个吧。

人们喜欢对周围的环境施加控制。有些人灌了半瓶苏格兰威士忌后照样开车，却在飞机遇上一点儿小小的颠簸时吓得举止失常，原因就在于他在前一种情况中认为自己能控制局面，而在后一种情况中控制权在他人手上。这种控制欲并非毫无缘由，因为事物在自己的控制之下的感觉，已经与自我认知和自尊融为一体了。实际上，我们能做的对自己最有好处的事情，就是找到各种方式控制自己的生活，或者至少是自以为控制了自己的生活。心理学家布鲁诺·贝特尔海姆就发现，要在纳粹集中营中幸存下来，“所依靠的是这样一种能力，即无论周围环境看起来如何具有压迫性，都能进行计划和安排，以保留一些独立行动的空间，并对生活中的某些至关重要的方面保持控制”。[33] 后来的研究表明，无来由的无助感以及在控制力上的缺乏，与情绪紧张和疾病发生这两者都有关系。在一项研究中，野鼠突然被剥夺了对环境的所有控制权，它们很快就失去了继续活下去的欲望，就此死亡。[34] 在另一项研究中，受试者被告知他们将要参与一组重要的测试，在这种情况下，即使仅仅让受试者控制这些测试的先后顺序，哪怕这种控制毫无意义，也能减少受试者的焦虑。[35]

控制心理学先驱之一的心理学家兼业余画家埃伦·兰格是哈佛大学的一名教授。多年前还在耶鲁时，她曾与人合作，一同研究控制感在看护住家病人的老年人身上所造成的影响。[36]他们告诉其中一组看护，他们可以自行决定房间的布置，还可以挑选一株植物来照料；而另一组的房间事先已经安排好，植物也已经选好并有人打理。几周后，他们发现能对环境施加控制的那一组，其快乐度得分更高。而更令人不安的，则是 18 个月后的跟进研究所得到的令研究者震惊的数据：没有控制权的那一组老年人，死亡率高达 30%；而有控制权的那一组，其死亡率仅为 15%。[37]

人类对控制权的需求，与我们讨论的随机模式有什么关系呢？因为如果事情是随机的，我们就没有掌控权；而如果我们可以做主，事情就不会是随机的。因此，我们对掌握控制权的需求，和我们识别随机性的能力之间存在着根本的冲突，而这正是我们会错误地解释随机事件的主因之一。实际上，心理学研究者最容易做到的事情之一，就是诱导人们将幸运错当成能力，或将无目的的行动错当成在控制什么东西。比如我们可以让人们按一个按钮控制灯的闪烁，而实际上这个按钮是完全无用的。但哪怕灯的闪烁完全随机，人们仍然相信确实是他们在控制着灯。[38]在另一个实验中，研究者给受试者看一圈随机闪烁着的灯，并告诉他们可以通过集中精神让灯泡沿顺时针方向依次被点亮，接着受试者真的觉得自己做到了这一点，并因此而惊讶得目瞪口呆。我们还可以让两个小组在类似的实验设置下相互竞争，其中一组努力让闪烁按顺时针方向进行，而另一组要让它按逆时针发生，结果这两组人都觉得闪烁方向与他们自己希望的方向是一致的。[39]

兰格一次又一次地证明，这种对掌控感的需求，影响了我们对随机事件的准确感知。在她的一项研究中我们看到，相较于一个充满自信的对手，参与者在与一个神经兮兮、笨手笨脚的对手竞争时，对成功更有信心，尽管他们参加的不过是纸牌游戏，而且在游戏中获胜可能完全靠运气。[40] 在另一项研究中，她让一组聪明且受过良好教育的耶鲁大学本科生，去预测 30 次扔硬币的结果。[41] 实验设计者秘密地操纵了扔硬币的结果，使每个学生刚好猜对一半；另外对其中的某些学生，实验设计者让他们在开始时能够连猜连中。等这 30 次扔完后，研究者对学生们做了个小小的问卷调查，以了解他们是如何评价自己的猜测能力的。许多学生的答案显示，他们似乎认为猜硬币也是一种可以通过培养锻炼来获得和提高的技能。有 1/4 的学生称，他们的表现被一些分心的事情影响。40% 的学生觉得自己的表现能通过训练获得提高。当直接要求他们对自己猜硬币的能力打分时，开始时连续猜中的学生给自己打的分要更高些，尽管对所有受试者而言，他们猜对的次数是一样的。

在另一个巧妙的实验中，兰格设计了一个彩票抽奖。参与的志愿者每人都得到一张交易卡片，卡片上印着某个游戏者的卡片。[42] 抽奖的袋子里也放着一张卡片，并且与发下去的某张卡片一模一样。谁拿的卡片跟袋子里的一样，谁就是赢家。游戏者被分成两组，其中一组可以自行挑选卡片，而另一组的卡片是随机分发的。开奖前，每个参与者都可以出售自己的卡片。显然，不管参与者的卡片是自行挑选的，还是随机分发的，其获胜概率都不会受影响。但相较于随机分配得到卡片的参与者，那些自行挑选卡片的人将卡片的售价定到了前者的 4 倍。

兰格实验中的受试者至少在理智上都“知道”，他们参与的游戏是随机的。当我们直接询问受试者时，没有一个人会说自己相信自行挑选卡片会改变获胜的概率。但他们实际的行为却在说着完全相反的事情。或者正如兰格写的那样：“人们可能会在口头上认同偶然性的概念，但他们按偶然事件能被控制来行事。”[43]

随机性在真实生活中扮演的角色，远不像在兰格的实验中那样明显。相比之下，我们对于结果以及控制结果的能力更为关注。因此，在真实生活中我们要抗拒这种控制的错觉，尤为困难。

这种错觉的一种表现方式，常常出现在哪些经历了一段时期的顺风或逆流的机构中，这时不管是成功还是失败，都很容易被归因于机构的领导，而不会被归因于运气以及造成机构目前状况的无数环境因素。在体育运动中，这一点表现得尤为明显。我们在前言中提到过，如果球员有那么一两年表现得十分糟糕，那么教练会被炒鱿鱼。大公司业务庞杂，而且很大程度上受到不可预料的市场因素的影响，因此高层管理者的聪明才智与公司业绩之间的关系，更说不上有多么直接了。如果因为公司糟糕的效益而条件反射式地解雇高管，这个效果就一点儿也不比解雇教练来得好。哥伦比亚大学和哈佛大学的研究者们最近就对许多公司进行了研究。这些公司设立的规章制度让它们很容易受到股东的影响，因此一旦遭遇困难处境，应对之策往往就是更换管理层。[44] 研究者发现，在旧的管理人员被解聘后的三年中，平均而言，公司的业绩（以盈利计算）并无改善。不管首席执行官们在个人能力上有什么差别，他们的个人能力总是受到整个体系中那些不可控因素的影响，就好像音乐家演奏水平的差别，在充斥着噪声的广播中会变得不那么明显了一样。但在决定补救措施的时候，公司董事会的所作所为，却好像是在说首席执行官是全公司唯一紧要的人。

研究还表明，对于那些实际结果由随机造成的任务，如果我们在结果发生之前，先进行一段时间的战略安排（比如那开不完的会议），或者在这些任务需要人们发挥主动性去参与的时候（那些待在办公室里的漫长时间），或者在任务中存在竞争的时候（哪有什么竞争啊！是吧？），对于偶然事件的可控错觉，就会在金融、体育，特别是商业环境中被进一步强化。与可控错觉做斗争的第一步，就是要认识到它的存在。但即使做到了这一点，前路仍然艰辛，因为一旦我们觉得自己发现了一个模式，就不会轻易放弃这个发现，就如同下面的例子要展示的那样。

假设我制定一条规则，然后用这条规则构造由 3 个数字组成的一个序列。如果现在我告诉你 {2, 4, 6} 这个序列是符合规则的，那么你是否能猜出这条规则是什么？只靠一个由 3 个数字组成的集合，当然不足以让游戏继续。因此，设想一下现在由你来告诉我一些其他的 3 个数字组成的序列，而我告诉你它们是否满足规则。好了，现在请你稍事停顿，想一些这样的数字序列出来。相较于直接和人互动，阅读的好处就在于，作者可以在书中表现出无限的耐心。

现在你已经考虑好你的策略。如果你跟大多数人一样，那么我敢说你设想的差不多就是 {4, 6, 8} 或 {8, 10, 12} 或 {20, 24, 30} 这一类的序列。是的，这些序列都满足我的规则。那么这个规则到底是什么呢？大多数人在列举了若干类似的测试例子后，会变得越来越有信心，并认为这个规则就是序列由递增的偶数构成。实际上，我的规则不过是要求序列必须由递增的数字构成。例如序列 {1, 2, 3} 也满足规则。这些数字不必为偶数。你设想的序列是否能揭示这一点呢？

一旦被错觉掌控，或者在本例中，当我们有了新想法时，我们通常不是去寻找方法证明这个想法错了，而是试图去证明它是正确的，心理学家称其为“确认偏误”。如果我们希望避免对随机性进行错误解释，它就构成了一个主要障碍。在上面的例子中，大多数人立刻认识到，我给出的序列是递增的偶数。然后为了证实这个猜测，他们测试了许多这一类型的序列。但很少有人能更迅速地找到答案，也就是通过测试包含奇数的序列来证伪他们的猜想。[45] 哲学家弗朗西斯·培根在 1620 年写道：“人类的理解力一旦采纳了某个想法，就会收集任何能证实该想法的例子，哪怕反例可能更多也更有分量，但人们要么不去注意它们，要么干脆拒绝接受它们，以此保证自己所采纳的观点仍能维持那不可动摇的地位。”[46]

更糟的是，我们不仅会有倾向性地去寻找证实预设观念的证据，而且会将模棱两可的证据按有利于我们想法的方式进行解释。这可是个大问题，因为数据经常是模棱两可的。通过忽略某些模式并强调另外一些模式，我们聪明的大脑可以强化它的信念，即使在缺乏确有说服力的数据时也如此。比如，如果我们根据可信度不高的证据认为新邻居是个不友好的家伙，那么他今后的任何可以用“不友好”加以解释的行为，都会留在我们的脑海中，而其他行为很容易被我们遗忘。如果我们信任某个政治家，那么当她干得好时，功劳当然都归她。而当她做得不好时，该责怪的就是大环境或她的对手，但不管怎样，我们都只是在不断强化我们开始的想法。

一项研究生动地向我们展现了确认偏误的效果。研究者集中了一群本科生，其中某些人支持死刑，另一些人则反对。[47] 然后，研究者给所有学生提供了一些关于死刑实际效果的学术研究成果，两组所得的资料是相同的。在这些资料中，一半的结论支持死刑具有威慑力的观点，而另一半正好相反。研究者还为受试者提供了若干线索，这些线索表明上述研究都存在若干弱点。然后，研究者让这些学生独自给各项研究的质量评分，并说明他们对死刑的态度是否以及在多大程度上会受这些研究的影响。参与者对那些支持自己最初观点的研究给予了更高的分数，哪怕双方的研究是用同样的方法进行的。最后，尽管每个人都阅读了相同的研究报告，但开始时持不同观点的人都宣称这些资料强化了他们的信念。这些数据不但没有说服任何人，反而使双方观点的两极分化更加严重。因此，即使是一个随机模式，如果它与我们的成见相吻合，我们也会把它解释为具有说服力的证据。

确认偏误在实际中造成了许多不幸的后果。如果一名教师在开始时相信某个学生比另一个更聪明，他就会有选择性地将注意力集中在那些倾向于证实这一猜想的证据上。[48] 如果一名雇主对一个符合他的某些预设想法的应聘者进行面试，那么他通常会迅速形成第一印象，然后将剩下的面试时间用来寻找支持这种印象的信息。[49] 如果临床咨询顾问被提前告知某来访者生性好斗，那么他们将倾向于得出来访者确实好斗的结论，哪怕该来访者并不比普通人好斗。[50] 人们在解释少数族裔的一些行为时，也常常会根据一个预设的“样板”加以解释。[51]

人类的大脑已经进化到能高效进行模式识别的水平。但正如确认偏误所显示的那样，我们的注意力主要放在了发现和确认这些模式上，而不是将错误结论降到最少。但我们也不需要对此感到悲观，因为我们仍然有可能克服这些偏见。能够认识到偶然事件也能产生模式，仅这一点就是一个开始了。如果我们能够学会质疑我们的观点和理论，那么又是前进了一大步。最后我们还应该学会，不但要寻找证明我们正确的原因，而且要用同样多的时间寻找证明我们错误的证据。

我们这段穿越随机性的旅程，现在快到终点了。我们从简单的规则开始我们的旅程，并了解了这些规则是如何在那些复杂的系统中表现自己的。那么对我们自身命运这个最为重要的复杂系统而言，偶然性扮演的角色到底有多重要呢？这可是个难题，其中包含了我们至此所考虑过的大部分内容。虽然我并不指望自己能够给出一个完整的答案，但我很希望能使这个问题变得更清晰。在下一章的标题，同时也是本书的书名中，读者可以很明显地看出我对这个问题的回答：醉汉的脚步。

第10章

醉汉的脚步

1814年，牛顿物理学差不多正处于成功的巅峰。在这一年，拉普拉斯写道：

> 假如一个智能体，在一个给定的时刻，知道了所有使世界运行的力，以及世界的每一个组成体的位置；进一步地，如果该智能体足够强大，以至能对这些数据进行分析，它就可以用同一个方程将宇宙中最大之天体及最小之原子的运动皆囊括其中：对于这个智能体而言，没有什么是不确定的，而未来就如同过去一样，呈现在它的眼前。[1]

拉普拉斯表达的这种观点叫“决定论”：世界的当前状态，精确地决定了它未来的发展方向。

如果将决定论应用到我们的日常生活中，那么它意味着我们将生活在这样一个世界，在这个世界上，个人的素质以及任何形势或环境的性质，都将以直接而毫不含糊的方式导致精准的后果。这是一个有序的世界，其中的任何事情都能被预见，并能通过计算求得。但拉普拉斯的梦想要成真，必须满足几个条件。首先，自然定律本身必须能够给出一个确定的未来，而且我们必须掌握这些定律。其次，我们必须获得那些完全描述了我们感兴趣的系统的数据，而且不允许有任何不可预见的因素。

最后，我们必须有足够的智慧或计算能力，能根据已知的数据描述现在的数据，能通过定律计算它所确定的未来是何等模样。在本书中，我们已经审视了许多有助于理解随机现象的概念。一路走来，我们已经对生活中的许多具体情境有了深入的了解。然而，我们还需要看到事物的全貌，也就是随机性到底在多大程度上造就了我们在生命中所处的位置，而当我们去预测前进的方向时，我们的预测又能做到多好？

从文艺复兴晚期到维多利亚时代，许多学者在对人类社会进行的研究中抱持着与拉普拉斯相同的决定论信念。他们或者像高尔顿那样认为人的生命历程是由个人素质严格确定的，或者像凯特勒那样相信社会的未来是可以预测的。牛顿物理学的成功，使他们相信人类行为是能够被可靠预言的，就像其他自然现象能够被预言一样。在他们看来，日常世界的未来就像行星的轨道，应当能够由当前的事件状态严格确定，这一点似乎再合理不过了。

20 世纪 60 年代，一位名叫爱德华·洛伦兹的气象学家，想利用当时的最新科技，也就是一台原始计算机，在气象研究这个有限的领域内实践一下拉普拉斯的观念。根据拉普拉斯相信的决定论世界观，如果洛伦兹将他那个理想地球在某个特定时刻的大气状况数据，输入一台噪声不断的计算机，计算机就会利用已知的气象学定律，计算和打印出一行行表示未来天气状况的数字。

一天，洛伦兹决定将手头这个特定的模拟扩展到未来，他打算偷懒抄条近路，因此没有完整重复计算过程，而是把运行到一半时的结果作为初始条件，开始运行新的模拟。于是他把之前打印出来的中间模拟结果作为新模拟的初始数据，送进计算机的输入设备，并期望计算机再度出现之前模拟结果的剩余部分，并进一步求出更加遥远的未来的模拟结果。但和他预期的情况不同，他注意到一件很奇怪的事情：新模拟中的天气演化，与旧模拟的结果完全不同。新模拟没能重复旧模拟在剩余时间段内的结果，反而严重偏离了该结果。很快，他就意识到造成这一偏离的原因：在计算机内存中，数据的存储精度是小数点后六位，而打印出的结果，只保留到小数点后三位。这样一来，他用作新模拟初始条件的数据，就与旧模拟的相应数据存在着微小的差别。例如，0.293 416 这个值被打印出来时，就变成了 0.293。

科学家通常都会假设，如果某系统的初始条件发生了很小的变化，那么系统的演化过程同样只会发生很小的变化。不管怎样，收集天气数据的卫星在测量各种参数时，也只能达到小数点后两位或三位的精度，因此它们不可能发觉 0.293 416 和 0.293 之间那细微的差别。但洛伦兹发现，这微小的差别可以导致结果的巨大改变。[2] 这种现象被称为“蝴蝶效应”，其名称的来由，是指一只蝴蝶扇动翅膀所造成的大气状况的些微改变，可能会在之后的全球天气模式中造成巨大影响。这个观点听起来十分荒谬。这不就等于说某天早上你多喝了一杯咖啡，也将对你的生活产生深远的影响吗？但事实上，这种事的确会发生。比如这额外的时间使你在火车站与未来的妻子偶遇，或者使你刚好避开一辆加速闯红灯的汽车。实际上，洛伦兹的故事本身，就是蝴蝶效应的一个例子：要不是他决定用这种抄小路的方式延长模拟时间，他就不会发现将带来一个全新的数学领域的蝴蝶效应。在回顾生命中那些重大事件的细节时，我们不难发现这类看似无足轻重却导致巨大改变的随机事件的存在。

与人类自身和人类社会有关的决定论，无法满足那些拉普拉斯暗指的可预测性所需的条件。之所以如此，原因有以下几点。首先，就目前所知，人类社会不像物理学那样，由明确而基本的定律主宰。恰恰相反，人类的行为正如卡尼曼和特沃斯基一再证明的那样，不仅无法预测，而且（从行为违背自身最大利益的意义上来说）常常是非理性的。其次，即使我们能够像凯特勒所希望的那样，发现主宰人类活动的定律，我们也不可能精确获知或控制生活中的各种因素。也就是说，我们跟洛伦兹一样，无法得到预测所需的精确数据。第三，与人有关的事情是如此复杂，因此，哪怕我们真的了解了这些定律，获取了这些数据，能否完成必要的计算也是存疑的。因此，决定论对于人类活动而言，是一个很糟糕的模型。或者按诺贝尔奖获得者马克斯·玻恩的话来说："相比于因果性，偶然性是一个更加基本的概念。"[3]

醉汉的脚步是随机过程的科学研究中所使用的一个基本模型。不过它同样为我们的日常生活提供了合适的模型，因为就像悬浮在布朗流体中的花粉微粒那样，我们也不断地被随机事件推动，先是走向这个方向,然后又通往那个方向。虽然我们在社会学数据中可以发现统计规律，但是对于某个具体的个人而言，未来仍然是无法预测的。对于某个具体的成就、工作、朋友或财政状况等，机遇所占的功劳比许多人能认识到的还要大。接下来，我将进一步说明，现实生活中除了一些最简单的情势，我们都无法躲开那些不可预见或无法预测的力量。正是这些随机力量的影响，以及我们对它们做出的反应，塑造了我们大部分的生命之路。不过作为一个开头，我会探讨一个明显与上述观点相矛盾的问题：如果未来果真一片混沌而无法预测，那么为什么有很多事情，我们在事后回顾时，却常常觉得这些后果好像是应该可以预见的？

1941 年秋，在日本人袭击珍珠港的几个月前，东京的情报机关给在檀香山的间谍发去一个令人不安的命令。[4] 美军截获了这个命令，并把它送到海军情报局。在官僚作风满满的处理程序之后，已解密和翻译好的情报于 10 月 9 日被送抵华盛顿。这个命令要求檀香山的日本情报人员将珍珠港划分为 5 个区域，并按区域报告在港舰艇，特别是战列舰、驱逐舰与航空母舰以及同一船坞停靠多艘舰船的情况。几周后，另一件古怪的事情发生了：美国的监听人员无法跟踪到日军第一、第二舰队所有已知航母的无线电通信，对它们的位置也一无所知。然后在 12 月初，位于夏威夷的第 14 海军辖区战斗情报单位报告，日本人在一个月内第二次更改了舰艇呼号。如 WCBS 或 KNPR 这样的呼号是用来标识无线电通信源的，在战争时期，它们不但能使友方，也能使敌方发现舰只的身份，因此这些呼号总是被周期性地更换。日军的习惯是每 6 个月或更长时间更换一次呼号，而在 30 天中更换两次呼号，就被视作“大规模主动行动准备工作中的一个步骤”。这一改变使得接下来的几天确认日军航母和潜艇的位置变得更加困难，也让之前的无线电静默变得更令人困惑。

两天后，发送到日本驻香港、新加坡、巴达维亚、马尼拉、华盛顿和伦敦外交与领事机构的密电被截获并破解。这些消息要求外交官们立即销毁密码本，并烧掉其他所有重要的机密与秘密文件。同时，FBI 也截获到一个由日本驻夏威夷领事馆的厨师打给身在檀香山的某人的电话，厨师兴奋地告诉对方，官员们正在烧毁所有重要文件。陆军情报部门主管助理比克内尔中校带着一份截获的消息，来到当时正准备与陆军夏威夷部负责人共进晚餐的顶头上司面前。这时已是 12 月 6 日星期六，即攻击前一天的下午接近傍晚的时候了。这些事后看来如此有预示性的事情，为何未能让那些与此事利益攸关的人意识到敌军的进攻正在逼近呢？

在一个复杂的事件链条中，每个事件的发展都带有一定的不确定性。

因此，一种根本的不对称性就存在于过去与未来之间。自从玻尔兹曼决定对流体性质的分子过程进行统计分析（见第 8 章）以来，这种不对称性就一直是科学研究的对象。设想浮在一杯水中的一个染料分子。这个分子将如同布朗的花粉微粒那样，迈着醉汉的步伐前进。但即使是这种无目的性的运动，也会产生某个方向上的位移。如果等上比如 3 小时，这个分子通常将离开其最初位置约 1 英寸。假设在某个时间点上，分子移动到某个显眼的位置，并最终吸引了我们的注意，那么正如许多人在珍珠港事件之后所做的那样，我们可能会去寻找这个出乎意料的事件的成因。现在假定我们能够深挖这个分子的历史，跟踪其所有的碰撞记录，那么我们的确可以发现，这个或那个水分子的碰撞，推动着染料分子沿着它那曲曲折折的道路前进。换句话说，我们在事后可以清楚地解释，为什么这个染料分子的过去是以这种确定的方式发展的。但水中还有许多其他的水分子，它们也有可能与染料分子相互作用。要在实际发生之前预测染料分子的路线，需要计算所有那些具有潜在重要性的水分子的路线和它们的相互作用，而这需要几乎无法想象的巨大的计算量。相较于解释过去所需要的那张碰撞清单，预测的计算规模和难度要高出许多。因此，要在实际发生前预测染料分子的运动，几乎是不可能的，哪怕这个运动相对而言在事后更容易解释一些。

我们总是能在日常生活中发现许多看似十分明显，事先却无法预测的事情，这种根本的不对称性就是原因。所以天气预报员能告诉你，因为三天前冷空气前锋这么运动而昨天暖空气前锋那么移动，所以你那浪漫的室外婚礼就碰到了下雨天。但如果要事先了解这些冷暖空气在今后三天是如何运动的，并提醒你为婚礼准备一顶大帐篷，这位天气预报员所做的就远不如前者成功了。我们再来看看国际象棋比赛。

与纸牌不同，国际象棋中并没有直接的随机因素，但其中同样存在不确定性，因为比赛双方都不能确定地知道，对手的下一步将怎么走。如果双方都是高手，那么在大多数的回合中，他们还有可能预见接下来的几步棋会怎么走，但是如果再多想几步，不确定性就会掺和进来，让棋局的发展变得无法预测。但另一方面，我们通常能够很容易在事后指出每名棋手走出每步棋的原因。国际象棋同样是一个过往易懂但未来难测的随机过程。

上述情况在股票市场中也一样。比如基金的业绩表现。如第 9 章提到的，选择基金时，我们常常会参考它们之前的表现。确实，在之前的表现中，我们可以轻易地发现干脆又漂亮的模式。例如，图 10-1 就绘出了 800 名基金经理在 1991 年到 1995 年 5 年间的表现。

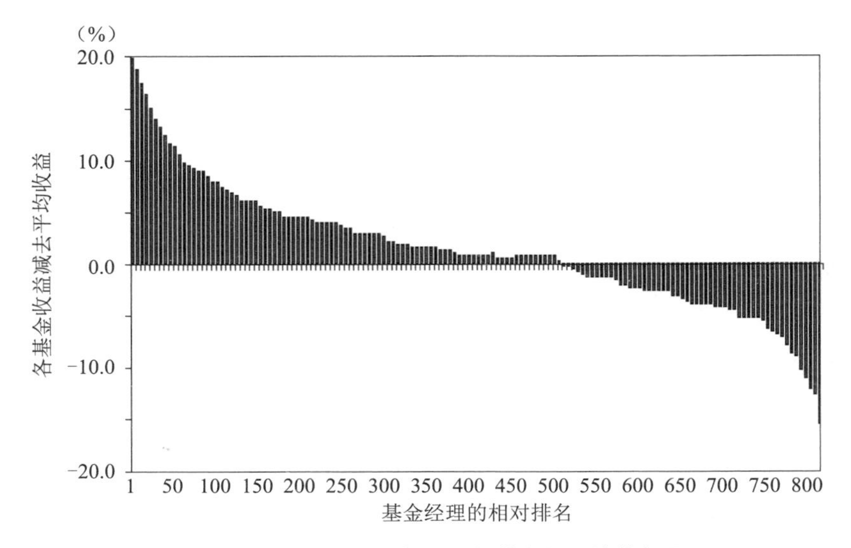

图 10-1　1991—1995 年，最佳基金的业绩排名图

纵轴标出的是各基金相对于所有基金平均收益的盈亏，换言之，收益为 0 表示该基金的业绩与所有基金 5 年间的平均业绩持平。横轴标出的则是基金经理的相对排名，从第 1 名到第 800 名。如果我们要看看这 5 年中排名第 100 的基金经理的业绩，那么在横轴为 100 的地方能读到这个数据。

毫无疑问，任何分析家都能找到一系列令人信服的理由，说明图中那些业绩领先的经理为何会成功，垫底的经理为何会失败，曲线为什么就该是这个样子。不管投资者会不会花时间去了解这些分析的细节，他们都不会选一只过去 5 年的业绩比平均水平低 10% 的基金，而肯定会选一只比平均水平高 10% 的基金。回顾过去，我们能轻易构造出这样漂亮的图形和直截了当的解释。但这个再符合逻辑不过的图，却不过是马后炮造成的错觉，它与预测未来几乎扯不上什么关系。在图 10-2 中，我将同样的基金再次进行了比较，其中横轴仍然按之前 5 年的排名排列，而纵轴表示它们在接下来 5 年中的业绩。也就是说，我保持了 1991—1995 年的排名，但显示了基金在 1996—2000 年实现的收益。如果过去的表现可以很好地预测未来，那么这些基金在 1991—1995 年以及 1996—2000 年，其相对业绩多少应该表现出一些一致性。也就是说，如果赢家（图的左边）依旧比别人干得好，而输家（图的右边）依旧干得很差，那么这张图应该与上一张图差不多完全相同。但正如该图所示，当我们把过去的那个秩序外推到将来时，这个秩序就解体了，而新图形看起来跟随机噪声差不多。

偶然性在投资以及如股权基金经理米勒这类人在成功中所扮演的角色，被人们以一种系统性的方式遗漏了，与此同时，我们却总是毫无根据地相信，过去的错误必定是无知或无能的结果，而我们只要多

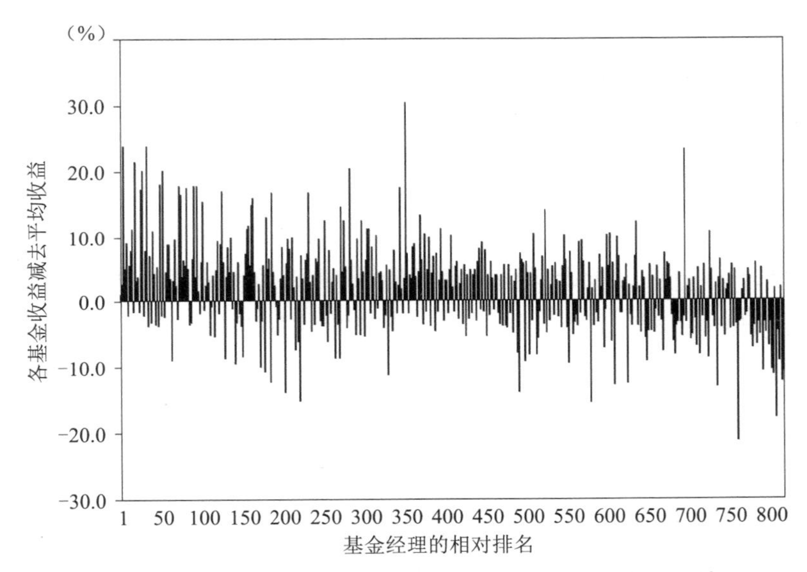

图 10-2 1991—1995 年的最佳基金在 1996—2000 年的业绩

多学习，提高我们的洞察力，就可以纠正这一点。这也是为什么在2007 年的春天，当美林证券的股价在 95 美元左右时，它的首席执行官奥尼尔被认为是个冒险的天才，而到了 2007 年秋天证券市场崩溃后，他就被嘲笑为不计后果的鲁莽牛仔，并很快被炒了鱿鱼。我们条件反射式地对商业显贵、政治家与演员中的超级巨星以及任何坐着私人飞机飞来飞去的家伙表示尊敬，好像他们的成就是他们身上的什么特有素质的必然反映，而那些不得不吞下经济舱飞行餐的人是不会拥有这样的素质的。政治领域的专家、金融专家和商业顾问这类人，他们总是声称以往的记录就代表着专业水平，而我们对他们做出的精确过头的预测，投入的信心也是过头了。

我熟知的一家大型出版公司，有一次要给它的教育软件部制订一年、三年与五年计划。在这个过程中，它碰到了相当棘手的问题。公司有高薪聘请的顾问，有冗长的市场调研会议，有熬夜进行的金融分析讨论会，还有长时间在外召开的午后会议。终于，所有人的种种预感被写成公式，公式算出了结果，这些结果则精确到小数点后好几位，而公司疯狂的猜想现在也变成了实现的可能性比较大的预期。在计划执行的第一年里，如果某些产品卖得不及预期，或者另一些产品卖得比预期要好，那么大家总是能找到之所以好或不好的理由，并归功或归咎于相应人等，好像那些预期真有什么意义似的。到了第二年，市场上的两个竞争对手发起了一系列该公司未预见的价格战。再过一年，教育软件市场彻底崩溃了。当不确定因素插手到计划实施中时，那个三年计划其实根本没有成功的机会。至于那个被精雕细琢打磨得有如钻石的五年计划则更走运些，没有人会麻烦它出来与实际结果进行任何比较，因为五年之后，那个部门差不多所有人都跳了槽。

对于本身的专业就是研究过去的历史学家来说，他们对于事件是遵循可预测的方式发展的观点，也抱持着与科学家同样的警惕态度。实际上，必然性错觉在历史研究中有着严重的后果，而对于必然性错觉的态度，也成为保守的历史学家与社会主义历史学家达成共识的少数事情之一。例如社会主义历史学家托尼就说过："历史学家们给出了一种必然性的说法……把获胜的力量推到显赫的地位上，把那些被它们吞噬的力量扔到角落里。"[5] 而曾被里根授予总统自由勋章的历史学家沃尔斯泰特则这样说："当然，各种信号在事后看来，总是非常清晰；我们可以看到它预示的究竟是怎样的灾难……但在事前，它却晦涩朦胧，并有着相互矛盾的含义。"[6]

从某种意义上说，世事难料的观念从来都被包装在"事后诸葛亮"

这样的俗语中，但人们实际的行为表现，却又好像在说这句话根本是错的。在每个悲剧发生之后，“你们早该知道它会发生”这样的问责游戏就会在政府上演。在珍珠港（以及 9·11 恐怖袭击事件）的例子中，当我们回过头看那些攻击前所发生的事情，它们似乎都指向一个显然的方向。但正如在染料分子、天气与国际象棋的例子中那样，如果我们在事前跟踪局势的发展，这种必然感很快就消失无踪了。首先，除了我提到的那些情报，还有海量的无用情报。这类新情报或新报告，一周下来都堆成山了。这些消息有时候好像是一种警讯，有时候又充满神秘感，不过后来都被证明具有误导性或毫无重要性。即使我们将注意力集中在事后证明是重要的报告上，在袭击发生前，每份这样的报告也都存在着不同的合理解释，并不能说明针对珍珠港的偷袭已经在进行了。例如，那个将珍珠港分为 5 个区域的命令，与其他被发往驻巴拿马、温哥华、旧金山和俄勒冈州波特兰的日本情报人员手中的命令，都是相似的。至于失去无线电监测也并非前所未有的事，这种情况过去常常意味着战舰正停泊在本土港口，因此它们之间的通信是利用陆上电缆收发电报进行的。更重要的是，即使相信战争的扩大已经迫在眉睫，却有许多信息表明袭击会发生在别处——例如菲律宾群岛、马来半岛或关岛。在珍珠港的例子中，让我们的注意力发生偏向的因素，其数量肯定没有染料分子所碰到的水分子多，但已足够使未来的清晰图景变得模糊不清。

在珍珠港事件之后，美国国会的 7 个委员会开始不断钻研，以求发现军方忽略所有那些表明攻击即将到来的“信号”的原因。作为军方一员的陆军参谋长马歇尔，因为一份 1941 年 5 月致罗斯福总统的备忘录而招致强烈的批评。该备忘录称“由于其防御工事、驻军以及自然条件，我们相信瓦胡岛是世界上最为坚固的堡垒”，并再次使总统确信，如果敌人来袭，敌方将“在距目标200英里的范围内……被各式各样的弹雨”阻截。马歇尔将军不是笨蛋，不过他手上当然也没有能够预测未来的水晶球。随机性研究告诉我们，如水晶球般清澈的事件场景是可能出现的，但不幸的是，这种场景只会在事后出现。因此，我们相信我们知道一部影片表现不错，一名候选人赢得了选举，一场风暴即将来袭，一只股票价格下跌，一支足球队输了比赛，一种新产品在市场上大败，或者一种疾病开始恶化等种种事情的成因。可一旦面临预测一部影片是否会表现不错，一名候选人是否会赢得选举，一场风暴是否会来袭，一只股票价格是否会下跌，一支足球队是否会输掉比赛，一种新产品是否会在市场上遭遇失败或一种疾病是否会恶化等问题时，我们的这种能力几乎无能为力。就预测而言，这个所谓能力实际上什么都不是。

我们当然可以很容易地编出故事来解释过去，或者让自己对不确定的未来发展充满信心。我们也用不着因为这些做法存在陷阱，就把它们彻底扔到一边。不过，我们可以努力增强自己对直觉式错误的免疫力。我们可以学会用怀疑的眼光看待解释和预言；我们可以更注重对事件做出反应的素质，如灵活性、信心、勇气与坚毅等品质，而不是依赖于对事件是否发生的预测能力；我们可以更看重直接的第一印象，而非那些被大肆宣扬的当年之勇。通过这些途径，我们可以避免在机械决定论的框架内形成我们的判断。

1979年3月，还发生了一连串事件，其中的种种出乎意料地让这一连串事件名声大噪。这回的事情发生在宾夕法尼亚州的一个核电站中。[7] 事情的结局是核反应堆的堆芯部分熔毁，并有可能向周边环境释放出超警戒水平剂量的辐射。灾难是这样开始的：有大约一杯左右的水，在一个被称为精处理器的水过滤器中，从密封处渗漏出来，并流入驱动电厂某些仪器的一个气动系统，这导致两个阀门出现故障。这些出故障的阀门切断了电厂蒸汽发电机组的冷水供应——而该蒸汽发电机组正是负责带走核反应堆堆芯处所产生的热量的系统。之后紧急水泵启动，它的两路管道上各有一个阀门，但在两天前的维修工作结束之后，它们仍然被设置在关闭状态。因此，水泵只是徒劳地将水打进死胡同。此外，某个减压阀门未能正常工作，而控制室里本应显示该阀门状态的仪表同时发生了故障。

如果我们现在单独看这些故障中的任何一个，会发现它们其实都属于常见也可以接受的情况。精处理器故障在这个电厂不是什么稀罕事，通常也不是什么大问题；核电站中有成百的阀门有规律地打开和关闭，其中一些被设置在错误的状态，这既不罕见，也不值得担心太多；而那个减压阀的不可靠，本来就是大家都知道的事，而且，至少这一款减压阀在 11 个其他电站中也不时发生故障，却没有造成严重后果。不过所有这些故障凑到一起，整个电站就像是由启斯东警察在打理一样。因此，紧随三英里岛上这场事故发生的，就是众多的调查和非难，以及一个完全不同类型的后果。耶鲁大学的社会学家查尔斯·佩罗受到引起事故的那一连串事件的启发，建立了一个新的意外事故的理论，其中就给出了本章的中心论点：我们应当能够预料到，复杂系统（我将生活也算在内）中那些通常被忽略不计的次要因素，会由于偶然性，而在某些时候导致重大事件的发生。[8]

佩罗认识到现代系统都是由数以千计的部分组成的，其中还包括可能出错的人类决策者。这些组成部分相互联系在一起，但这些联系如同拉普拉斯的原子那样无法被单独跟踪和预测。但我愿意打赌，正如那迈着醉汉步伐行走的原子最终将到达某个位置一样，事故也将不可避免地发生。佩罗这个被称为“事故常态理论”的学说，描述了事故是如何发生的，哪怕事故看起来并没有明确的原因，也没有公司或政府调查组织所希望找到的明显的错误和为之负责的无能的笨蛋。尽管事故常态理论研究的是事情有时必然出错的原因，但它同样能反过来解释为什么事情有时必然成功。因为在复杂的过程中，不管失败了多少次，如果我们一直尝试，那么最终成功的机会还是不小的。实际上，W. 布莱恩·阿瑟这样的经济学家就认为，许多次要因素的同时发生，甚至可以使没有特别优势的公司压倒竞争对手。“在现实世界中，”他写道，“如果几个规模相近的公司一同进入市场，那么，小小的偶然事件，比如意外的订单、与消费者偶然的碰面、管理上的突发奇想等等，将决定哪些公司能更早获得销售收入，并通过日积月累，最终成为市场的支配力量。经济活动……由单独的业务决定，这些业务小到无法预见。但这些小小的‘随机’事件能（积累）堆积起来，并随着时间的流逝，以正反馈的方式得到放大。”[9]

社会学研究者也留意到同样的现象。比如，一群研究者对被社会学家称为文化产业的书籍、电影、艺术、音乐等领域的消费者购买习惯展开了研究。这些领域的传统市场营销思路认为，我们应当预测消费者的喜好，这样就可以获得成功。如果按照这种观点，管理者最有成效的时间使用方式，就应该是去研究斯蒂芬·金、麦当娜或布鲁斯·威利斯到底为什么能够让他们的粉丝如此着迷。他们研究了过去，然后跟我说的一样，他们没费什么力气就找出成功的原因，不论他们认为的这个成功到底是什么。之后，他们希望能复制这些成功。

这就是市场中的决定论，在这种观念下，成功主要取决于某人或某产品的内在品质。但我们还能以另一种非决定论的方式看待成功。以非决定论的观点来看，世界上还有许多高质量但不为人知的书籍、歌手和演员，而真正能让这一个或那一个出头的，很大程度上是随机性与各种次要因素合谋的结果，也就是运气。根据这种观点，那些具有传统观念的行政管理人员不过是在玩轮盘赌。

多亏了互联网，这个观点已经得到验证。研究者将注意力放在销售额主要来自互联网的音乐市场。为了开展研究，他们雇用了 14 341 名参与者，让他们听一些他们从未听说过的乐队演唱的 48 首歌曲，并给它们打分，如果他们愿意的话，还可以下载这些歌曲。[10] 有些参与者能够看到这些歌曲的流行程度的数据，也就是有多少参与者下载了这些歌曲。这些参与者被分到 8 个相互隔离的“世界”中，并且只能看到同一世界中的参与者下载歌曲的情况。每个乐队在每个世界中的初始下载量都为 0，之后各个世界独立演变。此外还有一个第 9 组，其中的参与者看不到任何数据。研究者用这最后一组相互隔绝的参与者给出的歌曲流行度，来定义每首歌的“固有质量”，也就是在没有外界影响的情况下，这些歌曲所具有的吸引力。

如果决定论的世界观是正确，那么在前 8 个世界中占优势的，应该是相同的歌曲，而且这 8 个世界中的歌曲排行，应该与第 9 组的孤立参与者给出的固有质量一致。但研究者发现的结果恰好相反：各首歌曲在不同世界中的受欢迎程度天差地别，而固有质量相近的不同歌曲，其受欢迎程度也相差悬殊。比如，52metro 乐队演唱的“Lockdown”，其固有质量在 48 首歌中排名第 26，但在一个世界中，它的排名为第一，而在另一个世界中，排名为第 40。在实验中，如果某首歌曲偶然地在早期获得了较多下载量，那么这首歌曲颇受欢迎的表象，会进一步影响后来的购买者。这种现象在电影产业中也广为人知：电影观众如果事前听说某部电影不错，他们通常就会表现出更多的喜好。在这个例子中，小小的随机影响产生了滚雪球效应，使歌曲的未来天差地别。我们又一次看到了蝴蝶效应。

在生活中细致观察，我们同样可以发现，如果没有那些偶遇的人、偶然到来的工作机会以及各种各样小因素的随机会合，许多重大事件的结果可能会完全不同。让我们想象一下这样一位演员，他从 20 世纪 70 年代后期开始的 7 年中，一直住在曼哈顿 59 大街一幢没有电梯的公寓的 6 楼，为着有朝一日能闯出名头而努力着。他干着些既不在百老汇也没办法进入百老汇的戏剧工作，这些工作有时离百老汇还很远。他还出演电视广告节目。总之，他用尽浑身解数希望引起别人的注意，全力打造自己的职业生涯，并赚到足够的钱能偶尔到饭店享用一餐烤牛排，而不必为了逃单偷偷摸摸地溜走。但如同许多赶超偶像的人一样，不管这名志向远大的演员怎样努力挑选恰当的角色，选择正确的交易，并尽可能地突出表现自己，他最可靠的角色，却还是酒吧招待。后来，在 1984 年夏天的某个日子，他飞到洛杉矶。他去洛杉矶的目的，要么是去观看奥林匹克运动会（如果你相信他的评传作家），要么是去拜访一位女性朋友（如果你相信《纽约时报》）。但不管哪个才是实情，有一件事却是非常明确的：拜访西海岸的这个决定，跟演出没什么关系，跟爱情（至少是对体育的热爱）倒是颇有瓜葛。但后来发生的事情证明，这是他职业生涯中做出的最好的决策，而且还很可能是他这辈子做过的最好的决定。

这个演员名叫布鲁斯·威利斯。在洛杉矶时，一名星探建议他去参加一些电视剧试演[11]，其中一个试演节目已经进入最后选角的阶段。

制作方当时其实已经有了一个最终入围者的名单，但是，好莱坞可没有“最终”这回事，除非是合同上的墨迹都干透了，官司也已经盖棺定论了。威利斯得到试演机会，并最终获得大卫·艾迪森这个角色——ABC（美国广播公司）的新节目《蓝色月光侦探社》中斯碧尔·谢波德的男搭档。

我们可能很容易想到，这一定是因为威利斯比本来排名榜首的那位 X 先生更适合这个角色。至于接下来的事情（用别人的话来说）就是历史了。我们现在当然知道《蓝色月光侦探社》和威利斯都取得了巨大成功，所以好莱坞那帮拍板的家伙在第一眼看到威利斯的时候，除了赶紧烧掉笨头笨脑的长靴来庆祝新发现的耀眼新星，并把那张现在已经被否定的最终入围者名单扔到火里，我们很难想象他们还能做些什么别的事情。不过在演员选角阶段实际发生的事情，倒更像是你让孩子们出去买 1 加仑[①]冰激凌，结果两个想要草莓味，第三个却想要三层巧克力法奇方块蛋糕味时的那种情形。电视台的管理人员为 X 先生而战，他们觉得威利斯看起来并不像一个严肃的主持人。《蓝色月光侦探社》的制作总监格伦·卡伦则支持威利斯。前者在事后很容易被看作无知的小丑。就我的经验而言，电视节目制作人常常都持这种意见，当这些评论不会被搞管理的人听到时更是如此。但在你认可这个想法之前，请考虑一下下面的问题：电视观众在开始时都认同管理人员的评价，他们也觉得威利斯不过是个普普通通的演员而已。《蓝色月光

① 1 加仑≈ 4.55 升。——编者注

侦探社》于1985年3月初次亮相时，收视率很低。在整个第一季中，其表现只能说是平庸而已。只是到了第二季，观众才改变了想法，然后节目大红大紫。在威利斯突然成为一线明星之前，我们理所当然无法预见他的魅力和成功。人们现在也许会把这笔账记在疯狂的好莱坞头上，但威利斯那条通往成功的醉汉之路，却根本不是什么不寻常的事情。许多成功人士走过的，正是这样一条被众多随机影响及意料之外的结果隔成一段一段的道路。不仅他们的职业生涯是这样，他们的爱情、嗜好及友谊也是如此。实际上，这种情况更像是规律而非例外。

我最近一次看午夜节目时，在一个访谈中看到另一位明星，虽然他并非娱乐圈中人。他的名字叫比尔·盖茨。访谈节目的主持人向来以嘲讽的风格著称，但面对盖茨，他却表现出颇不寻常的恭敬，甚至连下面的听众似乎也在对盖茨大抛媚眼。之所以如此，当然是因为盖茨已连续13年被《福布斯》杂志评为全世界最富有的人。实际上，自创立微软公司以来，盖茨每秒钟都能赚100多美元。因此，当他被问及对互动电视的看法时，每个人都怀着极大的期待等待着他的演讲。但他的回答十分平庸，并不比其他一打计算机专家嘴中说出的回答更富有创意，更为独特或更具洞察力。这不禁使我们思忖：到底是因为盖茨像神一样，所以才能每秒钟赚100美元，还是因为他每秒钟能赚100美元所以才像神一样？

1980年，一群从事某个秘密的个人计算机制造项目的IBM（国际商业机器公司）员工，因为这个项目飞到西雅图，与这位年轻的计算机企业家见面。盖茨当时创建了一家小公司，而IBM需要为计划中的“家庭计算机”寻找一个被称为“操作系统”的程序。对后来发生的事情，各方的回忆有所不同，但大体上是这样的[12]：盖茨说他无法提供这个操作系统，并建议 IBM 的人去找一位著名的软件程序员，数字研究公司（DRI）的加里·基尔代尔。IBM 与基尔代尔之间的商谈并不顺利。原因之一是当 IBM 的人来到数字研究公司的办公室时，基尔代尔当时的妻子也是公司的业务经理，拒绝与 IBM 签署保密协议。IBM 的使者们再次造访，而这一次，基尔代尔与他们见了面。没有人确切知道在这次会面中发生了什么，但即使在这次会谈中他们达成了一笔非正式的交易，交易后来也没能继续下去。大约在这时，IBM 的杰克·萨姆斯又碰到了盖茨。两人当时都知道，还有另一个能用的操作系统，它是基于基尔代尔的系统，或是在基尔代尔系统的启发之下做出来的，至于到底是哪一个，就看你愿意相信谁了。据萨姆斯所述，当时盖茨说道："你想去弄……（那个操作系统）呢，还是想要我帮你弄到手？"萨姆斯显然不想被牵连在内，因此他说："不管用什么方法，你去搞到它就成。"盖茨做到了，代价是 5 万美元（或根据某些记述，还要再多一点点），他对这个系统做了一些改动，并给它重新起了个名字叫 DOS（磁盘操作系统）。IBM 显然对自己那个家庭计算机的新点子的潜力心里没底，因此它以低廉的软件拷贝使用费，从盖茨那儿获得了使用许可，而盖茨保留了版权。DOS 并不比苹果公司的 Macintosh 这样的操作系统更好，而且还有很多人，包括大多数计算机专业人士说它比后者差很多。但增长中的 IBM 用户群，鼓励了软件开发者为 DOS 编制程序，从而刺激了潜在用户购买 IBM 的机器，反过来又激励了软件开发人员为 DOS 编制程序。换言之，正如阿瑟说的那样，人们之所以购买 IBM 的机器，是因为人们都在购买 IBM 的机器。在计算机企业界这个流体中，盖茨成为脱颖而出的那个分子。但要不是基尔代尔的不合作，IBM 的缺乏远见，以及萨姆斯与盖茨的再度会面，那么不管盖茨有多少先见之明或商业敏感性，他可能都只会成为另一个软件企业家，而不是世界上最富有的人之一。而他关于互动电视的观点不过是又一个软件企业家的观点，原因就在于此。

我们的社会能很快将富人变成英雄，把穷人变成山羊。这就是为什么房地产大亨唐纳德·特朗普在他的广场酒店破产而赌场帝国破产两次（如果有合作伙伴在 1994 年向他的赌博公司投资 1 万美元的话，13 年后，他只能揣着剩下的 636 美元离开）[13] 之后，仍然敢于在一个颇为成功的电视节目中以明星的面目出现，并对那些怀有雄心壮志的年轻人的商业智慧评头论足。

按照与其财富成比例的方式评价人们的才智，显然很可能是个错误。我们无法看到某人的潜能，而只能看到这些潜能所带来的结果，因此我们常常认为结果必然体现能力，并因此对这个人形成错误的判断。生活的事故常态理论却证明，行动和收获之间的联系虽然并非完全随机，但随机因素的影响，却与我们本身的素质及行动同等重要。

许多人在情感上不愿意接受随机影响非常重要这个看法，哪怕他们在理智上认识到这确实就是事实。如果人们低估了机遇在那些巨头的职业生涯中所扮演的角色，那么对于机遇在最为失败的那些人的生活中所扮演的角色，我们是否同样没有给予足够的重视呢？在这个问题的推动下，社会心理学家梅尔文·勒纳在 20 世纪 60 年代考察了社会对穷人所持的负面态度。[14] 勒纳认识到，“如果人们相信在其作为和收获之间存在某种随机联系的话，就没有多少人会付出长期的努力”[15]，因此他的结论就是，“为了让自己还保有理智”，人们高估了由成功所能推断出的潜能。[16] 也就是说，我们倾向于认为，成名的电影明星比仍在奋斗的电影明星更有天分，而世界上最富有的人也必然是最聪明的人。

我们也许不觉得自己是根据人们的收入或成功的外在表现来评判他们的。但哪怕我们明确知道一个人的薪水完全是随机确定的，也还是有许多人无法避免会直觉地认为薪水与价值有关。勒纳就考察了这个问题。他将观察者安排在一个小小的暗室中，面对一面单面透光的镜子坐着。[17] 从座位上，这些观察者能够观察一个放了一张桌子两把椅子且灯光明亮的小房间。实验者让这些观察者相信，汤姆和比尔这两名工人将很快进入房间，并一起花 15 分钟还原若干被打乱的单词。观察窗前面的窗帘此时是拉上的，而且勒纳告诉观察者，窗帘将一直保持这种状态，因为如果他们能听到但不能看到这两名工人，就可以在实验中排除由于外貌造成的影响。勒纳还告诉他们，由于经费有限，只能随机挑出一名工人付给他酬劳。勒纳离开房间后，助手打开开关，开始播放一卷录音带。这些观察者相信，他们听到了汤姆和比尔进入窗帘后的房间并开始工作。实际上，他们听到的只是汤姆和比尔朗读的一个固定剧本的录音，这个剧本经过特别设计，即使按多种客观标准来评判，人们也会觉得两个人对实验中的任务同样擅长。之后，实验要求对此毫不知情的观察者对汤姆和比尔的勤劳程度、创造性和成功程度进行评分。当汤姆被随机选为报酬获得者时，大约 90% 的观察者评判他为任务的完成做出了更多贡献；当比尔拿到钱时，则有大约 70% 的观察者持同样观点。尽管汤姆和比尔的表现相当，而且观察者也知道报酬是随机发放的，但是他们仍然认为得到报酬的工人比那个忙了半天却什么都没得到的人要好。哎，我们都太容易被某人赚到的钱愚弄了！所以才会有人把自己精心地打扮成成功人士的样子！

一系列相关研究也从这两名工人的视角探究了上述效应。[18] 人人都知道，具有适当的社会与学术资历、拥有响亮头衔及优渥收入的老板们，常常会更高地评价自己的观点，而不是下属的观点。研究者考虑的问题是，那些纯粹靠运气赚到更多钱的人，是不是也有这种想法？哪怕那些“成功”是不劳而获的，是否也在慢慢地向他们灌输一种高人一等的感觉？为了找到答案，研究者让若干对儿志愿者在很多无意义的任务中相互配合。例如在一项任务中，实验将短暂地显示一幅黑白图像，而受试者需要确定，图像的上部和下部，哪个部分的白色区域比例更大。每项任务开始前，一名受试者被随机挑出，并获得比另一名受试者明显更多的报酬。如果受试者并不知道他们各自获得报酬的情况，他们之间的协作就颇为融洽。可当他们知道了各自的报酬是多少时，报酬更高的那名受试者就会对其搭档的意见表现出更强烈的抵触态度。即使是报酬上的随机差别，也使人们做出以报酬推断技能的反向推理，并因此形成影响力上的不平等。这是个人及办公室动力学中不能忽视的部分。

但是问题的另一面，倒是离勒纳最初的动机更近一些。勒纳与同事提出的问题是，人们是否倾向于认为，那些不成功或正在承受痛苦的人，都是活该如此。[19]研究将若干组女大学生集合在接待室中。几分钟后，其中一人被挑中并离开房间。我们称这名离开的学生为受害者，她实际上并非受试者，而是卧底的工作人员。然后剩下的受试者将对受害者进行观察。受害者将被要求完成一项学习任务，而每次她回答错误时，就会遭到一次电击。实验者调了一下据称可以控制电击强度的旋钮，然后打开电视监视器。受试者就这样看着受害者走进隔壁的房间，被缚上了一个“电击装置”，并开始学习一对儿对儿毫无意义的音节。

在学习期间，受害者由于回答错误而遭到几次看来颇为痛苦的电击，哀呼连连。实际上受害者不过是在演戏，而监视器播放的，只是一盘预先录制好的录像带。不出所料，大多数受试者在开始时都表示，同伴所遭受的不公正的磨难让她们感到不快。但随着实验继续进行，她们对受害者的同情慢慢减少。最终，这些无力提供帮助的受试者开始将不公平的批评加诸受害者。受害者遭受的痛苦越大，受试者对她的观感越差。正如勒纳预计的，受试者需要根据因果关系理解所面对的局面。为了确保不是别的什么因素造成了这个实验结果，实验者又在其他若干组受试者身上重复了该实验。但这一次他们还告诉受试者，受害者所吃的苦头将得到补偿。换句话说，除了让受试者相信受害者得到了"公平"对待这一点外，实验的其余部分与之前的完全相同。这一次，观察者没有形成恶评受害者的倾向。从这个实验来看，我们对那些来自社会底层的人持有的偏见，似乎很不幸地是一种下意识的行为。

我们没有看到随机性在生活中的影响，是因为在评价这个世界时，我们倾向于看到自己希望看到的东西。我们实际上是通过成功的程度来定义才能的高低的，然后再通过才能与成功之间的相关性进一步强化这种因果关系。尽管一个非常成功的人与一个不那么成功的人相比，他们的能力有时基本没什么差别，但我们看待他们的方式通常大不相同，原因就在于此。在《蓝色月光侦探社》播出之前，如果年轻的酒吧招待威利斯跟你说他希望成为电影明星，你肯定不会想：噢！有机会与这样一位魅力超凡的未来名流单独聊聊天，我可真是撞了大运了！相反，你更可能产生如下的想法：嗯，好吧，现在苦艾酒别喝过头就好。但节目大获成功的那一天，突然每个人都把威利斯视为明星，认为他是一个具有某种特殊能力，能抓住观众的心与想象力的家伙。

在几年前由心理学家罗森汉恩进行的一项大胆的实验中，预期的力量更是以戏剧性的方式被展示出来。[20] 实验中的 8 名“伪装病人”被分别派往多家医院。他们在医院接诊处抱怨听到了奇怪的声音。这些伪装病人的职业五花八门：三名自称是心理学家，一名是精神病学家，一名儿科医生，一个学生，一名画家，还有一位家庭主妇。除了声称的症状以及虚假的名字和职业，他们都如实描述了各自的日常生活。有些受试者后来表示，他们非常信任心理健康体系是以一种钟表般精准的方式运作的，因此他们一度担心医院会立刻发现他们的头脑显然是清醒而正常的，那就很令人难堪了。但他们完全多虑了。除了一名受试者，其余所有人都被允许进行精神分裂症的进一步诊断。而这名例外，也不过是要去看看他是不是得了躁狂抑郁症。

在医生接诊之后，受试者不再虚拟任何不正常的症状，并表示那些怪声都消失了。根据罗森汉恩预先所给的指示，他们接下来就等着医院的工作人员来发现，他们其实并没有发疯。但没有人注意到这一点。相反，医院工作人员透过预设的精神病的眼镜，来解释这些伪装病人的行为。当看到某位病人写日记时，他的护理记录被加上了一条“病人忙于书写”，并将书写视为精神疾病的一个标志。而当另一名病人因遭到服务人员的虐待而发怒时，这个行为同样被认为是其疾病的一部分。甚至连在自助餐厅开放之前就到那里等着吃午饭这样的行为，也被看成精神病的症状。倒是那些对伪装病人一无所知的其他病人，会常常用“你没有发疯，你是个记者……你在对这家医院进行暗访”这样的话来试探他们。但接诊伪装病人的医生们所做的记录类似于“该名 39 岁白人男性……长期以来在亲密关系中明显表现出正反情绪并存的情况，这种情况自幼年时就已经开始。与母亲的亲密关系在青春期时逐渐冷淡。与父亲的疏远关系则被描述为关系非常紧张”。

我们至少还是有个好消息的。尽管有着诸如喜欢写写画画和提前吃午饭等可疑行为，医生们总算还是认为这些伪装病人对自己和他人并不构成威胁，因此在医院平均待了 19 天后，他们都被放了出来。医院完全没有察觉到诡计的进行，而且当事后被告知真相时，医院否认了这种事情发生的可能性。

我们很容易沦为期望的受害者，却同样容易去利用这一点。在好莱坞全力拼搏的人们，却想方设法让自己看起来并没有怎么努力；医生们都穿着白大褂并在墙上挂满各种各样的执照和学位证书；二手车经销商宁可清理车辆表面的污迹，也不愿把钱花在引擎上；老师批改作业时，对完全相同的作业，给“优秀”学生的分数通常要比“差”学生的分数更高一些[21]：之所以会出现这些情况，原因就是我们的期望被人利用了。搞市场推销的人同样知道这一点，所以他们会设计广告宣传诱惑并进而利用我们的期望。这种做法在伏特加市场相当行之有效。伏特加是一种中性烈酒，根据美国政府的规定蒸馏而成，其“没有可区分的性质、气味、味道或颜色”。因此，多数美国伏特加并不是由那些充满激情、身穿法兰绒衬衫、制造各种葡萄酒的人发明的，它们的发明者大多是农业化学品供应商阿彻丹尼尔斯米德兰这样的业界巨头。而伏特加酿酒师的工作，也不是通过管理酿造过程往酒中加入微妙的气味，而是往上述大公司提供的 190 份标准工业酒精样品中兑水，并尽可能去除其他味道。但是，通过大规模的幻觉制造，伏特加生产商成功地造成了人们对不同伏特加酒的差异的强烈期望。这种做法带来的结果，就是人们相信不同品牌但按定义而言应该是无法相互区分的伏特加酒，确实存在巨大的差异，而且他们还愿意为这些差异付出大把的钞票。为了不让自己被当作一个没有品位的乡巴佬踢出去，我很乐意指出，我的这些胡言乱语，其实是有办法检验的。我们可以排出一系列不同牌子的伏特加，再请一帮伏特加品酒师进行一次盲试。《纽约时报》就是这么做的。[22] 去掉标签之后，如灰雁伏特加和坎特一号伏特加这样高品位的伏特加，其表现就不怎么好了。事实上，相较于普遍的看法，检验结果看来是随机的。而且，在测试的 21 种伏特加中，价格最便宜的斯米诺伏特加得分最高。如果判断能与期待相隔离，并完全用数据来说话，那么我们对世界的评价将大为不同。

几年前，伦敦的《星期日泰晤士报》进行了一项实验。编辑们把获得了当代小说领域最有声望与影响力的世界性奖项之一的布克奖的两部小说，挑出各自的开头几章，用打字机打出来，并投稿到 20 个主要出版商和出版经纪人那里。[23] 两部小说一个是诺贝尔文学奖获得者奈保尔的《自由国度》，另一个则是斯坦利·米德尔顿的《假日》。我们完全有把握认为，收稿人要是知道稿件来历的话，他们一定会不吝溢美之词地夸奖这两部广受赞誉的小说。但《星期日泰晤士报》的编辑故意把这些投稿的小说片段，搞得好像是哪个还在努力奋斗等待出名的作家的作品一般，让出版商和出版经纪人无法看出稿件的真实来源。这两部非常成功的小说的命运如何呢？所有的答复都是退稿，只有一名伦敦的文学出版经纪人例外，他对米德尔顿的小说表示出一定的兴趣。不过即使是这样，他对奈保尔小说的评价也是："我们……认为作品很具原创性，但恐怕它并不足以激发我们更多的兴趣。"

作家斯蒂芬·金无意中也进行过一次类似的实验。由于担心公众接受他的作品的速度没有他写书的速度快，他以理查德·巴赫曼的笔名写了一个小说系列。根据销量来看，即使是斯蒂芬·金，当他没有了这个名字之后，他也不再是斯蒂芬·金了（当作者的真实姓名终于曝光之后，该书的销量明显上升）。可悲的是，金却没有进行相反的实验：如果他把那些还未出名的作家所写的高质量但未出版的小说，用自己的名字包装之后，销量会怎样？但既然连斯蒂芬·金在没有这个名字时都不再是斯蒂芬·金，那么当我们这些"其他人"的作品得到的待遇不是那么"斯蒂芬·金"的时候，我们也许可以安慰一下自己，作品质量上的差别大概并不像某些人希望我们相信的那样悬殊。

我几年前在加州理工学院有一间办公室，就在一位名叫约翰·施瓦茨的物理学家的办公室过来拐角的地方。他几乎不为人所知，而且差不多是单枪匹马地坚持着一个名为"弦理论"的没人信的理论，该理论预言空间具有比我们观察到的三维还要多得多的维度。他忍受了整整 10 年的奚落。然后某一天，他与一名同事取得了技术上的突破，并由于一些跟本书关系不大的原因，那些多余的维度数突然间变得可接受了。之后，弦理论成为物理学最大的热点。如今，约翰被视为物理学界杰出的元老之一。但如果他在那些灰暗的年头中屈服了，他就会成为托马斯·爱迪生所说的"生活中的许多失败，乃是由于很多人没有认识到，在他们放弃的时候，他们是多么接近成功"[24] 这句话的活证据。

我所认识的另一名物理学家的经历与约翰惊人地相似。他碰巧就是约翰在加州大学伯克利分校的博士生导师。这位物理学家被认为是他那个时代最杰出的科学家之一，并且是一个被称为 S 矩阵理论的研究领域的带头人。与约翰一样，他十分固执，并在其他人都放弃的情况下，在这个理论上坚持研究了多年。但与约翰不同，他最终未能成功。正是由于没有成功，他成了许多人眼中的怪人，并以此身份结束了职业生涯。但我的意见是，他与约翰都是非常聪明的物理学家，也都有勇气在出现重大突破的前景还不明朗时，继续对这样一个理论进行研究。

正如我们应该以作品的内容而非销量来评判作家一样，我们更应该根据能力评价物理学家及所有努力奋斗的人，而不是像在更多情况下那样只看他们有没有获得成功。

将能力与成功绑在一起的绳子，不仅很松，而且弹性十足。我们可以很容易在成功的书中发现其优点，也可以在未能出版的手稿、廉价的伏特加或仍然在某领域中艰苦奋斗的人的身上发现其缺点。我们轻易地相信奏效的点子都是好点子，成功的计划都设计良好，而没有奏效的点子与计划，根本就是在构思上有毛病。我们也很容易将那些最为成功的人塑造成英雄，而对那些最不成功的人报以轻蔑的一瞥。但能力并不保证一定能获得成就，而成就也并非与能力完全匹配。因此重要的一点是，我们不要忘记成功方程式中偶然性的那一项所扮演的角色。

将某领域最为成功的人视作超级英雄，这并不是悲剧。但如果我们的放弃是因为信任专家评判或市场业绩，而不是出于对自己的了解，就是一个悲剧了，正如图尔在他后来成为畅销书的《笨蛋联盟》的手稿被一次次退稿后自杀那样。因此，在试图根据某人的成功程度评价他/她时，我会提醒自己，如果他们有机会从头再来，斯蒂芬·金也许不过是另一个理查德·巴赫曼，奈保尔也不过是另一个还在努力拼搏的作家。而在那默默无闻的人群中，还游荡着许许多多与比尔·盖茨、布鲁斯·威利斯和罗杰·马里斯同样了不起的人，只不过命运没有赐给他们那些刚好被人们需要的划时代的产品、电视节目，或体育赛季。我从这些例子中学到的，就是我们首先需要一往无前，因为对我们来说最大的好消息就是，既然偶然性确实在我们的成功中扮演了某个角色，那么通往成功的要素之一已经掌握在我们手中，那就是我们上垒击球的次数，我们获得机会的次数，我们把握机会的次数。因为即使是一枚更容易扔出失败结果的硬币，有时也会获得成功。或者如 IBM 老总裁托马斯·华生说的那样："要成功，就把你的失败次数加倍。"

我一直在本书中试着向读者展示随机性的基本概念，说明它们在各种问题中的应用方式，并表明我的如下观点：在解释事件时，以及在进行预期和决策时，随机性的作用很大程度上被忽视了。哪怕只是认识到随机过程在生活中所扮演的无处不在的角色，都足以让我们豁然醒悟。但随机过程理论的真正力量，在于一旦理解了随机过程的本性，我们就会改变看待周围事物的方式。

心理学家罗森汉恩写道："一个人一旦不正常，他所有的举止和特征就会被挂上'不正常'的标签。"[25] 对演员以及其他许多成功或失败的标签来说，这句话同样适用。我们通过结果评判他人和他们的动机。我们希望事情之所以发生，是因为有一个好的且我们能够理解的原因。但我们所看到的清晰的必然性，通常不过是错觉而已。我相信，在面对不确定性时，我们能够调整我们的思维方式。正是出于这种信念，我写下了这本书。我们可以提高决策技巧，并克服某些能带来不当判断与选择的偏见。我们不应该通过以成败论英雄的方式，了解他人的能力与其他各种状况。而且我们应该学会根据所有可能结果的分布而非实际所得的具体结果，判断决策的优劣。

母亲总是告诫我，不要以为自己可以预测或控制未来。她跟我说起让她产生这种信念的事件。事情与她姐姐萨比娜有关。尽管母亲上次见到她已经是 65 年前的事儿了，但母亲仍然常常提到她。母亲当时 15 岁，她很崇拜姐姐，正如弟弟妹妹们对哥哥姐姐有时怀有的崇敬那样。当时纳粹已经侵入波兰，我那出身贫民区的父亲加入了地下抵抗组织，后来被关进了布痕瓦尔德集中营。当时还不认识父亲的母亲则出生于富人区，她被关到一个劳改营里。在那里，她被指派为护士的助手照料斑疹伤寒患者。当时食物十分稀缺，不可预料的死亡却总在近旁。为了在那危险无时不在的环境中保护我的母亲，萨比娜采取了行动。她的一名朋友是犹太警察成员，这些警察按照德国人的命令维持集中营的秩序，并通常遭到集中营内其他人的蔑视。萨比娜的朋友向她求婚，虽然只是名义上的婚姻，因为这样一来，萨比娜就能得到他的职位所能提供的保护。考虑到我的母亲也可以沾光，萨比娜接受了求婚。然后不好的事情发生了。德国人开始讨厌这些犹太警察，并把若干犹太警察连同他们的配偶一起送进了毒气室，其中就包括萨比娜和她的丈夫。相较于与萨比娜相处的日子，我母亲现在已经活过了更长的岁月，但萨比娜的死仍然纠缠着她。母亲担心一旦自己过世，萨比娜留下的痕迹就不复存在了。对她而言，这个故事说明做计划根本是毫无意义的事情。我并不赞同这一点，我相信计划十分重要，如果我们是睁开双眼去做计划的话。但更重要的是，母亲的经历告诉我，我们应当看到我们获得的好运，并对此心怀感恩，进而认识到随机事件在成功中所占的分量。这件事还教会我要接受那些令人悲痛的偶然事件。最重要的是，它教会了我感恩，我庆幸自己没有碰到坏运气，没有碰到那些可能彻底击垮我的事，没有经历疾病、战争、饥荒，以及那些没有——或者还没有——降临到我身上的意外。

致　谢

如果您一直读到了这个地方，我就认为您是喜欢这本书的。对于本书的优点，我乐于声明本人拥有全部的功劳。不过，正如尼克松说的那样，“这是不对的”。因此，我愿意在此列出那些人的名字，他们通过他们的时间、知识、天分和/或耐心，帮助我创作出这样一本比我独力所能写出的任何作品都要好的书。首先，唐娜·斯科特、马克·希勒里和马特·科斯特洛一直给予我鼓励。特别是马克，他让我写一本关于熵的书，而当我将许多与之相同的思路应用到日常生活中时，他对我报以耐心的倾听（和阅读）。我的经纪人苏珊·金斯伯格从来都不希望我写什么熵之类的玩意儿，不过跟马克一样，她也是我从未动摇的建设性意见和鼓励的源泉。我的朋友茱迪丝·克罗斯德尔一直都支持我，而且在我的请求下，他还做出了一两件非常了不起的事情。编辑爱德华·卡斯滕迈耶从不厌烦我把他扯过来，跟他讨论文章风格甚至每句话的内容，当然更可能的是，他只是出于礼貌没有向我抱怨罢了。我还欠爱德华的同事马蒂·阿舍、丹·弗兰克和蒂姆·奥康奈尔一个人情，他们和爱德华一道抚育了这本书，并参与了部分写作；还有贾尼丝·戈德克朗、米希科·克拉克、克里斯·希列斯彼、基思·戈德史密斯、詹姆斯·金博尔和瓦尼莎·施奈德，正是因为他们不懈的努力，本书才得以出现在您的面前。

在技术方面，拉里·戈尔德施泰因和特德·希尔的许多有趣而刺激的数学争辩和讨论启发了我，他们对我的手稿给予了无价的反馈意见。弗雷德·罗斯则似乎就是为了有时间向我提供有关金融市场运作方面的建议，而放下了《华尔街日报》的工作。莱尔·朗将他那了不起的专业能力用在了数据分析上，帮助我创作了有关基金经理表现的那些图。克里斯托夫·科赫将我带到加州理工学院他的实验室中，在实验室的书中，那些神经科学令人激动的新进展使我大开眼界。许多其他朋友和同事阅读了若干章节，有时还不止一稿；还有的则提供了有益的建议或信息。他们包括杰德·布赫瓦尔德、琳内·考克斯、理查德·谢弗顿、丽贝卡·福斯特、米里亚姆·古德曼、凯瑟琳·基夫、杰夫·马科维亚克、辛迪·迈耶、帕特里夏·麦克福尔、安迪·迈斯勒、史蒂夫·蒙洛迪诺、菲尔·里德、塞思·罗伯茨、劳拉·萨里、马特·萨尔加尼克、马丁·史密斯、史蒂夫·托马斯、黛安娜·特纳和杰里·韦伯曼，感谢你们。最后，我还欠我的家人们——唐娜、阿列克谢、尼古拉、奥利维娅和我母亲伊雷妮——一个深深的谢意，我常常占用你们的时间让你们帮助我改进我的写作，或者至少你们的存在使我能专注于写作。

注 释

前言

1. Stanley Meisler, "First in 1763: Spain Lottery—Not Even War Stops It," *Los Angeles Times*, December 30, 1977.

2. On basketball, see Michael Patrick Allen, Sharon K. Panian, and Roy E. Lotz, "Managerial Succession and Organizational Performance: A Recalcitrant Problem Revisited," *Administrative Science Quarterly* 24, no. 2 (June 1979): 167–80; on football, M. Craig Brown, "Administrative Succession and Organizational Performance: The Succession Effect," *Administrative Science Quarterly* 27, no. 1 (March 1982): 1–16; on baseball, Oscar Grusky, "Managerial Succession and Organizational Effectiveness," *American Journal of Sociology* 69, no. 1 (July 1963): 21–31, and William A. Gamson and Norman A. Scotch, "Scapegoating in Baseball," *American Journal of Sociology* 70, no. 1 (July 1964): 69–72; on soccer, Ruud H. Koning, "An Econometric Evaluation of the Effect of Firing a Coach on Team Performance," *Applied Economics* 35, no. 5 (March 2003): 555–64.

3. James Surowiecki, *The Wisdom of Crowds* (New York: Doubleday, 2004), pp. 218–19.

4. Armen Alchian, "Uncertainty, Evolution, and Economic Theory," *Journal of Political Economy* 58, no. 3 (June 1950): 213.

第1章 透过随机性的目镜凝视

1. Kerstin Preuschoff, Peter Bossaerts, and Steven R. Quartz, "Neural Differentiation of Expected Reward and Risk in Human Subcortical Structures," *Neuron* 51 (August 3, 2006): 381–90.

2. Benedetto De Martino et al., "Frames, Biases, and Rational Decision-Making in the Human Brain," *Science* 313 (August 4, 2006): 684–87.

3. George Wolford, Michael B. Miller, and Michael Gazzaniga, "The Left Hemisphere's Role in Hypothesis Formation," *Journal of Neuroscience* 20:RC64 (2000): 1–4.

4. Bertrand Russell, *An Inquiry into Meaning and Truth* (1950; repr., Oxford: Routledge, 1996), p. 15.

5. Matt Johnson and Tom Hundt, "Hog Industry Targets State for Good Reason," *Vernon County (Wisconsin) Broadcaster*, July 17, 2007.

6. Kevin McKean, "Decisions, Decisions," *Discover*, June 1985, pp. 22–31.

7. David Oshinsky, "No Thanks, Mr. Nabokov," *New York Times Book Review*, September 9, 2007.

8. Press accounts of the number of rejections these manuscripts received vary slightly.

9. William Goldman, *Adventures in the Screen Trade* (New York: Warner Books, 1983), p. 41.

10. See Arthur De Vany, *Hollywood Economics* (Abington, U.K.: Routledge, 2004).

11. William Feller, *An Introduction to Probability Theory and Its Applications*, 2nd ed. (New York: John Wiley and Sons, 1957), p. 68. Note that for simplicity's sake, when the opponents are tied, Feller defines the lead as belonging to the player who led at the preceding trial.

12. Leonard Mlodinow, "Meet Hollywood's Latest Genius," *Los Angeles Times Magazine*, July 2, 2006.

13. Dave McNary, "Par Goes for Grey Matter," *Variety*, January 2, 2005.

14. Ronald Grover, "Paramount's Cold Snap: The Heat Is On," *BusinessWeek*, November 21, 2003.

15. Dave McNary, "Parting Gifts: Old Regime's Pics Fuel Paramount Rebound," *Variety*, August 16, 2005.

16. Anita M. Busch, "Canton Inks Prod'n Pact at Warner's," *Variety*, August 7, 1997.

17. "The Making of a Hero," *Time*, September 29, 1961, p. 72. The old-timer was Rogers Hornsby.

18. "Mickey Mantle and Roger Maris: The Photographic Essay," *Life*, August 18, 1961, p. 62.

19. For those who don't know baseball, the plate is a rubber slab embedded in the ground, which a player stands before as he attempts to hit the ball. For those who do know baseball, please note that I included walks in my definition of opportunities. If the calculation is redone employing just official at bats, the result is about the same.

20. See Stephen Jay Gould, "The Streak of Streaks," *New York Review of Books*, August 18, 1988, pp. 8–12 (we'll come back to their work in more detail later). A compelling and mathematically detailed analysis of coin-toss models in sports appears in chapter 2 of a book in progress by Charles M. Grinstead, William P. Peterson, and J. Laurie Snell, tentatively titled *Fat Chance*; www.math.dartmouth.edu/~prob/prob/NEW/bestofchance.pdf.

第2章　真理与半真理的法则

1. Daniel Kahneman, Paul Slovic, and Amos Tversky, eds., *Judgment under Uncertainty: Heuristics and Biases* (Cambridge: Cambridge University Press, 1982), pp. 90–98.

2. Amos Tversky and Daniel Kahneman, "Extensional versus Intuitive Reasoning: The Conjunction Fallacy in Probability Judgment," *Psychological Review* 90, no. 4 (October 1983): 293–315.

3. Craig R. Fox and Richard Birke, "Forecasting Trial Outcomes: Lawyers Assign Higher Probabilities to Possibilities That Are Described in Greater Detail," *Law and Human Behavior* 26, no. 2 (April 2002): 159–73.

4. Plato, *The Dialogues of Plato*, trans. Benjamin Jowett (Boston: Colonial Press, 1899), p. 116.

5. Plato, *Theaetetus* (Whitefish, Mont.: Kessinger, 2004), p. 25.

6. Amos Tversky and Daniel Kahneman, "Availability: A Heuristic for Judging Frequency and Probability," *Cognitive Psychology* 5 (1973): 207–32.

7. Reid Hastie and Robyn M. Dawes, *Rational Choice in an Uncertain World: The Psychology and Judgement of Decision Making* (Thousand Oaks, Calif.: Sage, 2001), p. 87.

8. Robert M. Reyes, William C. Thompson, and Gordon H. Bower, "Judgmental Biases Resulting from Differing Availabilities of Arguments," *Journal of Personality and Social Psychology* 39, no. 1 (1980): 2–12.

9. Robert Kaplan, *The Nothing That Is: A Natural History of Zero* (London: Oxford University Press, 1999), pp. 15–17.

10. Cicero, quoted in Morris Kline, *Mathematical Thought from Ancient to Modern Times* (London: Oxford University Press, 1972), 1:179.

11. Morris Kline, *Mathematics in Western Culture* (London: Oxford University Press, 1953), p. 86.

12. Kline, *Mathematical Thought*, pp. 178–79.

13. Cicero, quoted in Warren Weaver, *Lady Luck* (Mineola, N.Y.: Dover Publications, 1982), p. 53.

14. Cicero, quoted in F. N. David, *Gods, Games and Gambling: A History of Probability and Statistical Ideas* (Mineola, N.Y.: Dover Publications, 1998), pp. 24–26.

15. Cicero, quoted in Bart K. Holland, *What Are the Chances? Voodoo Deaths, Office Gossip, and Other Adventures in Probability* (Baltimore: Johns Hopkins University Press, 2002), p. 24.

16. Ibid., p. 25.

17. James Franklin, *The Science of Conjecture: Evidence and Probability before Pascal* (Baltimore: Johns Hopkins University Press, 2001), pp. 4, 8.

18. Quoted ibid., p. 13.

19. Quoted ibid., p. 14.

20. William C. Thompson, Franco Taroni, and Colin G. G. Aitken, "How the Probability of a False Positive Affects the Value of DNA Evidence," *Journal of Forensic Sciences* 48, no. 1 (January 2003): 1–8.

21. Ibid., p. 2. The story is recounted in Bill Braun, "Lawyers Seek to Overturn Rape Conviction," *Tulsa World*, November 22, 1996. See also www.innocenceproject.org. (Durham was released in 1997.)

22. *People v. Collins*, 68 Calif. 2d 319, 438 P.2d 33, 66 Cal. Rptr. 497 (1968).
23. Thomas Lyon, private communication.

第3章　寻找穿越可能性空间之路

1. Alan Wykes, *Doctor Cardano: Physician Extraordinary* (London: Frederick Muller, 1969). See also Oystein Ore, *Cardano: The Gambling Scholar*, with a translation of Cardano's *Book on Games of Chance* by Sydney Henry Gould (Princeton, N.J.: Princeton University Press, 1953).

2. Marilyn vos Savant, "Ask Marilyn," *Parade*, September 9, 1990.

3. Bruce D. Burns and Mareike Wieth, "Causality and Reasoning: The Monty Hall Dilemma," in *Proceedings of the Twenty-fifth Annual Meeting of the Cognitive Science Society*, ed. R. Alterman and D. Kirsh (Hillsdale, N.J.: Lawrence Erlbaum Associates, 2003), p. 198.

4. National Science Board, *Science and Engineering Indicators—2002* (Arlington, Va.: National Science Foundation, 2002); http://www.nsf.gov/statistics/seind02/. See vol. 2, chap. 7, table 7-10.

5. Gary P. Posner, "Nation's Mathematicians Guilty of Innumeracy," *Skeptical Inquirer* 15, no. 4 (Summer 1991).

6. Bruce Schechter, *My Brain Is Open: The Mathematical Journeys of Paul Erdös* (New York: Touchstone, 1998), pp. 107–9.

7. Ibid., pp. 189–90, 196–97.

8. John Tierney, "Behind Monty's Doors: Puzzle, Debate and Answer?" *New York Times*, July 21, 1991.

9. Robert S. Gottfried, *The Black Death: Natural and Human Disaster in Medieval Europe* (New York: Free Press, 1985).

10. Gerolamo Cardano, quoted in Wykes, *Doctor Cardano*, p. 18.

11. Kline, *Mathematical Thought*, pp. 184–85, 259–60.

12. "Oprah's New Shape: How She Got It," *O, the Oprah Magazine*, January 2003.

13. Lorraine J. Daston, *Classical Probability in the Enlightenment* (Princeton, N.J.: Princeton University Press, 1998), p. 97.

14. Marilyn vos Savant, "Ask Marilyn," *Parade*, March 3, 1996, p. 14.

15. There are four tires on the car, so, letting RF signify "right front," and so on, there are 16 possible combinations of responses by the two students. If the first response listed represents that of student 1 and the second that of student 2, the possible joint responses are (RF, RF), (RF, LF), (RF, RR), (RF, LR), (LF, RF), (LF, LF), (LF, RR), (LF, LR), (RR, RF), (RR, LF), (RR, RR), (RR, LR), (LR, RF), (LR, LF), (LR, RR), (LR, LR). Of these 16, 4 are in agreement: (RF, RF), (LF, LF), (RR, RR), (LR, LR). Hence the chances are 4 out of 16, or 1 in 4.

16. Martin Gardner, "Mathematical Games," *Scientific American*, October 1959, pp. 180–82.

17. Jerome Cardan, *The Book of My Life: De Vita Propia Liber*, trans. Jean Stoner (Whitefish, Mont.: Kessinger, 2004), p. 35.

18. Cardano, quoted in Wykes, *Doctor Cardano*, p. 57.
19. Cardano, quoted ibid.
20. Cardano, quoted ibid., p. 172.

第4章 追寻通往成功的路径

1. Bengt Ankarloo and Stuart Clark, eds., *Witchcraft and Magic in Europe: The Period of the Witch Trials* (Philadelphia: University of Pennsylvania Press, 2002), pp. 99–104.
2. Meghan Collins, "Traders Ward Off Evil Spirits," October 31, 2003, http://www.CNNMoney.com/2003/10/28/markets_trader_superstition/index.htm.
3. Henk Tijms, *Understanding Probability: Chance Rules in Everyday Life* (Cambridge: Cambridge University Press, 2004), p. 16.
4. Ibid., p. 80.
5. David, *Gods, Games and Gambling*, p. 65.
6. Blaise Pascal, quoted in Jean Steinmann, *Pascal*, trans. Martin Turnell (New York: Harcourt, Brace & World, 1962), p. 72.
7. Gilberte Pascal, quoted in Morris Bishop, *Pascal: The Life of a Genius* (1936; repr., New York: Greenwood Press, 1968), p. 47.
8. Ibid., p. 137.
9. Gilberte Pascal, quoted ibid., p. 135.
10. See A.W.F. Edwards, *Pascal's Arithmetical Triangle: The Story of a Mathematical Idea* (Baltimore: Johns Hopkins University Press, 2002).
11. Blaise Pascal, quoted in Herbert Westren Turnbull, *The Great Mathematicians* (New York: New York University Press, 1961), p. 131.
12. Blaise Pascal, quoted in Bishop, *Pascal*, p. 196.
13. Blaise Pascal, quoted in David, *Gods, Games and Gambling*, p. 252.
14. Bruce Martin, "Coincidences: Remarkable or Random?" *Skeptical Inquirer* 22, no. 5 (September/October 1998).
15. Holland, *What Are the Chances?* pp. 86–89.

第5章 针锋相对的大数定律与小数定律

1. Tijms, *Understanding Probability*, p. 53.
2. Scott Kinney, "Judge Sentences Kevin L. Lawrence to 20 Years Prison in Znetix/HMC Stock Scam," Washington State Department of Financial Institutions, press release, November 25, 2003; http://www.dfi.wa.gov/sd/kevin_laurence_sentence.htm.
3. Interview with Darrell Dorrell, August 1, 2005.
4. Lee Berton, "He's Got Their Number: Scholar Uses Math to Foil Financial Fraud," *Wall Street Journal*, July 10, 1995.
5. Charles Sanders Peirce, Max Harold Fisch, and Christian J. W. Kloesel, *Writings of Charles S. Peirce: A Chronological Edition* (Bloomington: Indiana University Press, 1982), p. 427.

6. Rand Corporation, *A Million Random Digits with 100,000 Normal Deviates* (1955; repr., Santa Monica, Calif.: Rand, 2001), pp. ix–x. See also Lola L. Lopes, "Doing the Impossible: A Note on Induction and the Experience of Randomness," *Journal of Experimental Psychology: Learning, Memory, and Cognition* 8, no. 6 (November 1982): 626–36.

7. The account of Joseph Jagger (sometimes spelled Jaggers) is from John Grochowski, "House Has a Built-in Edge When Roulette Wheel Spins," *Chicago Sun-Times*, February 21, 1997.

8. For details about the Bernoulli family and Jakob's life, see E. S. Pearson, ed., *The History of Statistics in the 17th and 18th Centuries against the Changing Background of Intellectual, Scientific and Religious Thought: Lectures by Karl Pearson Given at University College, London, during the Academic Sessions 1921–1933* (New York: Macmillan, 1978), pp. 221–37; J. O. Fleckenstein, "Johann und Jakob Bernoulli," in *Elemente der Mathematik, Beihefte zur Zeitschrift*, no. 6 (Basel, 1949); and Stephen Stigler, "The Bernoullis of Basel," *Journal of Econometrics* 75, no. 1 (1996): 7–13.

9. Quoted in Pearson, *The History of Statistics in the 17th and 18th Centuries*, p. 224.

10. Stephen Stigler, *The History of Statistics: The Measurement of Uncertainty before 1900* (Cambridge, Mass.: Harvard University Press, 1986), p. 65.

11. Pearson, *The History of Statistics in the 17th and 18th Centuries*, p. 226.

12. William H. Cropper, *The Great Physicists: The Life and Times of Leading Physicists from Galileo to Hawking* (London: Oxford University Press, 2001), p. 31.

13. Johann Bernoulli, quoted in Pearson, *The History of Statistics in the 17th and 18th Centuries*, p. 232.

14. This depends, of course, on what you identify as "the modern concept." I am using the definition employed by Hankel's 1871 history of the topic, described in great detail in Gert Schubring, *Conflicts between Generalization, Rigor, and Intuition: Number Concepts Underlying the Development of Analysis in 17th–19th Century France and Germany* (New York: Springer, 2005), pp. 22–32.

15. David Freedman, Robert Pisani, and Roger Purves, *Statistics*, 3rd ed. (New York: W. W. Norton, 1998), pp. 274–75.

16. The Hacking quote is from Ian Hacking, *The Emergence of Probability* (Cambridge: Cambridge University Press, 1975), p. 143. The Bernoulli quote is from David, *Gods, Games and Gambling*, p. 136.

17. For a discussion of what Bernoulli actually proved, see Stigler, *The History of Statistics*, pp. 63–78, and Ian Hacking, *The Emergence of Probability*, pp. 155–65.

18. Amos Tversky and Daniel Kahneman, "Belief in the Law of Small Numbers," *Psychological Bulletin* 76, no. 2 (1971): 105–10.

19. Jakob Bernoulli, quoted in L. E. Maistrov, *Probability Theory: A Historical Sketch*, trans. Samuel Kotz (New York: Academic Press, 1974), p. 68.

20. Stigler, *The History of Statistics*, p. 77.

21. E. T. Bell, *Men of Mathematics* (New York: Simon & Schuster, 1937), p. 134.

第6章 假阳性与好错误

1. The account of the Harvard student is from Hastie and Dawes, *Rational Choice in an Uncertain World*, pp. 320–21.

2. I was told a variant of this problem by Mark Hillery of the Physics Department at Hunter College, City University of New York, who heard it while on a trip to Bratislava, Slovakia.

3. Quoted in Stigler, *The History of Statistics*, p. 123.

4. Ibid., pp. 121–31.

5. U.S. Social Security Administration, "Popular Baby Names: Popular Names by Birth Year; Popularity in 1935," http://www.ssa.gov/cgi-bin/popularnames.cgi.

6. Division of HIV/AIDS, Center for Infectious Diseases, *HIV/AIDS Surveillance Report* (Atlanta: Centers for Disease Control, January 1990). I calculated the statistic quoted from the data given but also had to use some estimates. In particular, the data quoted refers to AIDS cases, not HIV infection, but that suffices for the purpose of illustrating the concept.

7. To be precise, the probability that A will occur *if* B occurs is equal to the probability that B will occur if A occurs multiplied by a correction factor that equals the ratio of the probability of A to the probability of B.

8. Gerd Gigerenzer, *Calculated Risks: How to Know When Numbers Deceive You* (New York: Simon & Schuster, 2002), pp. 40–44.

9. Donald A. Barry and LeeAnn Chastain, "Inferences About Testosterone Abuse Among Athletes," *Chance* 17, no. 2 (2004): 5–8.

10. John Batt, *Stolen Innocence* (London: Ebury Press, 2005).

11. Stephen J. Watkins, "Conviction by Mathematical Error? Doctors and Lawyers Should Get Probability Theory Right," *BMJ* 320 (January 1, 2000): 2–3.

12. "Royal Statistical Society Concerned by Issues Raised in Sally Clark Case," Royal Statistical Society, London, news release, October 23, 2001; http://www.rss.org.uk/PDF/RSS%20Statement%20regarding%20statistical%20issues%20in%20the%20Sally%20Clark%20case,%20October%2023rd%202001.pdf.

13. Ray Hill, "Multiple Sudden Infant Deaths—Coincidence or beyond Coincidence?" *Paediatric and Perinatal Epidemiology* 18, no. 5 (September 2004): 320–26.

14. Quoted in Alan Dershowitz, *Reasonable Doubts: The Criminal Justice System and the O. J. Simpson Case* (New York: Simon & Schuster, 1996), p. 101.

15. Federal Bureau of Investigation, "Uniform Crime Reports," http://www.fbi.gov/ucr/ucr.htm.

16. Alan Dershowitz, *The Best Defense* (New York: Vintage, 1983), p. xix.

17. Pierre-Simon de Laplace, quoted in James Newman, ed., *The World of Mathematics* (Mineola, N.Y.: Dover Publications, 1956): 2:1323.

第7章　测量与误差定律

1. Sarah Kershaw and Eli Sanders, "Recounts and Partisan Bickering Bring Election Fatigue to Washington Voters," *New York Times*, December 26, 2004; and Timothy Egan, "Trial for Governor's Seat Set to Start in Washington," *New York Times*, May 23, 2005.

2. Jed Z. Buchwald, "Discrepant Measurements and Experimental Knowledge in the Early Modern Era," *Archive for History of Exact Sciences* 60, no. 6 (November 2006): 565–649.

3. Eugene Frankel, "J. B. Biot and the Mathematization of Experimental Physics in Napoleonic France," in *Historical Studies in the Physical Sciences*, ed. Russell McCormmach (Princeton, N.J.: Princeton University Press, 1977).

4. Charles Coulston Gillispie, ed., *Dictionary of Scientific Biography* (New York: Charles Scribner's Sons, 1981), p. 85.

5. For a discussion of the errors made by radar guns, see Nicole Weisensee Egan, "Takin' Aim at Radar Guns," *Philadelphia Daily News*, March 9, 2004.

6. Charles T. Clotfelter and Jacob L. Vigdor, "Retaking the SAT" (working paper SAN01-20, Terry Sanford Institute of Public Policy, Duke University, Durham, N.C., July 2001).

7. Eduardo Porter, "Jobs and Wages Increased Modestly Last Month," *New York Times*, September 2, 2006.

8. Gene Epstein on "Mathemagicians," *On the Media*, WNYC radio, broadcast August 25, 2006.

9. Legene Quesenberry et al., "Assessment of the Writing Component within a University General Education Program," November 1, 2000; http://wac.colostate.edu/aw/articles/quesenberry2000/quesenberry2000.pdf.

10. Kevin Saunders, "Report to the Iowa State University Steering Committee on the Assessment of ISU Comm-English 105 Course Essays," September 2004; www.iastate.edu/~isucomm/InYears/ISUcomm_essays.pdf (accessed 2005; site now discontinued).

11. University of Texas, Office of Admissions, "Inter-rater Reliability of Holistic Measures Used in the Freshman Admissions Process of the University of Texas at Austin," February 22, 2005; http://www.utexas.edu/student/admissions/research/Inter-raterReliability2005.pdf.

12. Emily J. Shaw and Glenn B. Milewski, "Consistency and Reliability in the Individualized Review of College Applicants," College Board, Office of Research and Development, *Research Notes* RN-20 (October 2004): 3; http://www.collegeboard.com/research/pdf/RN-20.pdf.

13. Gary Rivlin, "In Vino Veritas," *New York Times*, August 13, 2006.

14. William James, *The Principles of Psychology* (New York: Henry Holt, 1890), p. 509.

15. Robert Frank and Jennifer Byram, "Taste-Smell Interactions Are Tastant and Odorant Dependent," *Chemical Senses* 13 (1988): 445–55.

16. A. Rapp, "Natural Flavours of Wine: Correlation between Instrumental Analysis and Sensory Perception," *Fresenius' Journal of Analytic Chemistry* 337, no. 7 (January 1990): 777–85.

17. D. Laing and W. Francis, "The Capacity of Humans to Identify Odors in Mixtures," *Physiology and Behavior* 46, no. 5 (November 1989): 809–14; and D. Laing et al., "The Limited Capacity of Humans to Identify the Components of Taste Mixtures and Taste-Odour Mixtures," *Perception* 31, no. 5 (2002): 617–35.

18. For the rosé study, see Rose M. Pangborn, Harold W. Berg, and Brenda Hansen, "The Influence of Color on Discrimination of Sweetness in Dry Table-Wine," *American Journal of Psychology* 76, no. 3 (September 1963): 492–95. For the anthocyanin study, see G. Morrot, F. Brochet, and D. Dubourdieu, "The Color of Odors," *Brain and Language* 79, no. 2 (November 2001): 309–20.

19. Hilke Plassman, John O'Doherty, Baba Shia, and Antonio Rongel, "Marketing Actions Can Modulate Neural Representations of Experienced Pleasantness," *Proceedings of the National Academy of Sciences*, January 14, 2008; http://www.pnas.org.

20. M. E. Woolfolk, W. Castellan, and C. Brooks, "Pepsi versus Coke: Labels, Not Tastes, Prevail," *Psychological Reports* 52 (1983): 185–86.

21. M. Bende and S. Nordin, "Perceptual Learning in Olfaction: Professional Wine Tasters Versus Controls," *Physiology and Behavior* 62, no. 5 (November 1997): 1065–70.

22. Gregg E. A. Solomon, "Psychology of Novice and Expert Wine Talk," *American Journal of Psychology* 103, no. 4 (Winter 1990): 495–517.

23. Rivlin, "In Vino Veritas."

24. Ibid.

25. Hal Stern, "On the Probability of Winning a Football Game," *American Statistician* 45, no. 3 (August 1991): 179–82.

26. The graph is from Index Funds Advisors, "Index Funds.com: Take the Risk Capacity Survey," http://www.indexfunds3.com/step3page2.php, where it is credited to Walter Good and Roy Hermansen, *Index Your Way to Investment Success* (New York: New York Institute of Finance, 1997). The performance of 300 mutual fund managers was tabulated for ten years (1987–1996), based on the Morningstar Principia database.

27. Polling Report, "President Bush—Overall Job Rating," http://pollingreport.com/BushJob.htm.

28. "Poll: Bush Apparently Gets Modest Bounce," CNN, September 8, 2004, http://www.cnn.com/2004/ALLPOLITICS/09/06/presidential.poll/index.html.

29. "Harold von Braunhut," *Telegraph*, December 23, 2003; http://www.telegraph.co.uk/news/main.jhtml?xml=/news/2003/12/24/db2403.xml.

30. James J. Fogarty, "Why Is Expert Opinion on Wine Valueless?" (discussion paper 02.17, Department of Economics, University of Western Australia, Perth, 2001).

31. Stigler, *The History of Statistics*, p. 143.

第8章　混沌中的秩序

1. Holland, *What Are the Chances?* p. 51.

2. This is only an approximation, based on more recent American statistics. See U.S. Social Security Administration, "Actuarial Publications: Period Life Table." The most recent table is available at http://www.ssa.gov/OACT/STATS/table4c6.html.

3. Immanuel Kant, quoted in Theodore Porter, *The Rise of Statistical Thinking: 1820–1900* (Princeton, N.J.: Princeton University Press, 1988), p. 51

4. U.S. Department of Transportation, Federal Highway Administration, "Licensed Drivers, Vehicle Registrations and Resident Population," http://www.fhwa.dot.gov/policy/ohim/hs03/htm/dlchrt.htm.

5. U.S. Department of Transportation, Research and Innovative Technology Administration, Bureau of Transportation Statistics, "Motor Vehicle Safety Data," http://www.bts.gov/publications/national_transportation_statistics/2002/html/table_02_17.html.

6. "The Domesday Book," *History Magazine*, October/November 2001.

7. For Graunt's story, see Hacking, *The Emergence of Probability*, pp. 103–9; David, *Gods, Games and Gambling*, pp. 98–109; and Newman, *The World of Mathematics*, 3:1416–18.

8. Hacking, *The Emergence of Probability*, p. 102.

9. Theodore Porter, *The Rise of Statistical Thinking*, p. 19.

10. For Graunt's original table, see Hacking, *The Emergence of Probability*, p. 108. For the current data, see World Health Organization, "Life Tables for WHO Member States," http://www.who.int/whosis/database/life_tables/life_tables.cfm. The figures quoted were taken from abridged tables and rounded.

11. Ian Hacking, *The Taming of Chance* (Cambridge: Cambridge University Press, 1990), p. vii.

12. H. A. David, "First (?) Occurrence of Common Terms in Statistics and Probability," in *Annotated Readings in the History of Statistics*, ed. H. A. David and A.W.F. Edwards (New York: Springer, 2001), appendix B and pp. 219–28.

13. Noah Webster, *American Dictionary of the English Language* (1828; facsimile of the 1st ed., Chesapeake, Va.: Foundation for American Christian Education, 1967).

14. The material on Quételet is drawn mainly from Stigler, *The History of Statistics*, pp. 161–220; Stephen Stigler, *Statistics on the Table: The History of Statistical Concepts and Methods* (Cambridge, Mass.: Harvard University Press, 1999), pp. 51–66; and Theodore Porter, *The Rise of Statistical Thinking*, pp. 100–9.

15. Louis Menand, *The Metaphysical Club* (New York: Farrar, Straus & Giroux, 2001), p. 187.

16. Holland, *What Are the Chances?* pp. 41–42.

17. David Yermack, "Good Timing: CEO Stock Option Awards and Company News Announcements," *Journal of Finance* 52, no. 2 (June 1997): 449–76; and Erik Lie, "On the Timing of CEO Stock Option Awards," *Management Sci-*

ence 51, no. 5 (May 2005): 802–12. See also Charles Forelle and James Bandler, "The Perfect Payday—Some CEOs Reap Millions by Landing Stock Options When They Are Most Valuable: Luck—or Something Else?" *Wall Street Journal*, March 18, 2006.

18. Justin Wolfers, "Point Shaving: Corruption in NCAA Basketball," *American Economic Review* 96, no. 2 (May 2006): 279–83.

19. Stern, "On the Probability of Winning a Football Game."

20. David Leonhardt, "Sad Suspicions about Scores in Basketball," *New York Times*, March 8, 2006.

21. Richard C. Hollinger et al., *National Retail Security Survey: Final Report* (Gainesville: Security Research Project, Department of Sociology and Center for Studies in Criminal Law, University of Florida, 2002–2006).

22. Adolphe Quételet, quoted in Theodore Porter, *The Rise of Statistical Thinking*, p. 54.

23. Quételet, quoted in Menand, *The Metaphysical Club*, p. 187.

24. Jeffrey Kluger, "Why We Worry about the Things We Shouldn't . . . and Ignore the Things We Should," *Time*, December 4, 2006, pp. 65–71.

25. Gerd Gigerenzer, *Empire of Chance: How Probability Changed Science and Everyday Life* (Cambridge: Cambridge University Press, 1989), p. 129.

26. Menand, *The Metaphysical Club*, p. 193.

27. De Vany, *Hollywood Economics*; see part IV, "A Business of Extremes."

28. See Derek William Forrest, *Francis Galton: The Life and Work of a Victorian Genius* (New York: Taplinger, 1974); Jeffrey M. Stanton, "Galton, Pearson, and the Peas: A Brief History of Linear Regression for Statistics Instructors," *Journal of Statistics Education* 9, no. 3 (2001); and Theodore Porter, *The Rise of Statistical Thinking*, pp. 129–46.

29. Francis Galton, quoted in Theodore Porter, *The Rise of Statistical Thinking*, p. 130.

30. Peter Doskoch, "The Winning Edge," *Psychology Today*, November/December 2005, pp. 44–52.

31. Deborah J. Bennett, *Randomness* (Cambridge, Mass.: Harvard University Press, 1998), p. 123.

32. Abraham Pais, *The Science and Life of Albert Einstein* (London: Oxford University Press, 1982), p. 17; see also the discussion on p. 89.

33. On Brown and the history of Brownian motion, see D. J. Mabberley, *Jupiter Botanicus: Robert Brown of the British Museum* (Braunschweig, Germany, and London: Verlag von J. Cramer / Natural History Museum, 1985); Brian J. Ford, "Brownian Movement in Clarkia Pollen: A Reprise of the First Observations," *Microscope* 40, no. 4 (1992): 235–41; and Stephen Brush, "A History of Random Processes. I. Brownian Movement from Brown to Perrin," *Archive for History of Exact Sciences* 5, no. 34 (1968).

34. Pais, *Albert Einstein*, pp. 88–100.

35. Albert Einstein, quoted in Ronald William Clark, *Einstein: The Life and Times* (New York: HarperCollins, 1984), p. 77.

第9章 模式的错觉与错觉的模式

1. See Arthur Conan Doyle, *The History of Spiritualism* (New York: G. H. Doran, 1926); and R. L. Moore, *In Search of White Crows: Spiritualism, Parapsychology, and American Culture* (London: Oxford University Press, 1977).

2. Ray Hyman, "Parapsychological Research: A Tutorial Review and Critical Appraisal," *Proceedings of the IEEE* 74, no. 6 (June 1986): 823–49.

3. Michael Faraday, "Experimental Investigation of Table-Moving," *Athenaeum*, July 2, 1853, pp. 801–3.

4. Michael Faraday, quoted in Hyman, "Parapsychological Research," p. 826.

5. Faraday, quoted ibid.

6. See Frank H. Durgin, "The Tinkerbell Effect: Motion Perception and Illusion," *Journal of Consciousness Studies* 9, nos. 5–6 (May–June 2002): 88–101.

7. Christof Koch, *The Quest for Consciousness: A Neurobiological Approach* (Englewood, Colo.: Roberts, 2004), pp. 51–54.

8. The study was D. O. Clegg et al., "Glucosamine, Chondroitin Sulfate, and the Two in Combination for Painful Knee Osteoarthritis," *New England Journal of Medicine* 354, no. 8 (February 2006): 795–808. The interview was "Slate's Medical Examiner: Doubts on Supplements," *Day to Day*, NPR broadcast, March 13, 2006.

9. See Paul Slovic, Howard Kunreuther, and Gilbert F. White, "Decision Processes, Rationality, and Adjustment to Natural Hazards," in *Natural Hazards: Local, National, and Global*, ed. G. F. White (London: Oxford University Press, 1974); see also Willem A. Wagenaar, "Generation of Random Sequences by Human Subjects: A Critical Survey of Literature," *Psychological Bulletin* 77, no. 1 (January 1972): 65–72.

10. See Hastie and Dawes, *Rational Choice in an Uncertain World*, pp. 19–23.

11. George Spencer-Brown, *Probability and Scientific Inference* (London: Longmans, Green, 1957), pp. 55–56. Actually, 10 is a gross underestimate.

12. Janet Maslin, "His Heart Belongs to (Adorable) iPod," *New York Times*, October 19, 2006.

13. Hans Reichenbach, *The Theory of Probability*, trans. E. Hutton and M. Reichenbach (Berkeley: University of California Press, 1934).

14. The classic text expounding this point of view is Burton G. Malkiel, *A Random Walk Down Wall Street*, now completely revised in an updated 8th ed. (New York: W. W. Norton, 2003).

15. John R. Nofsinger, *Investment Blunders of the Rich and Famous—and What You Can Learn from Them* (Upper Saddle River, N.J.: Prentice Hall, Financial Times, 2002), p. 62.

16. Hemang Desai and Prem C. Jain, "An Analysis of the Recommendations of the 'Superstar' Money Managers at *Barron's* Annual Roundtable," *Journal of Finance* 50, no. 4 (September 1995): 1257–73.

17. Jess Beltz and Robert Jennings, "*Wall $treet Week with Louis Rukeyser's* Recommendations: Trading Activity and Performance," *Review of Financial*

Economics 6, no. 1 (1997): 15–27; and Robert A. Pari, "*Wall $treet Week* Recommendations: Yes or No?" *Journal of Portfolio Management* 14, no. 1 (1987): 74–76.

18. Andrew Metrick, "Performance Evaluation with Transactions Data: The Stock Selection of Investment Newsletters, *Journal of Finance* 54, no. 5 (October 1999): 1743–75; and "The Equity Performance of Investment Newsletters" (discussion paper no. 1805, Harvard Institute of Economic Research, Cambridge, Mass., November 1997).

19. James J. Choi, David Laibson, and Brigitte Madrian, "Why Does the Law of One Price Fail? An Experiment on Index Mutual Funds" (working paper no. W12261, National Bureau of Economic Research, Cambridge, Mass., May 4, 2006).

20. Leonard Koppett, "Carrying Statistics to Extremes," *Sporting News*, February 11, 1978.

21. By some definitions, Koppett's system would be judged to have failed in 1970; by others, to have passed. See CHANCE News 13.04, April 18, 2004–June 7, 2004, http://www.dartmouth.edu/~chance/chance_news/recent_news/chance_news_13.04.html.

22. As touted on the Legg Mason Capital Management Web site, http://www.leggmasoncapmgmt.com/awards.htm.

23. Lisa Gibbs, "Miller: He Did It Again," CNNMoney, January 11, 2004, http://money.cnn.com/2004/01/07/funds/ultimateguide_billmiller_0204.

24. Thomas R. Gilovich, Robert Vallone, and Amos Tversky, "The Hot Hand in Basketball: On the Misperception of Random Sequences," *Cognitive Psychology* 17, no. 3 (July 1985): 295–314.

25. Purcell's research is discussed in Gould, "The Streak of Streaks."

26. Mark Hulbert, "Not All Stocks Are Created Equal," www.MarketWatch.com, January 18, 2005, accessed March 2005 (site now discontinued).

27. Kunal Kapoor, "A Look at Who's Chasing Bill Miller's Streak," Morningstar, December 30, 2004, http://www.morningstar.com.

28. Michael Mauboussin and Kristen Bartholdson, "On Streaks: Perception, Probability, and Skill," *Consilient Observer* (Credit Suisse–First Boston) 2, no. 8 (April 22, 2003).

29. Merton Miller on "Trillion Dollar Bet," NOVA, PBS broadcast, February 8, 2000.

30. R. D. Clarke, "An Application of the Poisson Distribution," *Journal of the Institute of Actuaries* 72 (1946): 48.

31. Atul Gawande, "The Cancer Cluster Myth," *The New Yorker*, February 28, 1998, pp. 34–37.

32. Ibid.

33. Bruno Bettelheim, "Individual and Mass Behavior in Extreme Situations," *Journal of Abnormal and Social Psychology* 38 (1943): 417–52.

34. Curt P. Richter, "On the Phenomenon of Sudden Death in Animals and Man," *Psychosomatic Medicine* 19 (1957): 191–98.

35. E. Stotland and A. Blumenthal, "The Reduction of Anxiety as a Result of the Expectation of Making a Choice," *Canadian Review of Psychology* 18 (1964): 139–45.

36. Ellen Langer and Judith Rodin, "The Effects of Choice and Enhanced Personal Responsibility for the Aged: A Field Experiment in an Institutional Setting," *Journal of Personality and Social Psychology* 34, no. 2 (1976): 191–98.

37. Ellen Langer and Judith Rodin, "Long-Term Effects of a Control-Relevant Intervention with the Institutionalized Aged," *Journal of Personality and Social Psychology* 35, no. 12 (1977): 897–902.

38. L. B. Alloy and L. Y. Abramson, "Judgment of Contingency in Depressed and Nondepressed Students: Sadder but Wiser?" *Journal of Experimental Psychology: General* 108, no. 4 (December 1979): 441–85.

39. Durgin, "The Tinkerbell Effect."

40. Ellen Langer, "The Illusion of Control," *Journal of Personality and Social Psychology* 32, no. 2 (1975): 311–28.

41. Ellen Langer and Jane Roth, "Heads I Win, Tails It's Chance: The Illusion of Control as a Function of Outcomes in a Purely Chance Task," *Journal of Personality and Social Psychology* 32, no. 6 (1975): 951–55.

42. Langer, "The Illusion of Control."

43. Ibid., p. 311.

44. Raymond Fisman, Rakesh Khurana, and Matthew Rhodes-Kropf, "Governance and CEO Turnover: Do Something or Do the Right Thing?" (working paper no. 05-066, Harvard Business School, Cambridge, Mass., April 2005).

45. P. C. Wason, "Reasoning about a Rule," *Quarterly Journal of Experimental Psychology* 20 (1968): 273–81.

46. Francis Bacon, *Novum Organon*, trans. by P. Urbach and J. Gibson (Chicago: Open Court, 1994), p. 57 (originally published in 1620).

47. Charles G. Lord, Lee Ross, and Mark Lepper, "Biased Assimilation and Attitude Polarization: The Effects of Prior Theories on Subsequently Considered Evidence," *Journal of Personality and Social Psychology* 37, no. 11 (1979): 2098–109.

48. Matthew Rabin, "Psychology and Economics" (white paper, University of California, Berkeley, September 28, 1996).

49. E. C. Webster, *Decision Making in the Employment Interview* (Montreal: Industrial Relations Centre, McGill University, 1964).

50. Beth E. Haverkamp, "Confirmatory Bias in Hypothesis Testing for Client-Identified and Counselor Self-generated Hypotheses," *Journal of Counseling Psychology* 40, no. 3 (July 1993): 303–15.

51. David L. Hamilton and Terrence L. Rose, "Illusory Correlation and the Maintenance of Stereotypic Beliefs," *Journal of Personality and Social Psychology* 39, no. 5 (1980): 832–45; Galen V. Bodenhausen and Robert S. Wyer, "Effects of Stereotypes on Decision Making and Information-Processing Strategies," *Journal of Personality and Social Psychology* 48, no. 2 (1985): 267–82; and C. Stangor and D. N. Ruble, "Strength of Expectancies and Memory for Social Information:

What We Remember Depends on How Much We Know," *Journal of Experimental Social Psychology* 25, no. 1 (1989): 18–35.

第10章 醉汉的脚步

1. Pierre-Simon de Laplace, quoted in Stigler, *Statistics on the Table*, p. 56.
2. James Gleick, *Chaos: Making a New Science* (New York: Penguin, 1987); see chap. 1.
3. Max Born, *Natural Philosophy of Cause and Chance* (Oxford: Clarendon Press, 1948), p. 47. Born was referring to nature in general and quantum theory in particular.
4. The Pearl Harbor analysis is from Roberta Wohlstetter, *Pearl Harbor: Warning and Decision* (Palo Alto, Calif.: Stanford University Press, 1962).
5. Richard Henry Tawney, *The Agrarian Problem in the Sixteenth Century* (1912; repr., New York: Burt Franklin, 1961).
6. Wohlstetter, *Pearl Harbor*, p. 387.
7. The description of the events at Three Mile Island is from Charles Perrow, *Normal Accidents: Living with High-Risk Technologies* (Princeton, N.J.: Princeton University Press, 1999); and U.S. Nuclear Regulatory Commission, "Fact Sheet on the Three Mile Island Accident," http://www.nrc.gov/reading-rm/doc-collections/fact-sheets/3mile-isle.html.
8. Perrow, *Normal Accidents*.
9. W. Brian Arthur, "Positive Feedbacks in the Economy," *Scientific American*, February 1990, pp. 92–99.
10. Matthew J. Salganik, Peter Sheridan Dodds, and Duncan J. Watts, "Experimental Study of Inequality and Unpredictability in an Artificial Cultural Market," *Science* 311 (February 10, 2006); and Duncan J. Watts, "Is Justin Timberlake a Product of Cumulative Advantage?" *New York Times Magazine*, April 15, 2007.
11. Mlodinow, "Meet Hollywood's Latest Genius."
12. John Steele Gordon and Michael Maiello, "Pioneers Die Broke," *Forbes*, December 23, 2002; and "The Man Who Could Have Been Bill Gates," *BusinessWeek*, October 25, 2004.
13. Floyd Norris, "Trump Deal Fails, and Shares Fall Again," *New York Times*, July 6, 2007.
14. Melvin J. Lerner and Leo Montada, "An Overview: Advances in Belief in a Just World Theory and Methods," in *Responses to Victimizations and Belief in a Just World*, ed. Leo Montada and Melvin J. Lerner (New York: Plenum Press, 1998), pp. 1–7.
15. Melvin J. Lerner, "Evaluation of Performance as a Function of Performer's Reward and Attractiveness," *Journal of Personality and Social Psychology* 1 (1965): 355–60.
16. Melvin J. Lerner and C. H. Simmons, "Observer's Reactions to the 'Innocent Victim': Compassion or Rejection?" *Journal of Personality and Social Psychology* 4 (1966): 203–10.

17. Lerner, "Evaluation of Performance as a Function of Performer's Reward and Attractiveness."

18. Wendy Jean Harrod, "Expectations from Unequal Rewards," *Social Psychology Quarterly* 43, no. 1 (March 1980): 126–30; Penni A. Stewart and James C. Moore Jr., "Wage Disparities and Performance Expectations," *Social Psychology Quarterly* 55, no. 1 (March 1992): 78–85; and Karen S. Cook, "Expectations, Evaluations and Equity," *American Sociological Review* 40, no. 3 (June 1975): 372–88.

19. Lerner and Simmons, "Observer's Reactions to the 'Innocent Victim.' "

20. David L. Rosenhan, "On Being Sane in Insane Places," *Science* 179 (January 19, 1973): 237–55.

21. Elisha Y. Babad, "Some Correlates of Teachers' Expectancy Bias," *American Educational Research Journal* 22, no. 2 (Summer 1985): 175–83.

22. Eric Asimov, "Spirits of the Times: A Humble Old Label Ices Its Rivals," *New York Times*, January 26, 2005.

23. Jonathan Calvert and Will Iredale, "Publishers Toss Booker Winners into the Reject Pile," *London Sunday Times*, January 1, 2006.

24. Peter Doskoch, "The Winning Edge," *Psychology Today*, November/December 2005, p. 44.

25. Rosenhan, "On Being Sane in Insane Places," p. 243.